校企合作近机类专业精品教材

工 程 力 学

（少学时适用）

主编　蒋永敏
主审　王海峰

航 空 工 业 出 版 社
北 京

内 容 提 要

本书主要介绍工程力学的基础理论及其应用。全书内容分为两篇：第一篇是静力学部分（第1~4章），主要介绍对构件的受力分析和平衡计算的相关知识、方法；第二篇是材料力学部分（第5~10章），主要介绍杆件的强度、刚度、稳定性分析。本书由作者在多年教学实践的基础上编写而成，内容编排新颖，简明扼要。每章都附有精选的思考题、习题，便于学生学习相关知识，提高学生处理工程实际问题的能力。

本书可作为高等职业工科院校机械、汽车、食品工程、生物、化工、环境、材料、纺织、地质、电子、建筑环境与设备工程等各类专业的力学课程教材，也可供有关工程技术人员参考。

图书在版编目（CIP）数据

工程力学 / 蒋永敏主编. -- 北京 : 航空工业出版社，2012.7（2023.1 重印）
ISBN 978-7-80243-975-7

Ⅰ. ①工… Ⅱ. ①蒋… Ⅲ. ①工程力学 Ⅳ. ①TB12

中国版本图书馆 CIP 数据核字(2012)第 098401 号

工程力学
Gongcheng Lixue

航空工业出版社出版发行
（北京市朝阳区京顺路 5 号曙光大厦 C 座四层　100028）
发行部电话：010-85672663　010-85672683

北京京华铭诚工贸有限公司印刷　全国各地新华书店经售
2012 年 7 月第 1 版　2023 年 1 月第 10 次印刷
开本：787×1092　1/16　字数：331 千字
印张：13.25　定价：39.80 元

编者的话

工程力学是工程技术人员必修的一门专业技术基础课，包括静力学和材料力学两大部分内容，主要研究物体机械运动的一般规律以及工程构件强度、刚度、稳定性（承载能力）的计算原理，为工程实践提供必要的理论依据和解决问题的方法。工程力学课程在基础课和专业课之间起着桥梁和纽带的作用。这门课程的理论性和实践性都较强，所以本教材在编写过程中特别注重理论与工程实践的结合。

本教材立足于培养21世纪高等职业技能型专门人才，本着理论上“必需”、“够用”的高职人才培养原则，在教材编写过程中，尽量积极地吸取其他同类教材的优点，改进不足，努力做到内容尽可能简明轭要、通俗易懂，重点突出基本概念、基本理论，并在例题和习题的取舍中切实结合工科类专业的特点及高职学生的理论基础、认知能力及教学特点，使教材内容与教学对象相适应。

本教材适合作为高等职业院校40～60学时的工程力学课程的教学用书，也可作为成人教育、业大、函大等的工程力学课程教材，还可作为有关工程技术人员的参考资料。

在对这门课程的学习和讲解中，要注重前后知识的连贯性和衔接性，循序渐进，逐步掌握力学理论知识，并提高利用所学理论知识解决工程实际问题的能力，为今后从事科研工作及工程实践打下坚实的基础。

本教材由蒋永敏主编，由王海峰主审。王海峰教授在认真、细致的审阅过程中，也对本书在编写内容的安排等方面提出了许多宝贵的意见，在此表示最衷心的感谢！

由于编者水平有限，书中错误和不足之处在所难免，敬请广大师生、读者批评指正。

目　　录

第一篇　静力学

第二篇　材料力学

第一篇　静力学

静力学主要研究的是刚体在外力作用下的平衡规律，重点解决以下几方面的问题：

（1）物体的受力分析。分析研究物体或物体系统受到哪些力的作用，正确画出每个力的大小、方向和作用点等。

（2）对力系的简化（合成）。将物体所受的力系用一个力或一个最简单的力系去等效替代。

（3）力系的平衡条件、平衡方程及应用。研究物体处于平衡状态时所应满足的条件——平衡条件，再由平衡条件分析得到平衡方程，利用平衡方程解决一些工程实际问题。

（4）力矩和力偶的概念及性质、合力矩定理以及力的平移定理。

（5）摩擦的概念、基本规律及考虑摩擦时的平衡问题求解。

第 1 章　刚体静力学基础

【学习目标与要求】

本章将介绍静力学公理，工程中常见的典型约束，以及物体的受力分析。静力学是研究物体在力系作用下平衡规律的科学。静力学公理是静力学理论的基础。正确对物体进行受力分析是力学中重要的基本技能。通过本章的学习，要达到以下目标与要求：

- 了解力、刚体、平衡的概念，理解静力学公理。
- 了解约束的概念，掌握工程中常见的约束类型及其相应约束力的画法。
- 熟练掌握受力分析的方法，准确地画出研究对象的受力图。
- 了解力矩、力偶的概念及性质，掌握合力矩定理和力的平移定理。
- 熟练掌握平面力偶系的平衡条件并能解决工程实际问题。

1.1　静力学的基本概念和公理

1.1.1　静力学基本概念

1．力的概念

（1）力的定义

力的概念是人们在生活和生产实践中，通过长期的观察和分析而逐步形成的。例如：用手推、拉物体（如小车）时，物体的运动状态就发生改变，如从静止开始运动等；用力压一些松软的物体（如棉花）时，它们就会产生变形，等等。

可见，**力是物体之间的相互机械作用**。

（2）力对物体的作用效果

力对物体的作用效果有两方面：一是使物体的机械运动状态发生改变，称为力的**外效应**；二是使物体产生变形，称为力的**内效应**（或**变形效应**）。

提示

静力学只研究力的外效应，而材料力学将研究力的内效应。

（3）力的三要素

力的三要素指的是力的大小、方向和作用点。

- **力的大小**：决定了力对物体产生的机械作用的强弱。
- **力的方向**：包括方位和指向。例如，对于一个水平向右的力 $\boldsymbol{F}$，"水平"是力的方位，"向右"是力的指向。
- **力的作用点**：即力在物体上作用的具体位置。

实践证明，力对物体的作用效果取决于力的三要素。当这三个要素中任何一个改变时，力的作用效果就会随之改变。

（4）力的表示方法

力是既有大小又有方向的矢量，常用一个带箭头的有向线段表示，如图 1-1 所示。线段的长度（按一定的比例尺）表示力的大小；线段的方位和箭头的指向表示力的方向；线段的起点或终点表示力的作用点。有向线段所在的直线称为**力的作用线**。

本书中，力的矢量用黑斜体字母表示，如 $\boldsymbol{F}$；而力的大小则用一般字母表示，如 F。

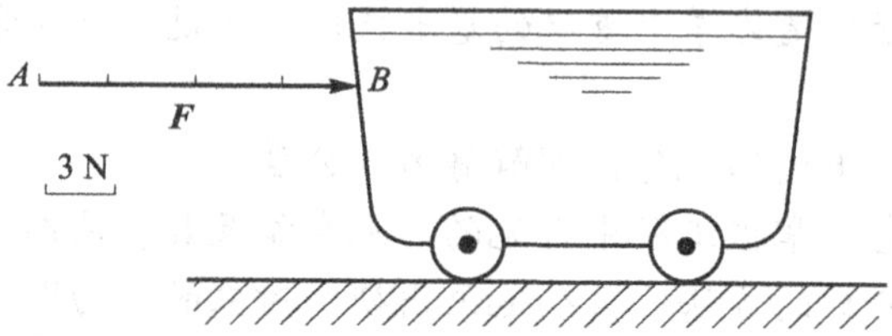

图 1-1

（5）力的单位

在国际单位制中，力的单位是牛顿（简称牛），符号为 N。也常用千牛顿（简称千牛），符号为 kN。

2. 刚体的概念

刚体是指受任何外力作用都不发生变形的物体，它是静力学中对一些工程构件进行抽象后得到的理想力学模型。

实际的工程构件，如钢、铸铁、混凝土、木材等，受外力作用后的变形量与其自身尺寸相比，都十分微小，对研究构件的平衡问题而言，可以忽略不计。实践证明，将静力学中的工程构件抽象为刚体，可使实际工程问题大大简化，且计算结果也足以满足工程实践的需求，所以将静力学的研究对象都抽象为刚体。

3. 平衡的概念

平衡是指物体在力系的作用下相对于惯性参照物处于静止或作匀速直线运动的状态。

4. 力系的概念

力系是指作用于同一个刚体上的一组力。

如果作用在刚体上的力系可以使物体处于平衡状态，则称该力系为**平衡力系**。

如果作用在刚体上的力系可用另一力系代替，而不改变它对刚体的作用效应，则称这两个力系为**等效力系**或**互等力系**。

1.1.2 静力学公理

公理是人们在长期的生活和生产实践中总结出来的正确道理。静力学公理为大家所公认，是静力学研究的基础。

公理 1：二力平衡公理　刚体仅受两个力作用而平衡的充分必要条件是：这两个力大小相等，方向相反，且作用在同一直线上（图 1-2）。即

$$\boldsymbol{F}_1=-\boldsymbol{F}_2 \tag{1-1}$$

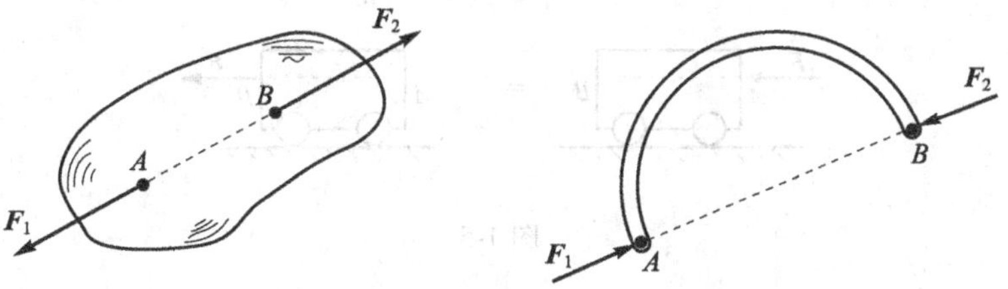

图 1-2

公理 1 对于刚体而言是必要和充分的，但对于变形体而言，却只是必要而不充分的。例如图 1-3 所示，当绳子受两个等值、反向、共线的拉力作用时可以平衡，但当受两个等值、反向、共线的压力作用时就不能平衡了。

图 1-3

公理 2：加减平衡力系公理　在作用于刚体的任何一个已知力系上，加上或减去任一个平衡力系，不改变原力系对该刚体的作用效应。

必须注意，此公理只适用于刚体而不适用于变形体，常被用来简化某一已知力系。

推论 1：力的可传性原理　作用于刚体上的力可以沿其作用线移至刚体上的任意一点，而不改变它对刚体的作用效应。

可见，力对刚体的作用效应与力的作用点在其作用线上的位置无关，如图 1-4 所示。

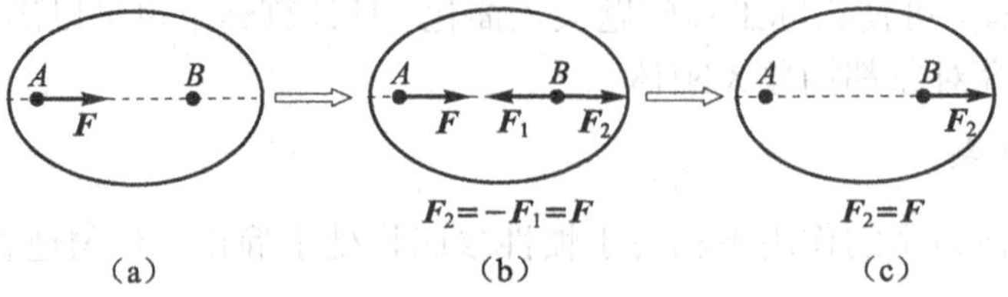

图 1-4

证明：设力 $\boldsymbol{F}$ 作用于刚体上的 A 点（图 1-4a）。根据加减平衡力系公理，可在力 $\boldsymbol{F}$ 的作用线上任取一点 B，并在 B 点添加一对平衡力 $\boldsymbol{F}_1$ 和 $\boldsymbol{F}_2$，且使 $\boldsymbol{F}_2=-\boldsymbol{F}_1=\boldsymbol{F}$（图 1-4b）。由于力 $\boldsymbol{F}$ 和 $\boldsymbol{F}_1$ 也是一对平衡力系，故可减去，刚体上只剩下力 $\boldsymbol{F}_2$，且 $\boldsymbol{F}_2=\boldsymbol{F}$（图 1-4c）。因此，$\boldsymbol{F}$ 和 $\boldsymbol{F}_2$ 的作用效应是相同的。

注意

力的可传性原理只适用于刚体，且力只能在刚体自身上沿其作用线移动，而不能移到其他刚体上去。

如图 1-5 所示，在保持作用力的大小和作用线不变的条件下，用同一力 $\boldsymbol{F}$ 在车后 A 点推车与在车前 B 点拉车的效果是相同的。可见，作用于刚体上的力的三要素是力的大小、方向和作用线。

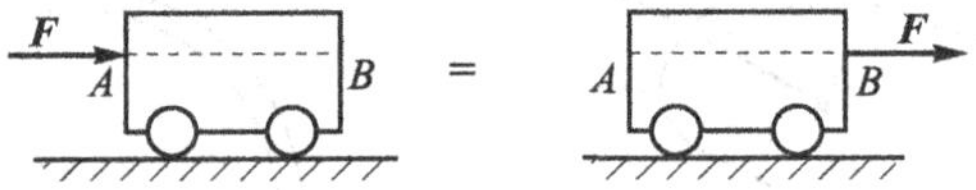

图 1-5

公理 3：力的平行四边形法则　作用于物体上同一点的两个力，可以合成为一个合力。合力的作用点仍在该点，合力的大小和方向由以这两个力为邻边所构成的平行四边形的对角线确定（图 1-6a）。其矢量表达式为

$$\boldsymbol{F}_{\mathrm{R}}=\boldsymbol{F}_1+\boldsymbol{F}_2 \tag{1-2}$$

根据公理 3 求相交于一点的两个力的合力时，通常只需画出半个平行四边形就可以了，如图 1-6b、c 所示。这样力的平行四边形法则就演变为力的三角形法则。

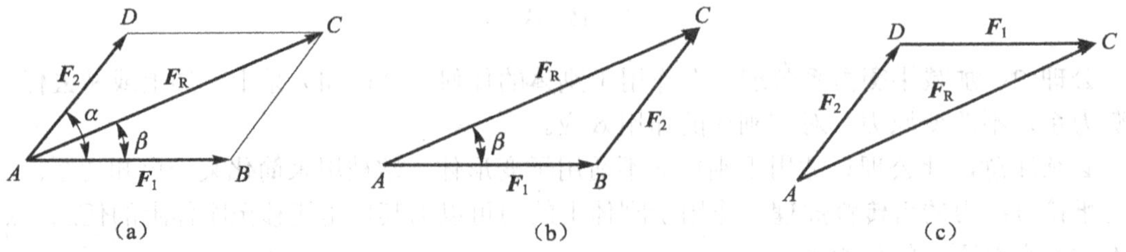

图 1-6

说明：（1）$F_R = F_1 + F_2$ 表示合力的大小等于两个分力大小的代数和，它与式（1-2）的意义完全不同，要注意字母书写上的区别。

（2）若已知两分力大小及其夹角，可用余弦定理求合力的大小，用正弦定理求合力的方向。

（3）公理 3 同时也是力分解的法则。若已知合力及两分力的方向，可求两分力的大小；若已知合力及一个分力的大小和方向，可求另一分力的大小和方向。

（4）公理 3 既适用于刚体，又适用于变形体，对刚体不需两力共点。

推论 2：三力平衡汇交定理 刚体在同平面内受到三个互不平行的力的作用而平衡时，这三个力的作用线必汇交于一点。

证明：如图 1-7a 所示，有三个共面但互不平行的力 $\boldsymbol{F}_1$、$\boldsymbol{F}_2$、$\boldsymbol{F}_3$ 分别作用于刚体上的 A、B、C 三点，使刚体处于平衡状态。根据力的可传性原理，可将 $\boldsymbol{F}_1$、$\boldsymbol{F}_2$ 移至其作用线交点 O，并根据公理 3 将它们合成为 $\boldsymbol{F}_R$（图 1-7b），则 $\boldsymbol{F}_3$ 应与 $\boldsymbol{F}_R$ 平衡。由公理 1 可知，$\boldsymbol{F}_3$ 必定与 $\boldsymbol{F}_R$ 共线，所以 $\boldsymbol{F}_3$ 的作用线也经过 $\boldsymbol{F}_1$ 与 $\boldsymbol{F}_2$ 的交点 O，即 $\boldsymbol{F}_1$、$\boldsymbol{F}_2$、$\boldsymbol{F}_3$ 汇交于 O 点。

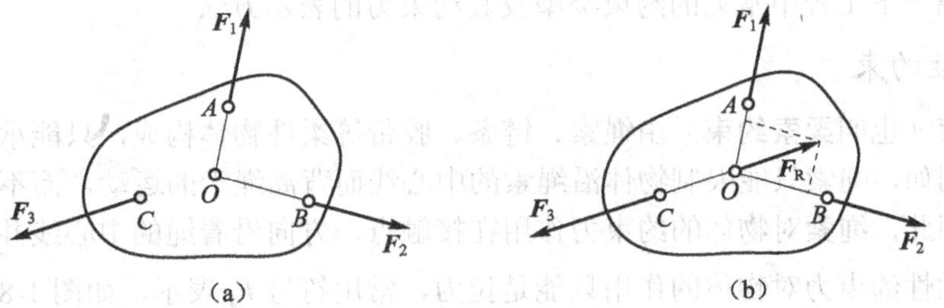

图 1-7

提示

推论 2 给出了不平行的三力平衡的必要条件，可用于确定某些未知力的作用线。

公理 4：作用力与反作用力公理 两物体间相互作用的力（即作用力和反作用力）总是大小相等，方向相反，沿着同一条直线，并分别作用在这两个物体上。

这个公理表明，力总是成对出现的，只要有作用力就必然有反作用力，而且同时存在、同时消失。在对作用力和反作用力进行标记时，所用符号应相同，只在其中一个上加一撇，如 $\boldsymbol{F}$ 与 $\boldsymbol{F}'$。

必须注意的是，虽然作用力与反作用力大小相等、方向相反、作用线沿同一直线，但它们分别作用在两个不同的物体上，而二力平衡中的二力则是作用在同一个物体上。

1.2 约束与约束力

位移不受任何限制的物体称为**自由体**。某些方向的运动受到周围其他物体的限制的物体称为**非自由体**。

在工程实际中，构件总是以一定的形式与周围其他构件相互连接，即物体的运动要受到周围其他物体的限制，如房梁要受到立柱的限制，房顶的吊灯要受到拉线的限制，转轴要受到轴承的限制等。对非自由体的某些位移起限制作用的周围其他物体称为**约束**，如轴承就是转轴的约束。

约束限制了物体的某些运动（即改变了其运动状态），所以必有力作用于物体，这种约束对物体的作用力称为**约束反力**，简称**约束力**。

工程实际中将物体所受的力分为两类：一类是能使物体产生运动或运动趋势的力，称为**主动力**（**或载荷**），如重力、水压力、电磁力等；另一类是由主动力作用而引起的限制物体运动的力，即**约束力**，它是一种被动力，随主动力的改变而变化。

提示

> 在静力学中，主动力往往是给定的，而约束力是未知的。由于约束力是限制物体运动的，所以其方向应与在主动力作用下物体的运动方向相反，其大小可通过刚体的平衡条件求得。

下面介绍一下工程中常见的约束类型及其约束力的表示方法。

1. 柔性约束

柔性约束（也叫**柔索约束**）由绳索、链条、胶带等柔性物体构成，只能承受拉力，不能承受压力。例如，绳索只能限制物体沿绳索的中心线而背离绳索的运动，而不能限制其他方向的运动。因此，绳索对物体的约束力作用在接触点，方向沿着绳的中心线并背离物体。

可见，柔性约束力对物体的作用只能是拉力，常用符号 $\boldsymbol{F}_T$ 表示，如图 1-8 所示。

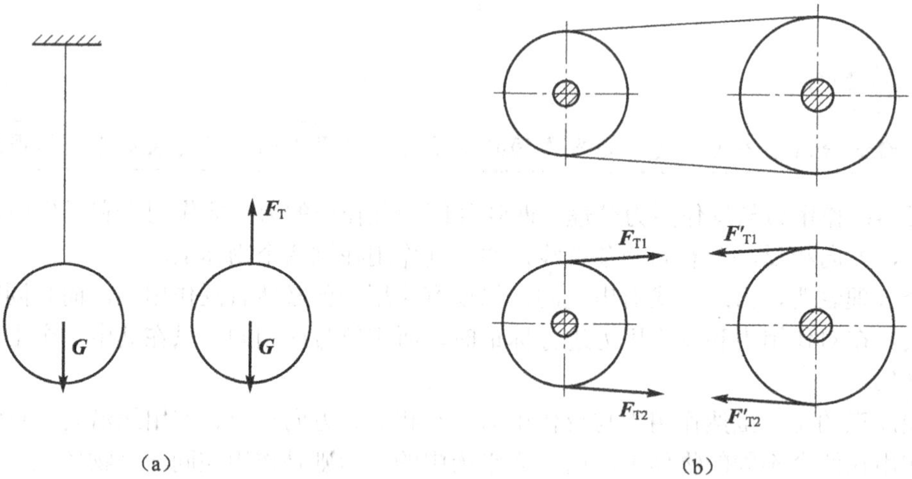

图 1-8

2. 光滑接触面约束

当两物体接触面之间的摩擦力与其他作用力相比很小，可以忽略不计时，可将接触面视为理想光滑面。这时，无论接触面是平面还是曲面，都不能限制物体沿接触面切线方向运动，而只能限制物体沿接触面的公法线方向的运动，这类约束就是**光滑接触面约束**。

因此，光滑接触面约束对物体的约束力通过接触点，方向沿着接触面公法线并指向物体，且恒为压力。这类约束力也称法向反力，常用符号 $\boldsymbol{F}_{\mathrm{N}}$ 表示，如图 1-9 所示。

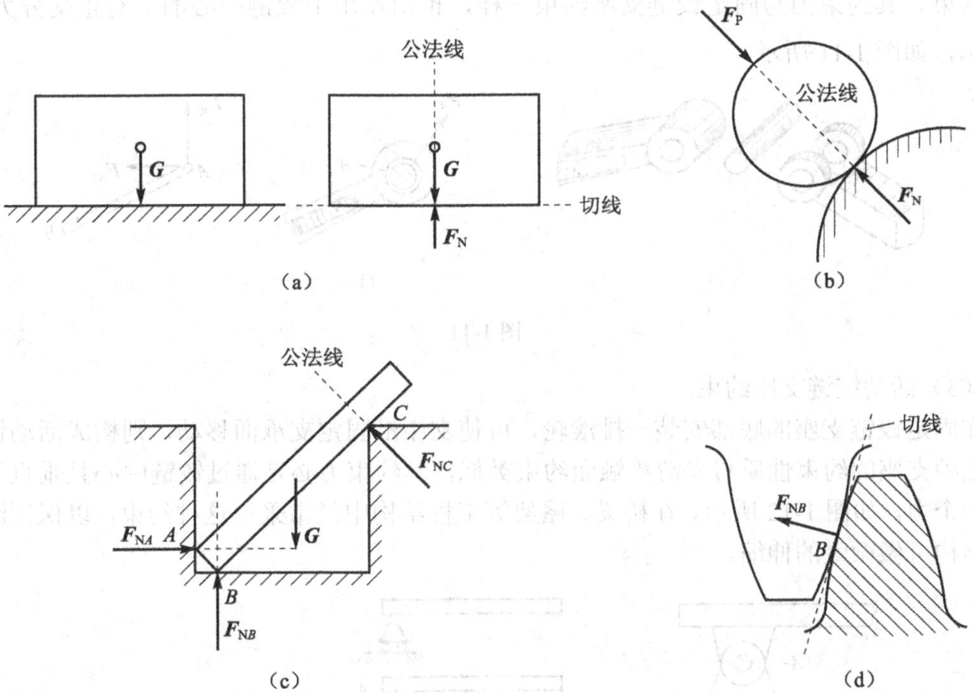

图 1-9

3. 光滑圆柱铰链约束

光滑圆柱铰链约束指的是将两构件用圆柱形销钉或松铆钉连接，并忽略接触处的摩擦而形成的约束。工程中常见的光滑圆柱铰链约束有以下三种形式：

（1）固定铰链支座约束

如果铰链连接中有一个构件与地基或机架相连，构件只能绕销钉轴线转动，而不能向任何方向移动，便构成固定铰链支座约束。固定铰链支座约束的约束力的作用线必定通过销钉中心，但方向需要根据研究对象的受载情况来确定，所以其约束力用作用于铰链中心的一对正交分力 $\boldsymbol{F}_x$ 和 $\boldsymbol{F}_y$ 表示，如图 1-10 所示。

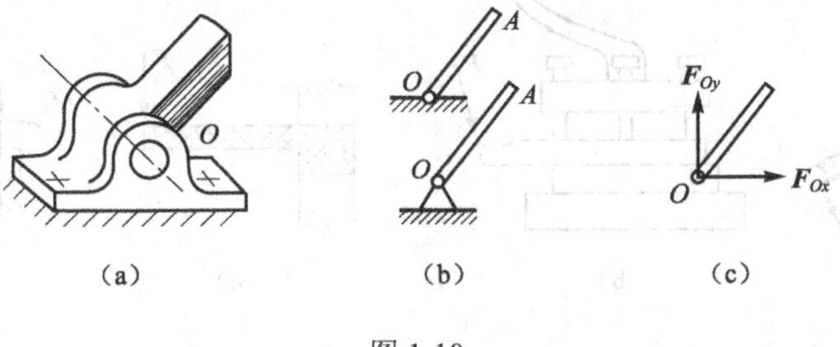

图 1-10

（2）中间铰链约束

两构件用圆柱形销钉连接，都可绕销钉中心转动，而不能向任何方向移动，即构成中间铰链约束。其约束力与固定铰链支座约束一样，也用作用于铰链中心的一对正交分力 $\boldsymbol{F}_x$ 和 $\boldsymbol{F}_y$ 表示，如图 1-11 所示。

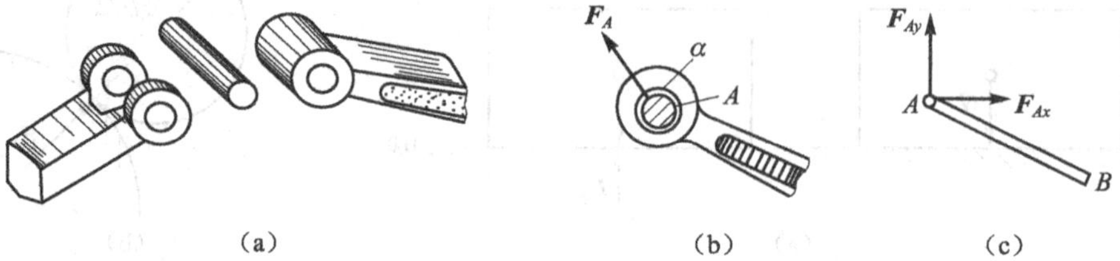

图 1-11

（3）活动铰链支座约束

在固定铰链支座的底部安装一排滚轮，可使支座沿固定支承面移动，则构成活动铰链支座。这种支座的约束性质与光滑接触面约束类似，其约束力必是通过铰链中心且垂直于支承面的一个力，如图 1-12 所示。在桥梁、屋架等工程结构中经常采用这种约束，以保证温度变化时结构可做微量的伸缩。

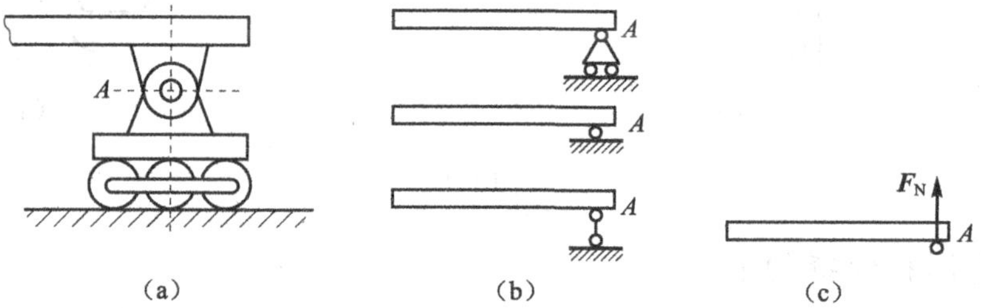

图 1-12

4. 固定端约束

固定端约束能限制物体沿任何方向的移动，也能限制物体在约束处的转动。因此，固定端处的约束力可用一对正交分力 $\boldsymbol{F}_x$、$\boldsymbol{F}_y$ 和一个约束力偶 M 表示，如图 1-13 所示。其中，正交分力 $\boldsymbol{F}_x$、$\boldsymbol{F}_y$ 限制物体移动，约束力偶 M 限制物体转动。

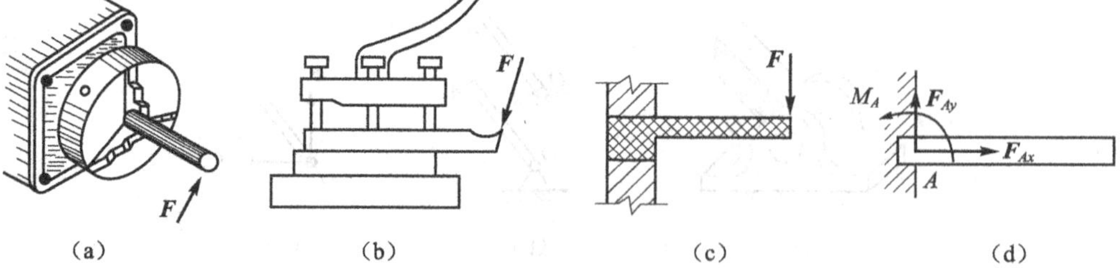

图 1-13

5. 二力构件

自重不计，只在两点受力而处于平衡状态的构件，称为**二力构件**。如果构件是直杆，则称为**二力杆**。

二力构件受力的特点为：两个力的作用线必沿其作用点的连线。例如，图1-14所示三铰钢架中的构件BC，若不计自重，就是二力构件。

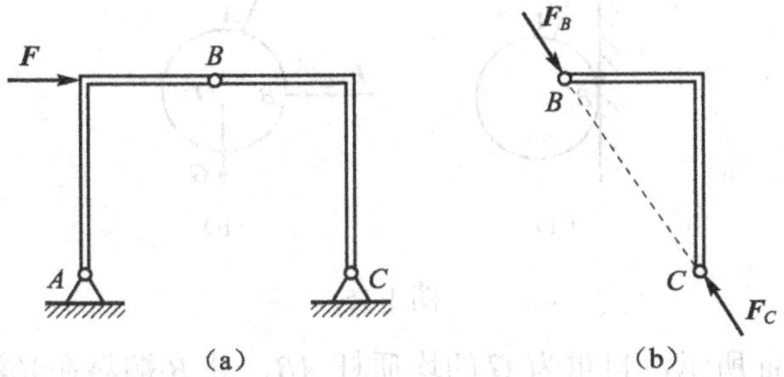

图1-14

1.3　物体的受力分析与受力图

1.3.1　物体的受力分析

在工程实践中，为了解决平衡问题，我们首先要确定研究对象受哪些力的作用，每个力作用的位置和方向如何，这个分析过程称为**物体的受力分析**。对物体进行受力分析是正确画出物体受力图的基础。

1.3.2　物体的受力图

在静力学中，画研究对象时，不需要画出它的实体形状，而只要将构件用简单的线条简图来表示。为了清楚地表示出研究对象的受力情况，常把研究对象从周围的约束物体中分离出来，使其成为自由体。这种解除约束后的物体称为**分离体**。将研究对象的分离体用简图表示，并在分离体简图上画出全部的已知主动力和代表约束作用的约束力而形成的简明图形，称为**物体的受力图**。

画物体受力图的一般步骤如下：

（1）根据题意确定研究对象，并画出研究对象的分离体简图。

（2）在分离体上画出作用于分离体的全部主动力（如重力等）。

（3）在分离体上解除约束的位置，根据约束的不同类型，画出相应的约束力。

例1-1　如图1-15a所示，设小球自重为$\boldsymbol{G}$，在A处用绳索系在墙上，试画出小球的受力图（摩擦不计）。

解　（1）取小球为研究对象，画出其分离体简图。

（2）画主动力。主动力为重力$\boldsymbol{G}$，垂直向下，作用点在小球的质心O。

（3）画约束力。约束力有两个，一个是作用于 A 点的绳索拉力 $\boldsymbol{F}_{\mathrm{T}}$，沿绳索离开小球；另一个是作用于 B 点的墙面约束力 $\boldsymbol{F}_{\mathrm{N}B}$，垂直墙面指向小球。

由此得到小球的受力图，如图 1-15b 所示。

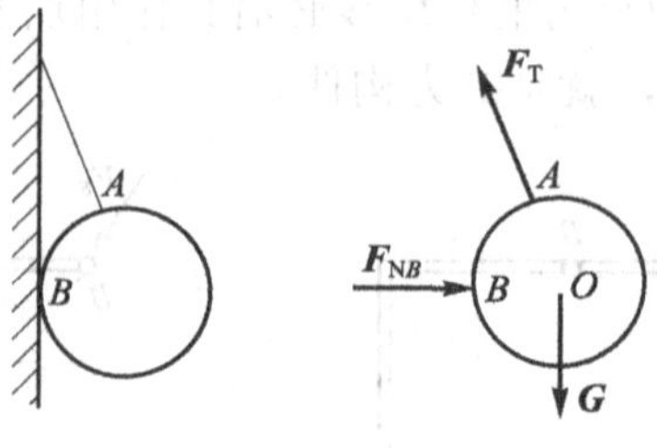

图 1-15

例 1-2 如图 1-16a 所示，自重为 $\boldsymbol{G}$ 的均质杆 AB，其 B 端靠在光滑铅垂墙面的拐角处，A 端置于光滑的水平地面上，在 D 点处用一水平绳索拉住，试画出杆 AB 的受力图。

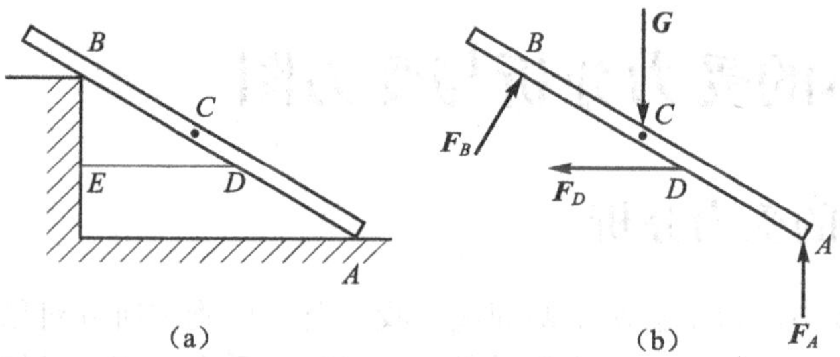

图 1-16

解 （1）取杆 AB 为研究对象，画出其分离体简图。

（2）画出杆 AB 所受的已知主动力——重力 $\boldsymbol{G}$。

（3）去除 A、B、D 处的约束，画上相应的约束力 $\boldsymbol{F}_A$、$\boldsymbol{F}_B$、$\boldsymbol{F}_D$。

由此得到杆 AB 的受力图，如图 1-16b 所示。

例 1-3 图 1-17a 所示为悬壁梁吊车，水平梁 AB 用斜杆 CD 支承，A、C、D 三处均为光滑圆柱铰链连接。匀质梁 AB 重为 $\boldsymbol{G}_1$，其上放一重为 $\boldsymbol{G}_2$ 的电动机。若不计斜杆 CD 自重，试分别画出斜杆 CD 和梁 AB（包括电动机）的受力图。

解 （1）画斜杆 CD 的受力图。取斜杆 CD 为研究对象，由于斜杆 CD 自重不计，并且只在 C、D 两处受铰链约束而处于平衡，因此斜杆 CD 为二力杆。斜杆 CD 的约束力必通过两铰链中心 C 与 D 的连线，用 $\boldsymbol{F}_C$ 和 $\boldsymbol{F}_D$ 表示，如图 1-17b 所示。

（2）画梁 AB 的受力图。取梁 AB（包括电动机）为研究对象，梁 AB 受主动力 $\boldsymbol{G}_1$ 和 $\boldsymbol{G}_2$ 的作用。在 D 处为铰链约束，约束力 $\boldsymbol{F}_D'$ 与 $\boldsymbol{F}_D$ 是作用力与反作用力的关系，且 $\boldsymbol{F}_D' = -\boldsymbol{F}_D$。$A$ 处为固定铰链支座约束，约束力用两个正交的分力 $\boldsymbol{F}_{Ax}$ 和 $\boldsymbol{F}_{Ay}$ 表示，方向可任意假设，如图 1-17c 所示。

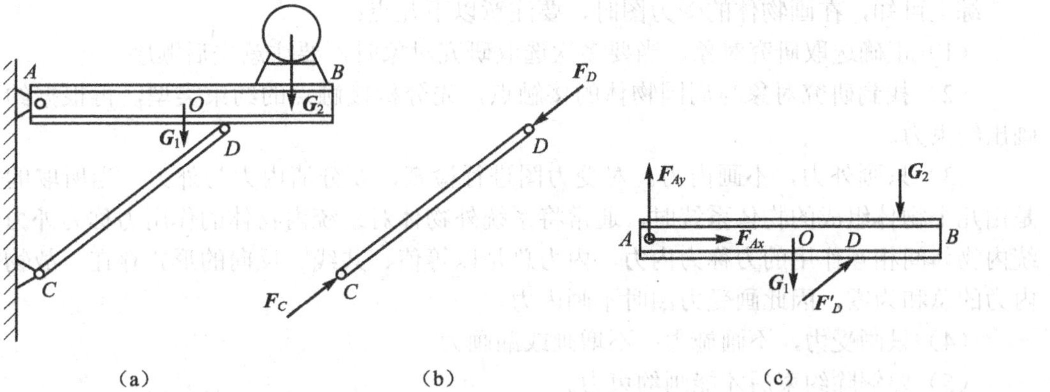

图 1-17

例 1-4　杆 AB 置于一半圆槽内，如图 1-18a 所示，试画出杆 AB 的受力图。

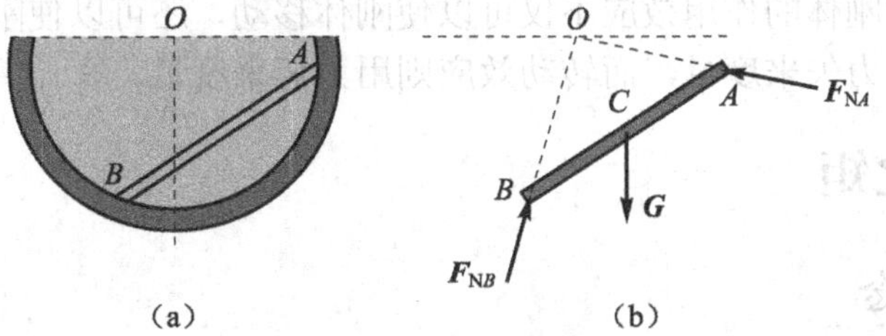

图 1-18

解　（1）取杆 AB 为研究对象，画出其分离体简图。

（2）画主动力。主动力为重力 $\boldsymbol{G}$，垂直向下，作用点在杆的质心 C。

（3）画约束力。约束力有两个，均为光滑接触面约束，一个是作用于 A 点的 $\boldsymbol{F}_{NA}$，它沿半圆在该点的法线指向圆心，另一个是作用于 B 点的 $\boldsymbol{F}_{NB}$，它沿半圆在该点的法线指向圆心。

由此得到杆 AB 的受力图，如图 1-18b 所示。

例 1-5　构件 AB 左端为固定铰链支座，右端为活动铰链支座，C 处作用一力 $\boldsymbol{F}$，如图 1-19a 所示。假设构件 AB 自重不计，试画出其受力图。

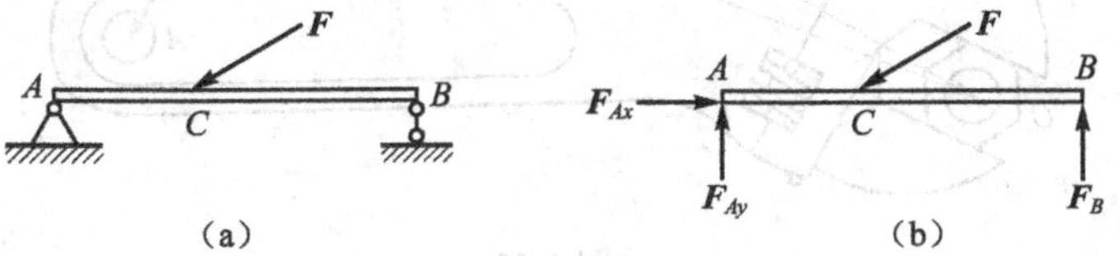

图 1-19

解　（1）取构件 AB 为研究对象，画出其分离体简图。

（2）画主动力。主动力为已知力 $\boldsymbol{F}$，作用点在 C。

（3）画约束力。约束力有 3 个，A 端为固定铰链支座约束力 $\boldsymbol{F}_{Ax}$ 和 $\boldsymbol{F}_{Ay}$，B 端为活动铰链支座约束力 $\boldsymbol{F}_B$，方向垂直于支承面。

由此得到构件 AB 的受力图，如图 1-19b 所示。

综上可知，在画物体的受力图时，要注意以下几点：

（1）正确选取研究对象，当要多次选取研究对象时，要注意先后顺序。

（2）找到研究对象与周围物体的接触点，先分析接触点的约束类型，再根据约束特点画出约束力。

（3）只画外力，不画内力。对受力图进行检查，要分清内力与外力，当所取的分离体是由几个物体组成的物体系统时，通常将系统外物体对系统内物体的作用力称为**外力**，而系统内物体间相互作用的力称为**内力**。内力总是以等值、共线、反向的形式存在，故物体系统内力的总和为零，因此画受力图时不画内力。

（4）只画受力，不画施力；不增画或漏画力。

（5）要解除约束后才能画约束力。

1.4 力矩、力偶与力偶矩

实践表明，力对刚体的作用效应不仅可以使刚体移动，还可以使刚体转动。其中，力对刚体的移动效应可用力矢来度量，而转动效应则用力矩来度量。

1.4.1 力对点之矩

1. 力矩的概念

如图 1-20 所示，当用扳手拧紧螺母时，力 $\boldsymbol{F}$ 使扳手连同螺母绕 O 点转动的效应不仅与力 $\boldsymbol{F}$ 的大小有关，还与从转动中心 O 到力 $\boldsymbol{F}$ 作用线的垂直距离 d 有关，即与它们的乘积 Fd 有关，Fd 就是力的转动效应的度量，称为力 $\boldsymbol{F}$ 对 O 点之矩，简称**力矩**。其中，O 点称为力矩中心，简称**矩心**；d 是 O 点到力 $\boldsymbol{F}$ 作用线的垂直距离，称为**力臂**；乘积 Fd 是力矩的大小。

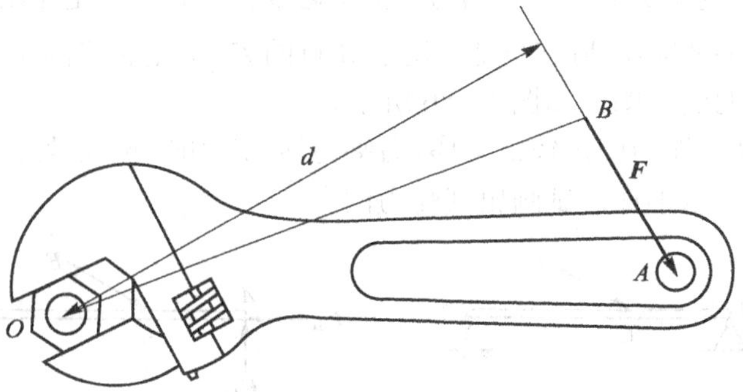

图 1-20

力矩是一个代数量，当力 $\boldsymbol{F}$ 绕矩心 O 转动的方向不同时，对物体的转动效应也不同。例如在图 1-20 中，若扳手绕矩心 O 作顺时针旋转可将螺丝拧紧，而逆时针旋转会使螺丝松动。为此，我们为力矩规定了正负号（±），以表示力矩在平面上的转向。一般规定：使物体绕矩心作逆时针方向转动的力矩为正（+），作顺时针方向转动的力矩为负（–）。故将力 $\boldsymbol{F}$ 对矩心 O 的力矩记作

$$M_O(\boldsymbol{F}) = \pm Fd \tag{1-3}$$

力矩的单位是牛[顿]米或千牛[顿]米，即 N·m 或 kN·m。

由力矩的定义式可知：① 当力的作用线通过矩心时，力臂为零，故力矩等于零；② 当力沿其作用线移动时，力臂不变，因而力对矩心的力矩也不变。

2. 合力矩定理

例 1-6　在图 1-21 所示的直齿圆柱齿轮传动中，已知轮齿啮合面间的作用力（即啮合力）$F_n = 10\ \text{kN}$，齿轮的压力角 $\alpha = 20°$，节圆（啮合圆）直径 $D = 100\ \text{mm}$。试计算啮合力 $\boldsymbol{F}_n$ 对轮心 O 点的力矩（压力角即啮合力与齿轮节圆切线间的夹角）。

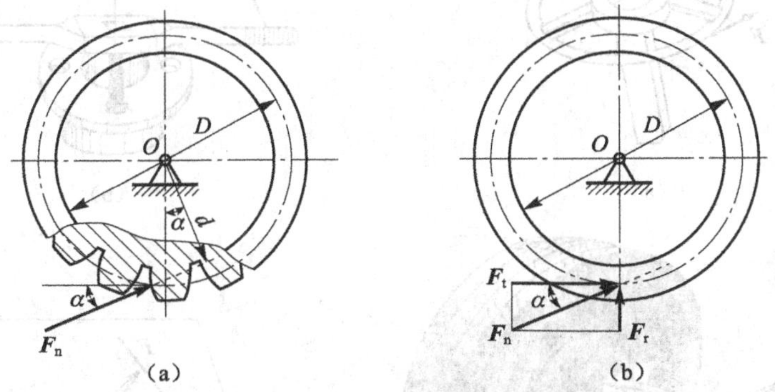

图 1-21

解　解法一　用力矩的定义式求解，即

$$M_O(\boldsymbol{F}_n) = F_n d = F_n \frac{D}{2}\cos\alpha = 10000 \times \frac{100 \times 10^{-3}}{2} \times \cos 20° = 470\ \ \text{N}\cdot\text{m}$$

解法二　将啮合力 $\boldsymbol{F}_n$ 在齿轮啮合点处分解为沿节圆切线方向的圆周力 $\boldsymbol{F}_t$ 和沿节圆半径方向的径向力 $\boldsymbol{F}_r$，如图 1-21b 所示，则 $F_t = F_n\cos\alpha$，$F_r = F_n\sin\alpha$。

圆周力 $\boldsymbol{F}_t$ 对轮心 O 的力矩为

$$M_O(\boldsymbol{F}_t) = F_t d = (F_n\cos\alpha)\frac{D}{2} = 10000 \times \cos 20° \times \frac{100 \times 10^{-3}}{2} = 470\ \ \text{N}\cdot\text{m}$$

径向力 $\boldsymbol{F}_r$ 对轮心 O 的力矩为

$$M_O(\boldsymbol{F}_r) = F_r \times 0 = 0$$

由此可见

$$M_O(\boldsymbol{F}_n) = M_O(\boldsymbol{F}_t) + M_O(\boldsymbol{F}_r) = M_O(\boldsymbol{F}_t) = 470\ \ \text{N}\cdot\text{m}$$

由上式可得到启发：将一个力 $\boldsymbol{F}_R$ 分解为 $\boldsymbol{F}_1$、$\boldsymbol{F}_2$、…、$\boldsymbol{F}_n$，则有

$$M_O(\boldsymbol{F}_R) = M_O(\boldsymbol{F}_1) + M_O(\boldsymbol{F}_2) + \cdots + M_O(\boldsymbol{F}_n) = \sum M_O(\boldsymbol{F}) \tag{1-4}$$

即平面力系的合力对平面上任一点之矩等于其各分力对同一点之矩的代数和，这就是**合力矩定理**。当不易计算力矩的力臂时，常用合力矩定理来计算力矩。

1.4.2 力偶与力偶矩

1. 力偶与力偶矩的概念

在日常生活和生产实践中，经常会遇到两个等值、反向、不共线的平行力作用于同一物体而使其转动的情况。例如，司机转动方向盘时作用在方向盘上的力（图 1-22a），钳工师傅用丝锥攻丝时加在锥柄上的力（图 1-22b），用套筒扳手拧螺丝时扳手的受力（图 1-22c），以及用钥匙开锁时钥匙的受力等。

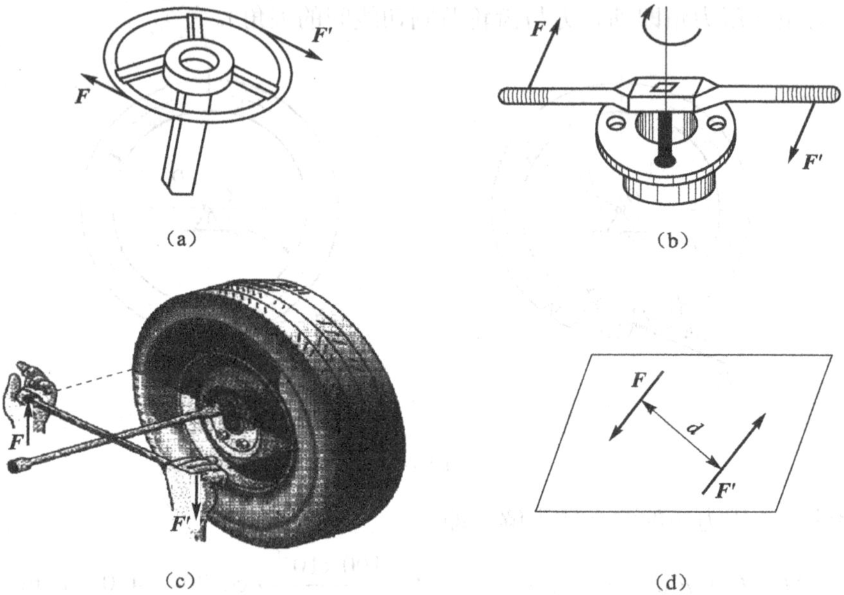

图 1-22

在力学中，把大小相等、方向相反、作用线互相平行但不重合的两个力所组成的力系称为**力偶**，记为$(\boldsymbol{F},\boldsymbol{F}')$。力偶中两个力所在的平面称为**力偶作用面**；两个力作用线间的垂直距离称为**力偶臂**，记为 d（图 1-22d）；力偶中任一力与力偶臂的乘积称为力偶的力矩，简称**力偶矩**，记为$M(\boldsymbol{F},\boldsymbol{F}')$，即

$$M(\boldsymbol{F},\boldsymbol{F}')=\pm Fd \tag{1-5}$$

力偶矩也是代数量，一般规定使物体作逆时针转动的力偶矩为正，作顺时针转动的力偶矩为负。力偶矩的单位与力矩相同，亦即 N·m 或 kN·m。

2. 力偶的三要素

综上可知，力偶对物体的转动效应取决于力偶的三要素，即

① 力偶矩的大小；
② 力偶的转向；
③ 力偶作用面的方位。

提示

当力偶的三要素之一发生变化时，力偶的作用效应就会发生改变。三要素相同的两个力偶是等效力偶，可相互替代。

3. 力偶的性质

性质1　力偶既无合力，也不能和一个力平衡，而只能用另一力偶来平衡或替代。

力偶是由两个力组成的特殊力系，它在任一轴上投影的代数和恒为零，所以力偶不能合成一个合力，或用一个力来等效替换。力和力偶是静力学的两个基本要素，力偶对刚体只能产生转动效应，而力对刚体既可产生移动效应，也可产生转动效应，因此力偶不能用一个力来平衡。

例如，用丝锥在工件上攻螺纹时，要求双手均匀用力，此时丝锥受到一个力偶($\boldsymbol{F},\boldsymbol{F}'$)作用，如果双手用力不均或者单手用力，则此时铰杠将受到一个力和一个附加力偶作用，这个力常会导致丝锥折断，如图1-23所示。

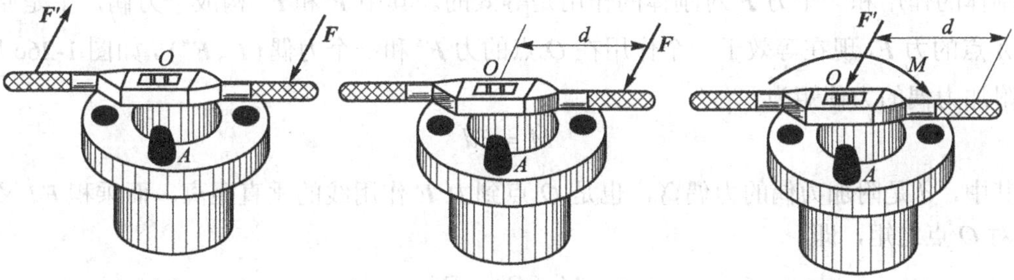

图1-23

性质2　力偶对其作用面内任一点之矩恒等于力偶矩，而与矩心位置的选择无关。

这就是说，力偶使刚体绕其作用面内任一点的转动效应是相同的。

性质3　力偶可在其作用面内任意转移，而不改变它对刚体的作用效应。

例如拧瓶盖时，可将力夹在A、B位置或C、D位置，其效果是相同的，如图1-24所示。

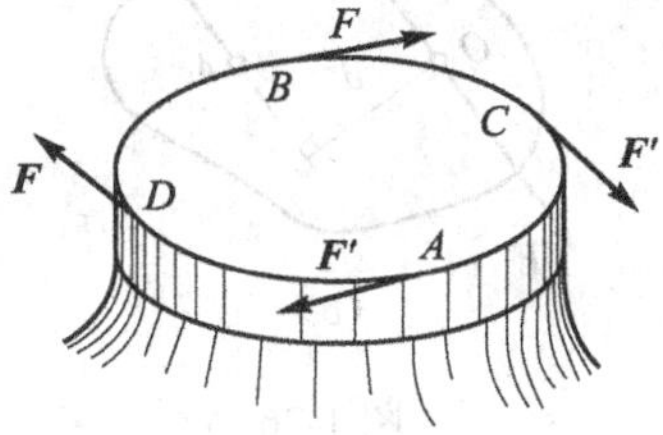

图1-24

性质4　只要保持力偶矩的大小和转向不变，可同时改变力偶中力的大小和力偶臂的长短，而不改变其对刚体的作用效应。

因此，力偶可用力和力偶臂来表示，即用带箭头的弧线表示，箭头表示力偶的转向，M表示力偶的大小，如图1-25所示。

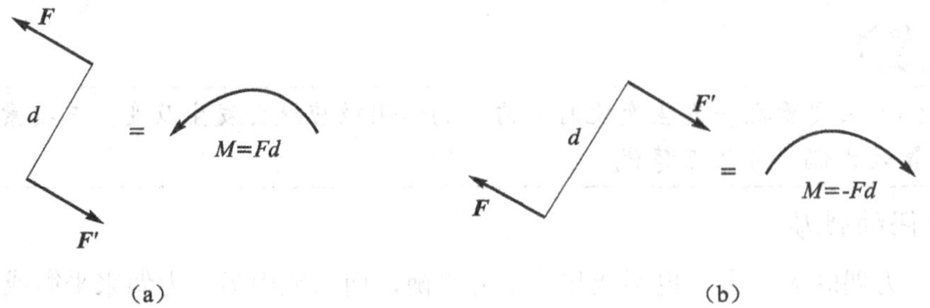

图 1-25

1.4.3 力的平移定理

已知一力 $\boldsymbol{F}$ 作用于 A 点，如图 1-26a 所示。在刚体上任取一点 O，在 O 点附加两个等值、反向、共线且与 $\boldsymbol{F}$ 平行的力 $\boldsymbol{F}'$ 和 $\boldsymbol{F}''$，并使 $\boldsymbol{F}'=-\boldsymbol{F}''=\boldsymbol{F}$，如图 1-26b 所示。显然，这三个力对刚体的作用和一个力 $\boldsymbol{F}$ 对刚体的作用是等效的。其中 $\boldsymbol{F}$ 和 $\boldsymbol{F}''$ 构成一力偶，于是原来作用在 A 点的力 $\boldsymbol{F}$，现在等效于一个作用在 O 点的力 $\boldsymbol{F}'$ 和一个力偶 $(\boldsymbol{F},\boldsymbol{F}'')$，如图 1-26c 所示。这个附加力偶的力偶矩为

$$M=Fd$$

其中，d 是附加力偶的力偶臂，也是 O 点到力 $\boldsymbol{F}$ 作用线的垂直距离。而乘积 Fd 又是原力 $\boldsymbol{F}$ 对 O 点之矩，即

$$M_O(\boldsymbol{F})=Fd$$

因此

$$M=M_O(\boldsymbol{F})=Fd$$

即力向另外一点平移时所得附加力偶矩等于原力对平移点之矩。

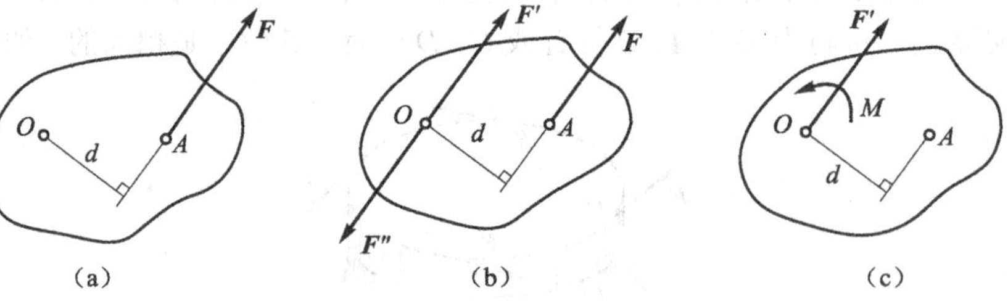

图 1-26

上述现象可概括为：作用于刚体上某一点的力可以平移到该刚体上另外的任意一点，但必须同时附加一个力偶，其力偶矩等于原力对新作用点之矩，这就是**力的平移定理**。

将上述过程倒过来，就可将作用于刚体上某一点的一个力和一个力偶转化为作用于该刚体上另一点的一个力，从而将刚体的受力简化。实践表明，此逆定理对刚体同样成立。

如图 1-27a 所示，转轴上的齿轮受到圆周力 $\boldsymbol{F}$ 的作用。为了观察力 $\boldsymbol{F}$ 对转轴的效应，可

将力 $\boldsymbol{F}$ 平移到轴心 O 点，这就得到了力 $\boldsymbol{F}'$ 和附加力偶 M（图 1-27b、c）。力 $\boldsymbol{F}'$ 使轴产生弯曲变形，而力偶 M 使轴产生扭转变形。

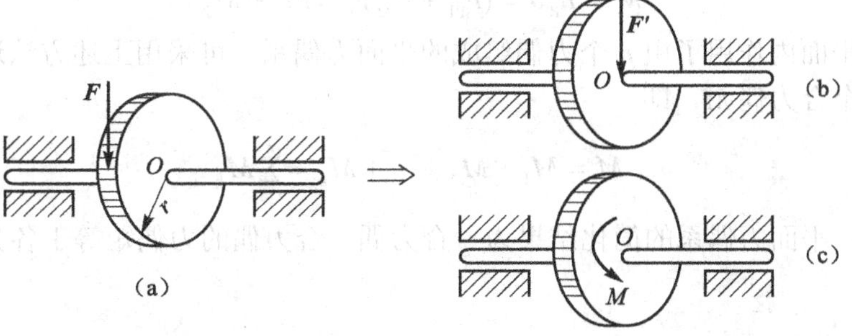

图 1-27

力的平移定理揭示了力对作用线外任一点有两种作用效应：一是平移力产生的移动效应，二是附加力偶对物体产生转动效应。

1.4.4 平面力偶系的简化与合成

在物体上同一平面内有两个或两个以上的力偶作用时，这些力偶即组成**平面力偶系**。

设在物体某平面内作用有两个力偶 $(\boldsymbol{F}_1, \boldsymbol{F}_1')$ 和 $(\boldsymbol{F}_2, \boldsymbol{F}_2')$，如图 1-28a 所示，它们的力偶臂分别为 d_1 和 d_2，力偶矩分别为 M_1 和 M_2，则 $M_1 = F_1 d_1$，$M_2 = F_2 d_2$。在此力偶系所在的平面内任取一线段 $AB = d$，在不改变力偶矩大小和转向的条件下将两个力偶的臂都化为 d，并把每个力偶分别化为一对作用在 A、B 两点的反向平行力，即 $\boldsymbol{F}_{P1}$ 和 $\boldsymbol{F}_{P1}'$、$\boldsymbol{F}_{P2}$ 和 $\boldsymbol{F}_{P2}'$，如图 1-28b 所示，根据力偶等效条件，则有

$$F_{P1} = M_1 / d, \qquad F_{P2} = M_2 / d$$

同理有

$$F_{P1}' = M_1 / d, \qquad F_{P2}' = M_2 / d$$

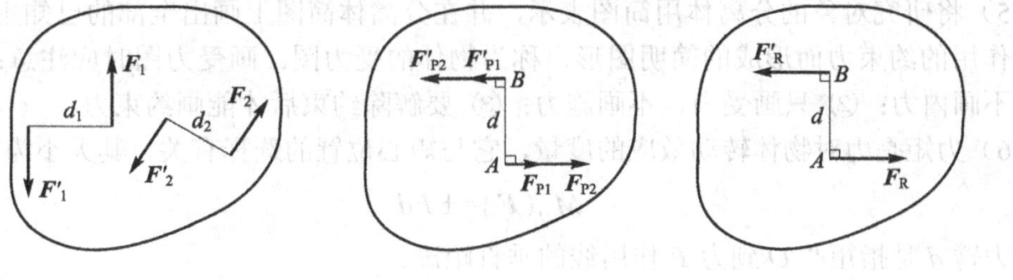

图 1-28

将 $\boldsymbol{F}_{P1}$ 和 $\boldsymbol{F}_{P2}$、$\boldsymbol{F}_{P1}'$ 和 $\boldsymbol{F}_{P2}'$ 分别合成，则有

$$F_R = F_{P1} + F_{P2}, \qquad F_R' = F_{P1}' + F_{P2}'$$

如图 1-28c 所示，$\boldsymbol{F}_R$ 和 $\boldsymbol{F}_R'$ 为一对等值、反向、不共线的平行力，组成了一个新力偶，此力偶即为原来两个力偶的合力偶，其力偶矩为

$$M = F_R d = (F_{P1} + F_{P2})d = M_1 + M_2$$

若在同一平面内作用了由 n 个力偶组成的平面力偶系，可采用上述方法进行两两合成，直到合成为一个合力偶 M，即

$$M = M_1 + M_2 + \cdots + M_n = \sum_{i=1}^{n} M_i \tag{1-6}$$

上式表明，平面力偶系的简化结果为一合力偶，合力偶的力偶矩等于各分力偶的力偶矩的代数和。

本章小结

（1）静力学是研究刚体在外力作用下平衡规律的科学，其基本概念有力、刚体、平衡和力系等。

（2）力是物体之间的相互机械作用。力是矢量，其三要素指力的大小、方向和作用点。

（3）静力学公理是研究静力学的基础，它阐明了力的基本性质。

- 二力平衡公理是最基本的力系平衡条件。
- 加减平衡力系公理是力系等效代换和简化的主要依据。
- 力的平行四边形法则说明力的运算符合矢量运算法则，是力系合成与分解的基础。
- 作用与反作用定律是研究物体系的受力分析的基础。

（4）作用于物体上的力可分为主动力和约束力。约束力是限制物体运动的力，它作用于物体的约束接触处，方向与物体被限制的运动方向相反。常见的约束类型主要有：

- 柔性约束：只能承受沿约束轴线方向的拉力 $\boldsymbol{F}_T$。
- 光滑接触面约束：只能承受位于接触点的法向压力 $\boldsymbol{F}_N$。
- 光滑圆柱铰链约束：通常用两个正交的约束力 $\boldsymbol{F}_x$、$\boldsymbol{F}_y$ 表示。
- 固定端约束：通常用两个正交的约束力 $\boldsymbol{F}_x$、$\boldsymbol{F}_y$ 与一个约束力偶 M 表示。

（5）将研究对象的分离体用简图表示，并在分离体简图上画出全部的已知主动力和代表约束作用的约束力而形成的简明图形，称为物体的受力图。画受力图时应注意：① 只画外力，不画内力；② 只画受力，不画施力；③ 要解除约束后才能画约束力。

（6）力矩是力对物体转动效应的度量，它与矩心位置的选择有关，其大小为

$$M_O(\boldsymbol{F}) = \pm Fd$$

其中，力臂 d 是指矩心 O 到力 $\boldsymbol{F}$ 作用线的垂直距离。

（7）合力矩定理：平面力系的合力对平面上任一点之矩等于其各分力对同一点之矩的代数和。即

$$M_O(\boldsymbol{F}_R) = M_O(\boldsymbol{F}_1) + M_O(\boldsymbol{F}_2) + \cdots + M_O(\boldsymbol{F}_n) = \sum M_O(\boldsymbol{F})$$

（8）力偶是由大小相等、方向相反、作用线互相平行但不重合的两个力所组成的力系，可使刚体产生转动效应。

（9）力偶具有以下几条基本性质：

① 力偶既无合力，也不能和一个力平衡，而只能用另一力偶来平衡或替代。

② 力偶对其作用面内任一点之矩恒等于力偶矩，而与矩心位置的选择无关。

③ 力偶可在其作用面内任意转移，而不改变它对刚体的作用效应。

④ 只要保持力偶矩的大小和转向不变，可同时改变力偶中力的大小和力偶臂的长短，而不改变其对刚体的作用效应。

（10）平面力偶系的简化结果为一合力偶，合力偶的力偶矩等于各分力偶的力偶矩的代数和。即

$$M = M_1 + M_2 + \cdots + M_n = \sum_{i=1}^{n} M_i$$

思考题

1-1　能不能说“合力一定比分力大”？

1-2　大小相等且方向相同的两个力对同一刚体的作用是否等效？

1-3　刚体受三个力作用而处于平衡状态时，这三个力的作用线是否在同一平面内？

1-4　凡是两端用铰链连接的直杆都是二力杆，这种说法对吗？

1-5　如果作用于刚体上的三个力汇交于一点，该刚体是否一定平衡？

1-6　在二力平衡公理、作用与反作用定律中，作用于物体上的两个力都是等值、反向、共线的，它们的区别在哪里？

1-7　力的可传性原理在什么情形下是正确的？在什么情形下是不正确的？

1-8　平面中的力矩与力偶矩有什么异同？

习　题

1-1　试画出图 1-29 中各圆柱或圆盘的受力图(与其他物体接触处的摩擦力均忽略不计)。

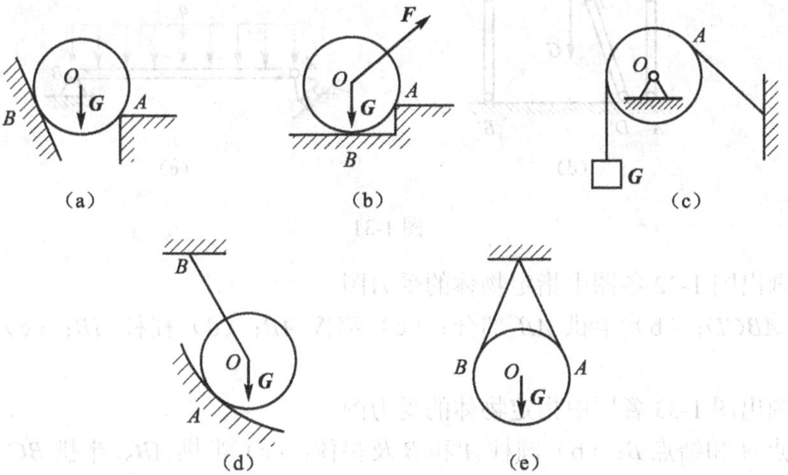

图 1-29

1-2　试画出图 1-30 各图中杆 *AB* 的受力图。

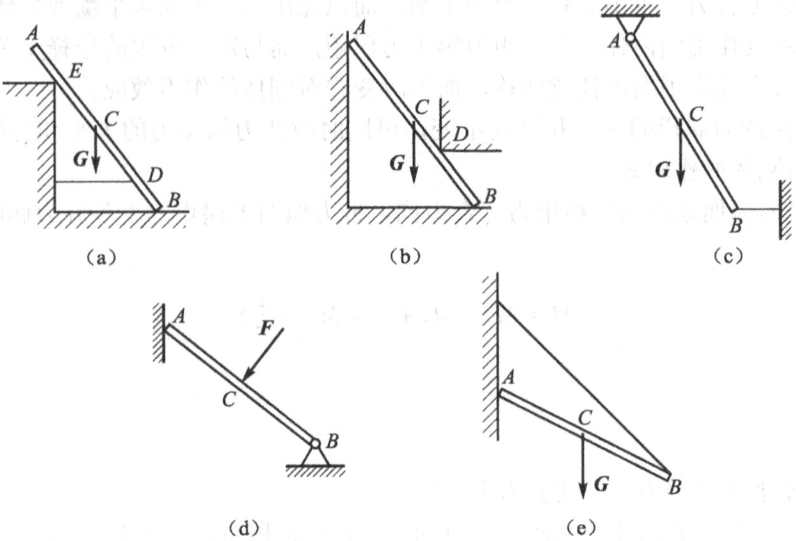

图 1-30

1-3　试画出图 1-31 各图中梁 *AB* 的受力图。

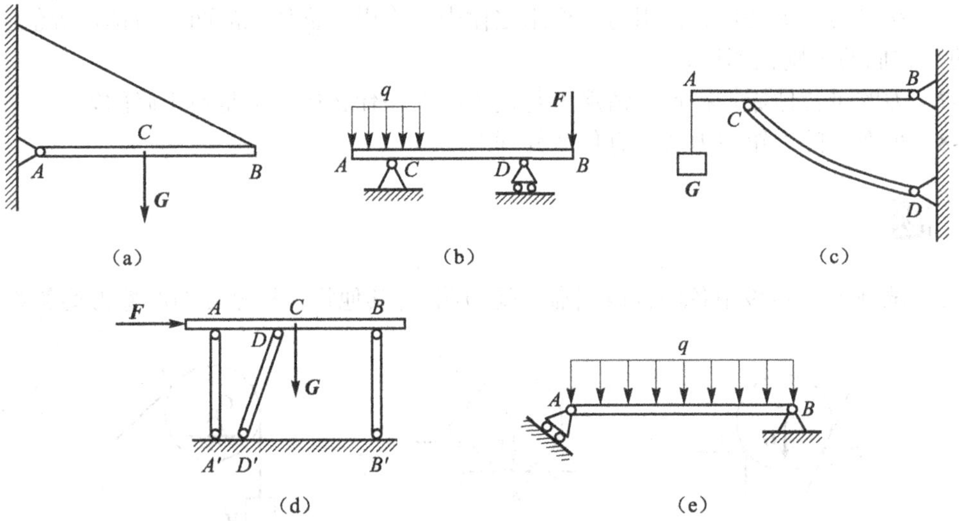

图 1-31

1-4　试画出图 1-32 各图中指定物体的受力图。

（a）拱 *ABCD*；（b）半拱 *AB* 部分；（c）踏板 *AB*；（d）杠杆 *AB*；（e）方板 *ABCD*；（f）节点 *B*。

1-5　试画出图 1-33 各图中指定物体的受力图。

（a）结点 *A* 和结点 *B*；（b）圆柱 *A* 和 *B* 及整体；（c）半拱 *AB*、半拱 *BC* 及整体。

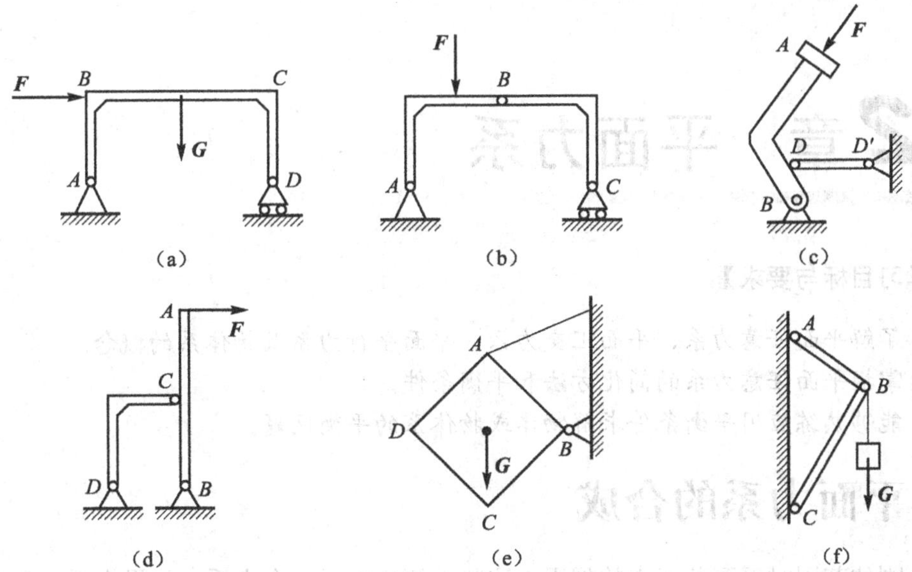

图 1-32

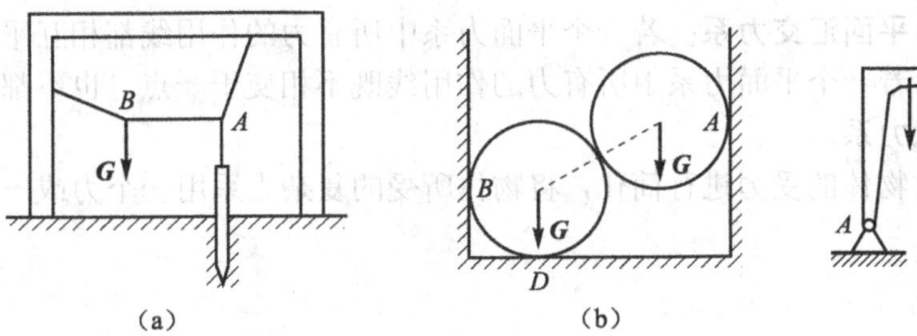

图 1-33

1-6 试计算图 1-34 各图中力 ***F*** 对 *O* 点之矩。

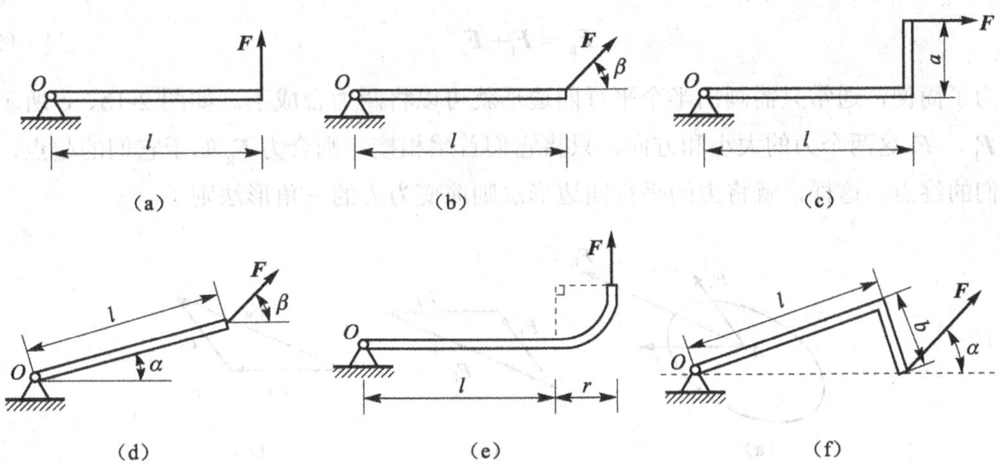

图 1-34

第 2 章　平面力系

【学习目标与要求】

- ◈ 了解平面任意力系、平面汇交力系、平面平行力系及物体系的概念。
- ◈ 掌握平面任意力系的简化方法和平衡条件。
- ◈ 能够熟练应用平衡条件求解物体或物体系的平衡问题。

2.1　平面力系的合成

一个刚体若同时受到若干力的作用，这些力便构成了一个力系。如果力系中所有力的作用线都在同一个平面内，则该力系称为**平面力系**。若力系中所有力的作用线不在任一平面内，而在两个或两个以上的平面内，则该力系称为**空间力系**。若一个平面力系中所有力的作用线汇交于一点，该力系称为**平面汇交力系**；若一个平面力系中所有力的作用线都相互平行，该力系称为**平面平行力系**；若一个平面力系中所有力的作用线既不相交于一点，也不都相互平行，该力系称为**平面任意力系**。

力系合成的目的是对物体的受力进行简化，将物体所受的复杂力系用一个力或一个最简单的力系表示。

2.1.1　几何法合成

力的平行四边形法则告诉我们，作用在物体上同一点的两个力 $\boldsymbol{F}_1$ 、 $\boldsymbol{F}_2$ ，可以合成为一个合力 $\boldsymbol{F}_R$ ，如图 2-1a 所示。即

$$\boldsymbol{F}_R=\boldsymbol{F}_1+\boldsymbol{F}_2 \tag{2-1}$$

为了简便，通常只需画出半个平行四边形就可以将两力合成了。如图 2-1b、c 所示，不改变 $\boldsymbol{F}_1$ 、 $\boldsymbol{F}_2$ 这两个力的大小和方向，只将它们首尾相接，则合力 $\boldsymbol{F}_R$ 始于它们的起点，而终于它们的终点。这样，就将力的平行四边形法则演变为力的三角形法则了。

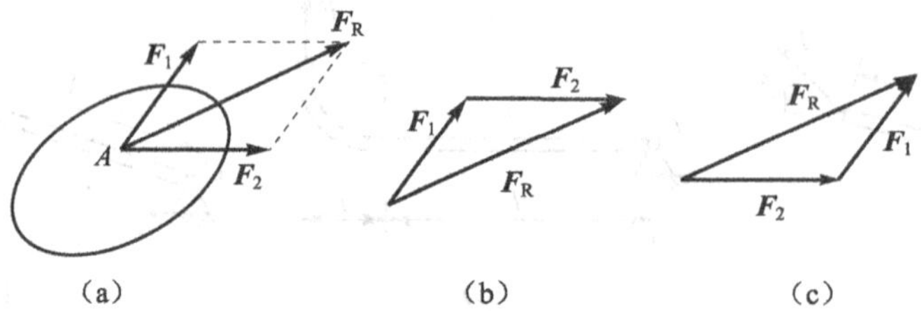

图 2-1

当物体上同一点作用有多个力时，仍然可以将各个力依次首尾相接，则它们的合力依然是始于它们的起点，而终于它们的终点，且是这个“力多边形”的封闭边，这就是**力多边形法则**，如图 2-2 所示。

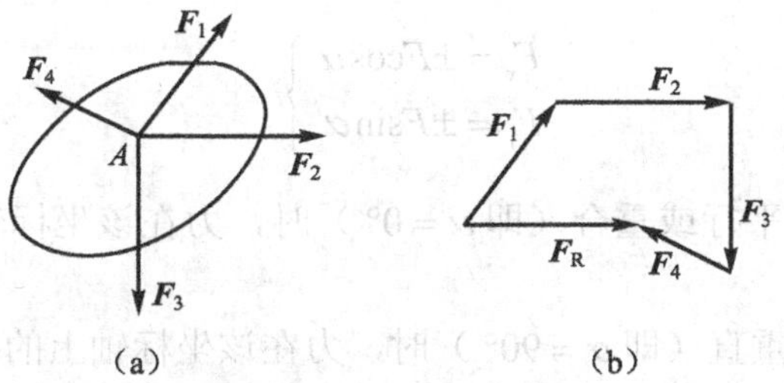

图 2-2

用力多边形法则求多个力的合力时，合力的大小和方向与各力相加减的次序无关。

2.1.2 解析法合成

力的解析法合成是指用力矢量在直角坐标轴上的投影来表示合力与分力之间关系的一种方法。

1. 力在直角坐标轴上的投影

力的解析法合成是以力在坐标轴上的投影为基础的，所以让我们先学习力在直角坐标轴上投影的相关知识。

设在刚体上 A 点作用一力 $\boldsymbol{F}$，通过力 $\boldsymbol{F}$ 的两个端点 A、B 分别向 x 轴和 y 轴作垂线，垂足分别为 a、b 和 a'、b'，如图 2-3a 所示。线段 ab 和 $a'b'$ 的长度就是这个力在 x 轴和 y 轴上的投影，分别记作 F_x 和 F_y。由于投影只是线段的长度，所以它是个代数量。根据投影的定义不难发现，图 2-3a、b 中的力 $\boldsymbol{F}$ 和 $\boldsymbol{F}'$ 在 x、y 轴上的投影完全相等。

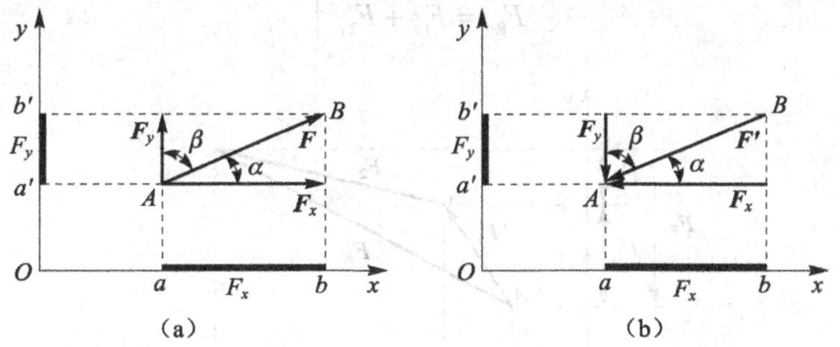

图 2-3

为了使每一个力与其投影形成一一对应的关系，我们通常规定：如果从力的始端点投影到力的末端点投影的指向与相应投影轴的正方向一致，则力 $\boldsymbol{F}$ 在该轴的投影为正值，反之为负值。因此，图 2-3a 中的力 $\boldsymbol{F}$ 在 x、y 轴上的投影分别为 $F_x = F\cos\alpha$，$F_y = F\sin\alpha$；图 2-3b 中的力 $\boldsymbol{F'}$ 在 x、y 轴上的投影分别为 $F_x = -F\cos\alpha$，$F_y = -F\sin\alpha$。

若力 $\boldsymbol{F}$ 与 x 轴之间的夹角为 α，则有

$$\left.\begin{aligned} F_x &= \pm F\cos\alpha \\ F_y &= \pm F\sin\alpha \end{aligned}\right\} \tag{2-2}$$

（1）当力和坐标轴平行或重合（即 $\alpha = 0°$）时，力在该坐标轴上投影的绝对值等于力的大小。

（2）当力和坐标轴垂直（即 $\alpha = 90°$）时，力在该坐标轴上的投影等于零。

若将力 $\boldsymbol{F}$ 沿 x 轴和 y 轴方向分解，所得分力 $\boldsymbol{F}_x$、$\boldsymbol{F}_y$ 与力 $\boldsymbol{F}$ 在同轴上的投影 F_x、F_y 大小相等，但力的分力是矢量，而投影是代数量。

若已知力 $\boldsymbol{F}$ 的投影 F_x、F_y 的值，可反求力 $\boldsymbol{F}$ 的大小和方向，即

$$\left.\begin{aligned} F &= \sqrt{F_x^2 + F_y^2} \\ \tan\alpha &= \left|\frac{F_y}{F_x}\right| \end{aligned}\right\} \tag{2-3}$$

其中，α 是力 $\boldsymbol{F}$ 与 x 轴所夹的锐角。

一般对于只受三个力的作用且角度特殊的物体，用几何法合成（解力三角形）比较简便。对于受多个力作用或某些力的方向不确定的力系，都常用解析法合成。用解析法合成时，投影轴常选择与未知力垂直，未知力的方向可以任意设，如果求出负值，说明力的实际方向与之前所假设的方向相反。对于二力构件，一般先设为拉力，如果求出负值，则说明物体受压力。

2. 合力投影定理

设在某刚体上的 A 点受 $\boldsymbol{F}_1$、$\boldsymbol{F}_2$ 两力的作用，合力为 $\boldsymbol{F}_{\mathrm{R}}$，它们在 x 轴的投影分别为 F_{1x}、F_{2x}、$F_{\mathrm{R}x}$，在 y 轴的投影分别为 F_{1y}、F_{2y}、$F_{\mathrm{R}y}$，如图 2-4 所示。分析可得

$$\left.\begin{aligned} F_{\mathrm{R}x} &= F_{1x} + F_{2x} \\ F_{\mathrm{R}y} &= F_{1y} + F_{2y} \end{aligned}\right\}$$

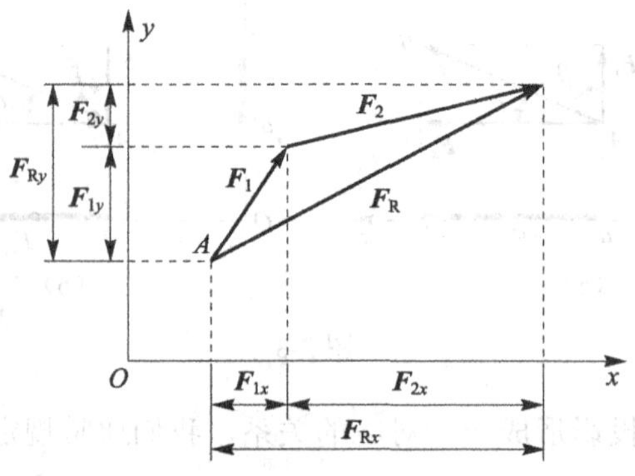

图 2-4

将上述结论推而广之，若刚体在某点受到一平面汇交力系 $\boldsymbol{F}_1$、$\boldsymbol{F}_2$、…、$\boldsymbol{F}_n$ 的作用，它们的合力为 $\boldsymbol{F}_R$，则有

$$\left.\begin{aligned} F_{Rx} &= F_{1x} + F_{2x} + \cdots + F_{nx} = \sum F_x \\ F_{Ry} &= F_{1y} + F_{2y} + \cdots + F_{ny} = \sum F_y \end{aligned}\right\} \tag{2-4}$$

即合力在某一轴上的投影等于各分力在同一轴上的投影的代数和，这就是**合力投影定理**。

由式（2-3）可得合力的大小和方向为

$$\left.\begin{aligned} F_R &= \sqrt{F_{Rx}^2 + F_{Ry}^2} = \sqrt{(\sum F_x)^2 + (\sum F_y)^2} \\ \tan\alpha &= \left|\frac{F_{Ry}}{F_{Rx}}\right| = \left|\frac{\sum F_y}{\sum F_x}\right| \end{aligned}\right\} \tag{2-5}$$

其中，α 是合力 F_R 与 x 轴之间所夹的锐角。

例 2-1　一吊钩固定于房顶上，其上作用有 3 个拉力，分别为 $F_1 = 732\ \text{N}$、$F_2 = 732\ \text{N}$、$F_3 = 2000\ \text{N}$，方向如图 2-5a 所示，试求出吊钩所受的合力的大小及方向。

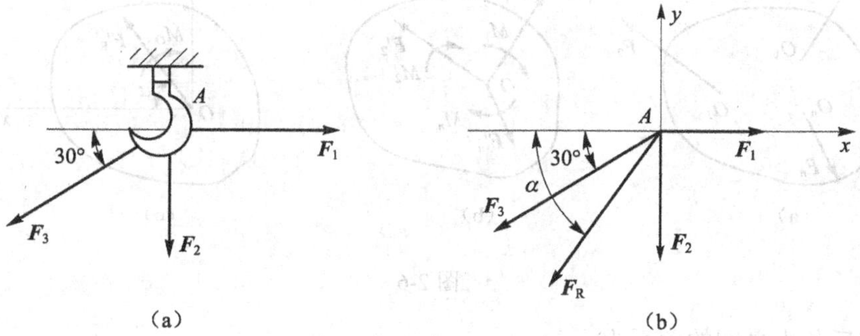

图 2-5

解　建立直角坐标系 Axy，如图 2-5b 所示，由合力投影定理可以求出合力在 x 轴和 y 轴的投影为

$$F_{Rx} = F_{1x} + F_{2x} + F_{3x} = 732 + 0 - 2000\cos 30° = -1000\ \ \text{N}$$

$$F_{Ry} = F_{1y} + F_{2y} + F_{3y} = 0 - 732 - 2000\sin 30° = -1732\ \ \text{N}$$

则由式（2-5）得

$$F_R = \sqrt{F_{Rx}^2 + F_{Ry}^2} = \sqrt{(-1000)^2 + (-1732)^2} = 2000\ \ \text{N}$$

$$\tan\alpha = \left|\frac{F_{Ry}}{F_{Rx}}\right| = \sqrt{3}, \qquad \alpha = 60°$$

其中，α 是合力 $\boldsymbol{F}_R$ 与 x 轴间所夹的锐角。由于 F_{Rx}、F_{Ry} 均为负值，所以合力 $\boldsymbol{F}_R$ 指向第三象限。

2.2 平面力系的简化与平衡

2.2.1 平面任意力系的简化

前面学习了平面汇交力系的合成简化方法。对平面任意力系进行简化，首先要将其转化为平面汇交力系，然后再进行简化。

如图 2-6a 所示，设在刚体上作用一个平面任意力系 $\boldsymbol{F}_1$、$\boldsymbol{F}_2$、…、$\boldsymbol{F}_n$，分别作用于刚体的 O_1、O_2、…、O_n 各点。在该平面内任取一点 O，称为**简化中心**。现应用力的平移定理将力系中各力平移至 O 点，得到一个作用于 O 点的平面汇交力系（$\boldsymbol{F}_1'$、$\boldsymbol{F}_2'$、…、$\boldsymbol{F}_n'$）和一个附加平面力偶系（M_1、M_2、…、M_n），如图 2-6b 所示。这样，就将原力系等效转化为两个基本力系，即一个平面汇交力系和一个平面力偶系。

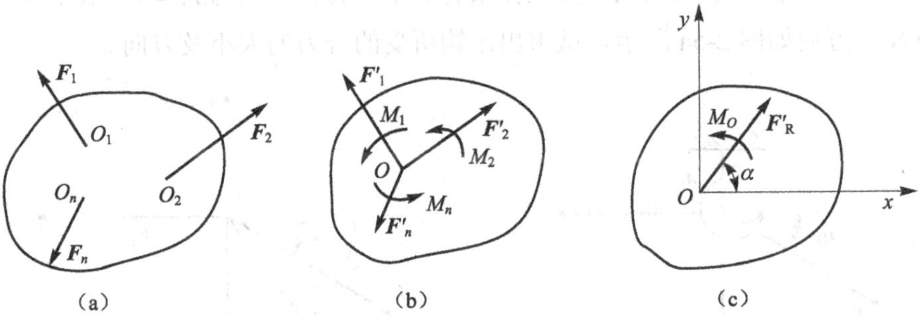

图 2-6

平移前后各力之间的关系为

$$\boldsymbol{F}_1'=\boldsymbol{F}_1,\quad \boldsymbol{F}_2'=\boldsymbol{F}_2,\quad \cdots,\quad \boldsymbol{F}_n'=\boldsymbol{F}_n$$

各力偶矩分别为

$$M_1=M_O(\boldsymbol{F}_1),\quad M_2=M_O(\boldsymbol{F}_2),\quad \cdots,\quad M_n=M_O(\boldsymbol{F}_n)$$

平面汇交力系 $\boldsymbol{F}_1'$、$\boldsymbol{F}_2'$、…、$\boldsymbol{F}_n'$ 可以合成为一个作用于 O 点的合力 $\boldsymbol{F}_{\mathrm{R}}'$（图 2-6c），称为原平面任意力系的**主矢**。即

$$\boldsymbol{F}_{\mathrm{R}}'=\boldsymbol{F}_1'+\boldsymbol{F}_2'+\cdots+\boldsymbol{F}_n'=\boldsymbol{F}_1+\boldsymbol{F}_2+\cdots+\boldsymbol{F}_n=\sum\boldsymbol{F} \tag{2-6}$$

上式表明：平面任意力系的主矢等于该力系中所有力的矢量和。当取不同的简化中心时，主矢的大小和方向保持不变。其大小和方向可以用下式计算

$$\left.\begin{aligned}F_{\mathrm{R}x}'&=F_{1x}+F_{2x}+\cdots+F_{nx}=\sum F_x\\F_{\mathrm{R}y}'&=F_{1y}+F_{2y}+\cdots+F_{ny}=\sum F_y\end{aligned}\right\} \tag{2-7}$$

则大小为

$$F_{\mathrm{R}}'=\sqrt{\left(F_{\mathrm{R}x}'\right)^2+\left(F_{\mathrm{R}y}'\right)^2}=\sqrt{\left(\sum F_x\right)^2+\left(\sum F_y\right)^2} \tag{2-8}$$

方向为

$$\tan\alpha = \left|\frac{\sum F_y}{\sum F_x}\right| \tag{2-9}$$

上式中，α 为主矢 $\boldsymbol{F}_R'$ 的作用线与 x 轴正方向之间的夹角。

附加平面力偶系 M_1、M_2、…、M_n 可以合成一个合力偶矩 M_O，称为这个平面任意力系对简化中心 O 点的主矩。即

$$M_O = M_1 + M_2 + \cdots + M_n = \sum M_i \tag{2-10}$$

上式表明，平面任意力系的主矩等于原力系中各力对简化中心 O 点之矩的代数和。

原平面任意力系与主矢 $\boldsymbol{F}_R'$ 和主矩 M_O 的共同作用等效。

2.2.2 平面任意力系的简化结果分析

作用于刚体上的一平面任意力系向该刚体上任一点简化，一般可得到一个主矢 $\boldsymbol{F}_R'$ 和一个主矩 M_O，但这并不是最终的简化结果。最终简化结果通常有以下四种情况：

（1）$\boldsymbol{F}_R' = 0$，$M_O \neq 0$　表明原力系等效为一个力偶，即力系可简化为一个合力偶，其力偶矩等于主矩 M_O。此时主矩 M_O 与简化中心 O 点的位置选择无关。

（2）$\boldsymbol{F}_R' \neq 0$，$M_O = 0$　表明原力系等效为一个力，即力系可简化为一个合力 $\boldsymbol{F}_R$。$\boldsymbol{F}_R$ 的大小和方向与主矢 $\boldsymbol{F}_R'$ 相同，其作用线通过简化中心 O 点。

（3）$\boldsymbol{F}_R' \neq 0$，$M_O \neq 0$　根据力的平移定理的逆过程，可以将 $\boldsymbol{F}_R'$ 和 M_O 合成为一个合力 $\boldsymbol{F}_R$。$\boldsymbol{F}_R$ 的作用线到简化中心 O 点的距离为

$$d = \left|\frac{M_O}{F_R}\right| \tag{2-11}$$

（4）$\boldsymbol{F}_R' = 0$，$M_O = 0$　表明原力系为平衡力系，则刚体在此力系作用下处于平衡状态。

2.2.3 平面力系的平衡方程及其应用

1. 平面任意力系的平衡方程

平面任意力系向作用面内任一点 O 简化，可得到一个主矢 $\boldsymbol{F}_R'$ 和一个主矩 M_O。如果 $\boldsymbol{F}_R' = 0$，$M_O = 0$，则这个平面任意力系必平衡；反之，如果一平面任意力系平衡，必有 $\boldsymbol{F}_R' = 0$，$M_O = 0$。因此，平面任意力系平衡的充分和必要条件为

$$F_R' = \sqrt{\left(\sum F_x\right)^2 + \left(\sum F_y\right)^2} = 0$$

$$M_O = \sum M_O(\boldsymbol{F}) = 0$$

故得

$$\left.\begin{aligned}\sum F_x &= 0\\ \sum F_y &= 0\\ \sum M_O(\boldsymbol{F}) &= 0\end{aligned}\right\} \tag{2-12}$$

式（2-12）称为**平面任意力系平衡方程的基本形式**（一矩式）。它表明平面任意力系中各力在两个坐标轴上投影的代数和均等于零，各力对平面内任一点之矩的代数和也等于零。

平面任意力系的平衡方程除式（2-12）所示的基本形式外，还有其他两种形式，即二矩式和三矩式。

（1）二矩式

对两点求力矩代数和，可得**二矩式**平衡方程，即

$$\left.\begin{aligned}&\sum F_x = 0\ （或\sum F_y = 0）\\ &\sum M_A(\boldsymbol{F}) = 0\\ &\sum M_B(\boldsymbol{F}) = 0\end{aligned}\right\} \tag{2-13}$$

其中 A、B 两点的连线不能与 x 轴（或 y 轴）垂直。

（2）三矩式

对三点求力矩代数和，可得**三矩式**平衡方程，即

$$\left.\begin{aligned}\sum M_A(\boldsymbol{F}) &= 0\\ \sum M_B(\boldsymbol{F}) &= 0\\ \sum M_C(\boldsymbol{F}) &= 0\end{aligned}\right\} \tag{2-14}$$

其中 A、B、C 三点不能共线。

提示

> 平面任意力系平衡方程的上述三种形式都有三个相互独立的方程式，最多可求解三个未知量。在实际应用中要根据具体情况考虑解题方便，选择最合适的方程形式。

2. 平面汇交力系的平衡方程

由前述可知，平面汇交力系的合成结果是一个合力 $\boldsymbol{F}_{\mathrm{R}}$，所以平面汇交力系的平衡条件为合力 $\boldsymbol{F}_{\mathrm{R}} = 0$，即

$$F_{\mathrm{R}} = \sqrt{F_{\mathrm{R}x}^2 + F_{\mathrm{R}y}^2} = \sqrt{(\sum F_x)^2 + (\sum F_y)^2} = 0$$

亦即

$$\left.\begin{aligned}\sum F_x &= 0\\ \sum F_y &= 0\end{aligned}\right\} \tag{2-15}$$

式（2-15）称为**平面汇交力系的平衡方程**，它表明平面汇交力系平衡的解析条件是力系中各力在两个坐标轴上投影的代数和分别等于零。

3. 平面平行力系的平衡方程

在平面任意力系平衡方程的基本形式中，坐标轴是任选的。若平面平行力系中各力的作用线与 y 轴平行，如图 2-7 所示，则力系中各力在 x 轴上的投影均为零，即 $\sum F_x \equiv 0$。于是平面平行力系只有两个独立的平衡方程，即

$$\left.\begin{aligned}\sum F_y=0\\ \sum M_O(\boldsymbol{F})=0\end{aligned}\right\} \tag{2-16}$$

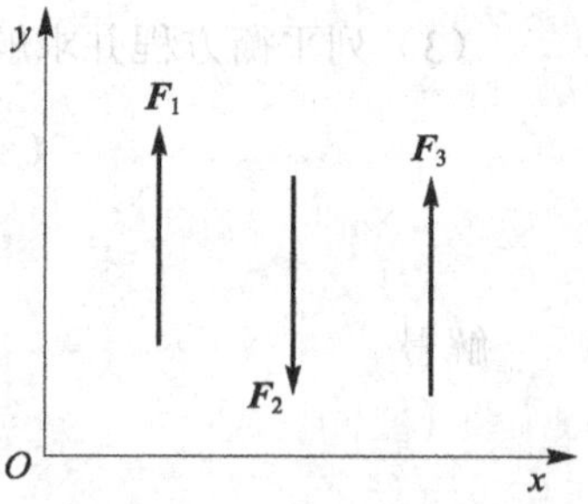

图 2-7

平面平行力系的平衡方程也可用二矩式表示，即

$$\left.\begin{aligned}\sum M_A(\boldsymbol{F})=0\\ \sum M_B(\boldsymbol{F})=0\end{aligned}\right\} \tag{2-17}$$

其中，A、B 两点的连线不能与各力平行。平面平行力系只有两个独立的方程，因而最多只能求解出两个未知量。

应用平面力系的平衡方程解题的一般步骤如下：

（1）根据题意，确定适当的研究对象，并画出研究对象的受力图。

（2）建立恰当的直角坐标系。坐标轴应尽可能地与力系中较多未知力的作用线相平行或垂直。

（3）列平衡方程，求解未知量。列力矩方程时，通常选较多未知力的交点为矩心。由于力矩方程中往往只有一个未知量，所以先求解力矩方程较方便。

注意

若由平衡方程解出的未知量为负，则说明受力图中原假设的该未知量的方向与其实际方向相反，但不必去改动受力图中原假设的未知量的方向。

例 2-2 如图 2-8a 所示，自重 G=200 N 的小球放在与水平面成 30° 角的光滑斜面上，并用与斜面平行的绳 AB 拉住而平衡，试求绳 AB 受到的拉力和球对斜面的压力。

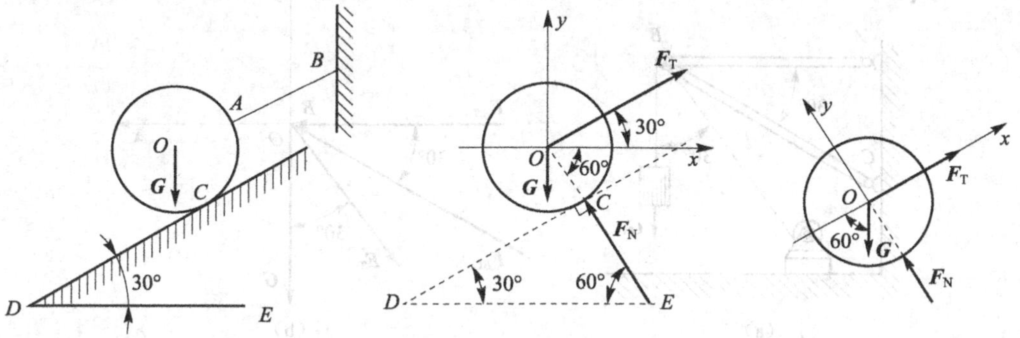

（a）　　（b）　　（c）

图 2-8

解 （1）取小球为研究对象，画受力图，如图 2-8b 所示。

（2）建立图 2-8b 所示的直角坐标系 Oxy。

（3）列平衡方程并求解。

$$\sum F_x=0,\quad F_{\rm T}\cos 30°-F_{\rm N}\cos 60°=0 \qquad ①$$

$$\sum F_y=0,\quad F_{\rm T}\sin 30°+F_{\rm N}\sin 60°-G=0 \qquad ②$$

解得

$$F_{\rm T}=F_{\rm N}\frac{\cos 60°}{\cos 30°}=\frac{\sqrt{3}}{3}F_{\rm N} \qquad ③$$

将③式代入②式，得

$$F_{\rm N}=\frac{G}{\frac{\sqrt{3}}{3}\sin 30°+\sin 60°}=\frac{\sqrt{3}}{2}G=100\sqrt{3}=173.2\ \rm N$$

将 $F_{\rm N}=100\sqrt{3}$ 代入③式，得

$$F_{\rm T}=\frac{\sqrt{3}}{3}\times 100\sqrt{3}=100\quad \rm N$$

本题若采用图 2-8c 所示直角坐标系 Oxy，则列出的平衡方程为

$$\sum F_x=0,\quad F_{\rm T}-G\cos 60°=0$$

$$\sum F_y=0,\quad F_{\rm N}-G\sin 60°=0$$

对此方程组联立求解，可得到相同的结果。对比两次所选择的不同坐标系，显然后者因使投影轴垂直于未知力，故使得计算更简便。

例 2-3 如图 2-9a 所示，重 G=20 kN 的物体被绞车吊起，绞车的绳子绕过光滑的定滑轮 B，滑轮由不计重量的杆 AB、BC 支持，A、B、C 三点都是光滑铰链连接。若滑轮的自重和大小匀不计，试求杆 AB 和杆 BC 所受的力。

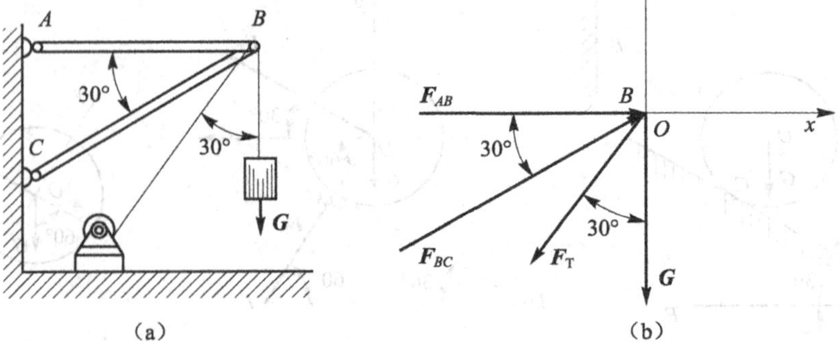

图 2-9

解 （1）取滑轮 B 为研究对象，画出其受力图，如图 2-9b 所示。

滑轮 B 所受的力有主动力 $\boldsymbol{G}$、杆 AB 的约束力 $\boldsymbol{F}_{AB}$、杆 BC 的约束力 $\boldsymbol{F}_{BC}$。由于杆 AB、BC 都是二力杆，所以 $\boldsymbol{F}_{AB}$、$\boldsymbol{F}_{BC}$ 的作用线分别与杆 AB、BC 的中心线重合，假设方向如图 2-9b 中所示。对于绳子的约束力 $\boldsymbol{F}_{\mathrm{T}}$，显然 $F_{\mathrm{T}}=G$。

（2）建立图 2-9b 所示的直角坐标系 Oxy。

（3）列平衡方程并求解。

$$\Sigma F_x=0,\quad F_{AB}+F_{BC}\cos30°-F_{\mathrm{T}}\sin30°=0 \qquad ①$$

$$\Sigma F_y=0,\quad F_{BC}\sin30°-F_{\mathrm{T}}\cos30°-G=0 \qquad ②$$

由②式解得

$$F_{BC}=74.6\ \ \mathrm{kN}$$

代入①式得

$$F_{AB}=-54.6\ \ \mathrm{kN}$$

这里，F_{AB} 为负值，说明它的实际方向与受力图中假设的方向相反。

例 2-4 有一悬臂吊车，横梁 AB 长 $l=2\ \mathrm{m}$，假设其自重 $Q=1\ \mathrm{kN}$，集中于其质心 C 点，吊起的重物重 $G=6\ \mathrm{kN}$，作用于 D 点，如图 2-10a 所示。已知 $\alpha=30°$，$a=1.6\ \mathrm{m}$，求铰链支座 A 的约束力与拉杆 BE 的拉力。

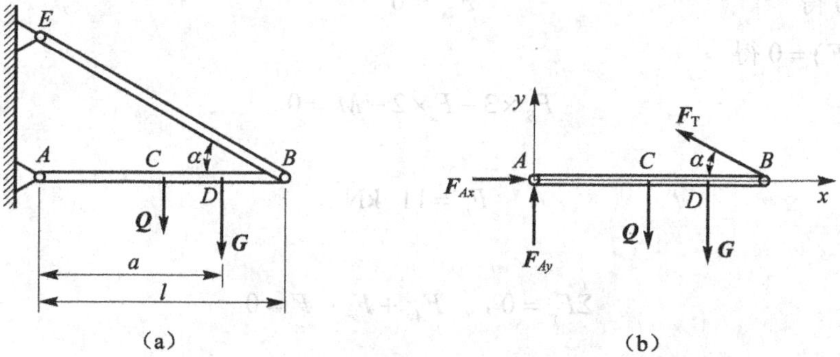

图 2-10

解 （1）受力分析：将横梁 AB 分离出来，其主动力有重力 $\boldsymbol{Q}$ 和吊重 $\boldsymbol{G}$；拉杆 BE 由于只有两端受力，可视为二力杆，拉力为 $\boldsymbol{F}_{\mathrm{T}}$；$A$ 处为固定铰链支座，约束力有 $\boldsymbol{F}_{Ax}$ 和 $\boldsymbol{F}_{Ay}$，如图 2-10b 所示。

（2）建立图 2-10b 所示的直角坐标系 Axy。

（3）列平衡方程并求未知力。

由

$$\Sigma M_A(\boldsymbol{F})=0,\quad F_{\mathrm{T}}\sin\alpha\times l-G\times a-Q\times\frac{l}{2}=0$$

解得

$$F_{\mathrm{T}}=10.6\ \ \mathrm{kN}$$

由

$$\Sigma F_x = 0,\quad F_{Ax} - F_T\cos\alpha = 0$$

$$\Sigma F_y = 0,\quad F_{Ay} + F_T\sin\alpha - Q - G = 0$$

解得

$$F_{Ax} = 9.18\ \text{kN},\quad F_{Ay} = 1.7\ \text{kN}$$

例 2-5 如图 2-11a 所示，梁 AB 受到已知力 $F = 15\ \text{kN}$，力偶 $M = 3\ \text{kN·m}$，求支座 A、B 处的约束力。

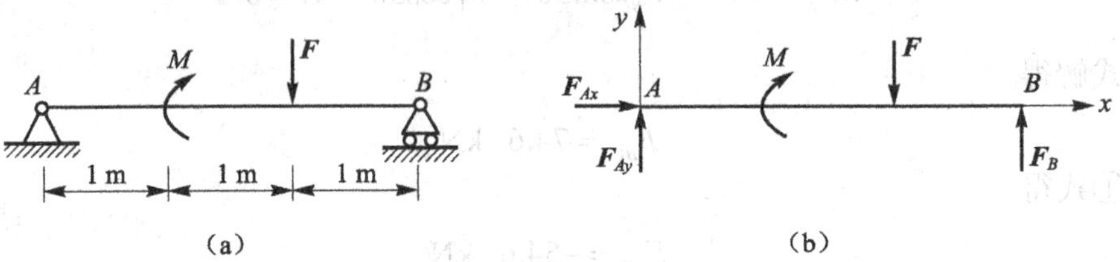

图 2-11

解 （1）取梁 AB 为研究对象，画受力图，如图 2-11b 所示。

（2）建立图 2-11b 所示的直角坐标系 Axy。

（3）列平衡方程并求解。

由 $\Sigma F_x = 0$ 得 $\qquad F_{Ax} = 0$

由 $\Sigma M_A(\boldsymbol{F}) = 0$ 得

$$F_B \times 3 - F \times 2 - M = 0$$

解得

$$F_B = 11\ \text{kN}$$

由

$$\Sigma F_y = 0,\quad F_{Ay} + F_B - F = 0$$

解得

$$F_{Ay} = F - F_B = 4\ \text{kN}$$

例 2-6 如图 2-12a 所示，外伸梁上作用有集中力 $F_C = 20\ \text{kN}$，力偶 $M = 10\ \text{kN·m}$，载荷集度为 $q = 10\ \text{kN/m}$ 的均布载荷，求支座 A、B 处的约束力。

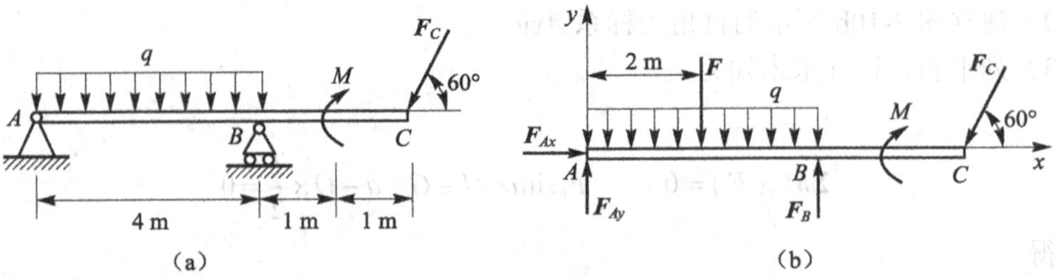

图 2-12

提示

载荷 q 表示一种连续分布于物体上的载荷，称为**分布载荷**，q 的值称为**载荷集度**，表示载荷在单位作用长度上的力。若 q 为常数，则称为**均布载荷**。列平衡方程时，常将均布载荷简化为一个集中力 $\boldsymbol{F}$，其大小为 $F=ql$（l 为载荷作用长度），作用线通过作用长度的中点。

解　（1）取梁 AB 为研究对象，画受力图，如图 2-12b 所示。

（2）建立图 2-12b 所示的直角坐标系 Axy。

（3）列平衡方程并求解。

由

$$\Sigma M_A(\boldsymbol{F})=0\,,\quad -F\times2+F_B\times4-M-F_C\sin60°\times6=0$$
$$F=ql=10\times4=40\ \text{kN}$$

解得

$$F_B=48.48\ \text{kN}$$

由

$$\Sigma F_x=0\,,\quad F_{Ax}-F_C\cos60°=0$$

解得

$$F_{Ax}=10\ \text{kN}$$

由

$$\Sigma F_y=0\,,\quad F_{Ay}+F_B-F-F_C\sin60°=0$$

解得

$$F_{Ay}=8.84\ \text{kN}$$

例 2-7　图 2-13a 所示为塔式起重机简图。设机架自重为 $\boldsymbol{G}$，重心在 C 点，与右轨距离为 e，载重为 $\boldsymbol{W}$，吊臂最远端距右轨为 l，平衡锤重为 $\boldsymbol{Q}$，离左轨的距离为 a，轨距为 b。试求塔式起重机在满载和空载时都不致翻倒的平衡锤重量的范围。

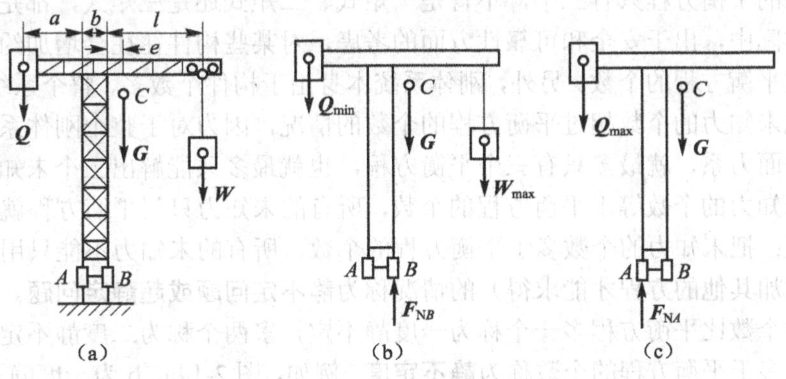

图 2-13

解 分析：取塔式起重机为研究对象，作用在起重机上的力有重物 $\boldsymbol{W}$、机架重 $\boldsymbol{G}$、平衡锤的重力 $\boldsymbol{Q}$、钢轨的约束力 $\boldsymbol{F}_{NA}$ 和 $\boldsymbol{F}_{NB}$，这些力构成了平面平行力系，起重机在该平面平行力系作用下平衡。

（1）满载时：$W = W_{\max}$，$Q = Q_{\min}$，机架可能绕 B 点右翻，在临界平衡状态，A 处悬空，$F_{NA} = 0$，受力图如图 2-13b 所示。则

$$\sum M_B(\boldsymbol{F}) = 0, \quad Q_{\min}(a+b) - W_{\max} l - Ge = 0$$

解得

$$Q_{\min} = \frac{Ge + W_{\max} l}{a+b}$$

（2）空载时：$W = 0$，$Q = Q_{\max}$，机架可能绕 A 点左翻，在临界平衡状态，B 处悬空，$F_{NB} = 0$，受力图如图 2-13c 所示。则

$$\sum M_A(\boldsymbol{F}) = 0, \quad Q_{\max} a - G(b+e) = 0$$

解得

$$Q_{\max} = \frac{G(b+e)}{a}$$

故平衡锤重 $\boldsymbol{Q}$ 的取值范围应满足不等式

$$\frac{Ge + W_{\max} l}{a+b} \leqslant Q \leqslant \frac{G(b+e)}{a}$$

其中，$W_{\max}$ 为塔式起重机的最大载重。

2.3 静定与静不定及物体系的平衡

2.3.1 静定与静不定的概念

在分析刚体的平衡问题时，总是要分析刚体所受的约束，约束类型不同，约束力的个数和形式也不相同。一般来讲，约束力是未知力，它们的大小和方向要利用力的平衡方程求解。平面任意力系的平衡方程只有三个，不管是一矩式、二矩式还是三矩式，都是如此。

在工程实际中，出于安全和可靠性方面的考虑，对某些构件往往会增加约束，使得未知力的个数超过平衡方程的个数。另外，刚体系统本身由于构件个数多，整个系统的约束也多，同样可能造成未知力的个数超过平衡方程的个数的情况，因为对于整个刚体系统而言，只要受到的力是平面力系，就最多只有三个平衡方程，也就最多只能解出三个未知量。

我们把未知力的个数等于平衡方程的个数，所有的未知力只用平衡方程就能求得的情况称为**静定问题**；把未知力的个数多于平衡方程的个数，所有的未知力不能只用平衡方程就能求得（还需附加其他的方程才能求得）的情况称为**静不定问题或超静定问题**。

未知力的个数比平衡方程多一个称为一度静不定，多两个称为二度静不定，以此类推，我们将未知力多于平衡方程的个数称为**静不定度**。例如，图 2-14a、b 为一度静不定，图 2-14c 为二度静不定。

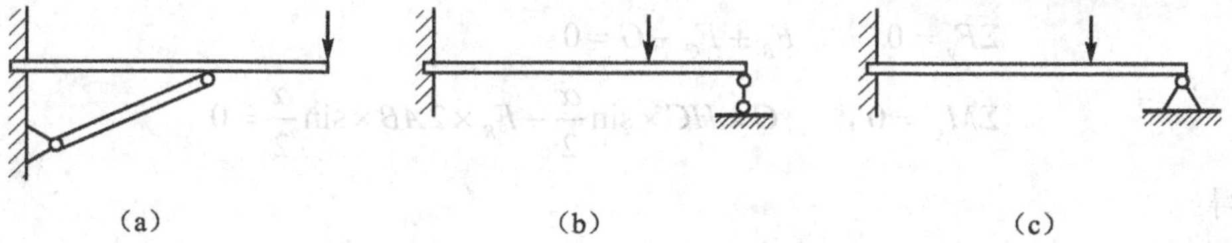

图 2-14

提示

静不定问题的核心是仅仅利用平衡方程无法求得所有的未知力，因此解决静不定问题的关键是寻求补充方程，这时需要考虑物体的变形问题，这将是材料力学研究的范畴。

2.3.2 物体系的平衡问题

上一节我们介绍了平面力系及其平衡问题，其中主要以单个物体为研究对象。但在工程实际中，经常需要求解由若干物体通过约束以一定方式连接而成的物体系统的平衡问题，简称**物体系的平衡问题**。

对于物体系的平衡问题，在受力分析时应注意内力和外力的关系。所谓**内力**，就是物体系内部物体与物体之间的相互作用力；而**外力**是指除研究对象以外的其他物体对研究对象的作用力。

对于同一物体系，选取不同物体为研究对象时，内力和外力是相对的，是随所选研究对象的不同而改变的。根据作用与反作用定律，内力总是成对出现的，因此在分离体上只画外力而不画内力。

当物体系平衡时，组成该系统的每一物体都处于平衡状态。所以，求解静定物体系的平衡问题通常有以下两种方法：

- **方法一**：先取整个系统为研究对象，列出平衡方程，求出部分未知量；再取系统中某些物体为研究对象，列出平衡方程，求出全部未知量。
- **方法二**：逐个选取物体系中每个物体为研究对象，列出平衡方程，求出全部未知量。

在具体求解时，应根据问题的实际情况，以便于求解为原则，恰当地选取研究对象，列出较少的方程，解出所求未知量。可见，正确选取研究对象是求解物体系平衡问题的一个很重要的环节。

例 2-8 某人字梯置于光滑平面上，且处于平衡状态，如图 2-15a 所示。已知 $AB = AC = 3\ \text{m}$，$AD = AE = 2\ \text{m}$，$AH = 1\ \text{m}$，$\angle\alpha = 45°$，H 点人重 $G = 570\ \text{N}$。若不计各构件自重，求 B、C 点和铰链 A 处的约束力。

解 （1）分析：杆 AB、AC 都有两处受铰链约束，故均有 4 个未知力，而所受的力系均为平面任意力系，只能求解三个未知量，故暂不可解。但由于物体系整体受平面平行力系作用，是可解的。故本题应先选取人字梯整体为研究对象，求出一部分约束力，再选取杆 AB 或杆 AC 为研究对象，求出其他约束力。

（2）以人字梯整体为研究对象，画出受力图，如图 2-15b 所示，列出平衡方程并求解。

$$\Sigma F_y = 0, \quad F_B + F_C - G = 0$$

$$\Sigma M_C = 0, \quad G \times HC \times \sin\frac{\alpha}{2} - F_B \times 2AB \times \sin\frac{\alpha}{2} = 0$$

解得

$$F_B = 190 \text{ N}, \quad F_C = 380 \text{ N}$$

（3）以杆 AB 为研究对象，画出受力图，如图 2-15c 所示，列出平衡方程并求解（图 2-15d 所示为杆 AC 的受力图）。

$$\Sigma F_y = 0, \quad F_B - F_{Ay} = 0$$

$$\Sigma F_x = 0, \quad F_T - F_{Ax} = 0$$

$$\Sigma M_A = 0, \quad -F_B \times AB \times \sin\frac{\alpha}{2} + F_T \times AD \times \cos\frac{\alpha}{2} = 0$$

解得

$$F_T = 118 \text{ N}, \quad F_{Ax} = F_T = 118 \text{ N}, \quad F_{Ay} = F_B = 190 \text{ N}$$

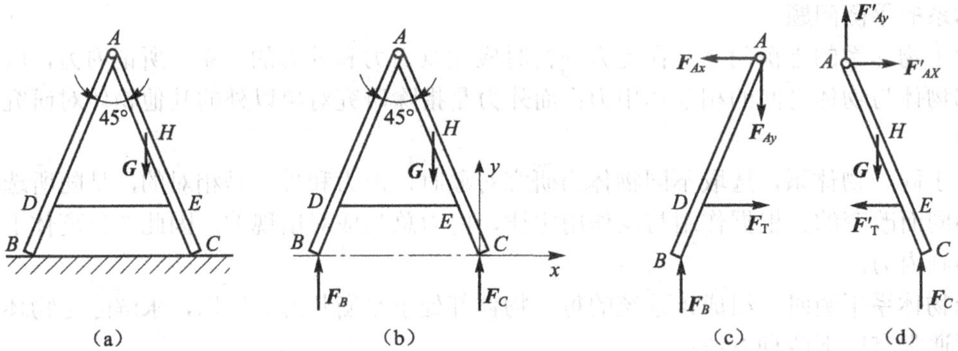

图 2-15

例 2-9 曲柄冲压机由冲头、连杆、曲柄和飞轮组成，如图 2-16a 所示。设曲柄 OB 在水平位置时系统平衡，冲头 A 所受的工件阻力为 $\boldsymbol{F}$。已知飞轮自重 $\boldsymbol{G}$，连杆 AB 长 l，曲柄 OB 长 r，不计冲头、曲柄和连杆的自重，求作用于飞轮上的力偶矩 M 和轴承 O 处的约束力。

解 （1）取冲头 A 为研究对象，画出受力图，如图 2-16b 所示。作用于冲头上的力有工件的阻力 $\boldsymbol{F}$，轨道约束力 $\boldsymbol{F}_1$，连杆 AB 的作用力 $\boldsymbol{F}_{AB}$。建立直角坐标系 Axy，列出平衡方程

$$\Sigma F_y = 0, \quad F - F_{AB}\cos\theta = 0$$

得

$$F_{AB} = \frac{F}{\cos\theta} = \frac{F}{\sqrt{1 - r^2/l^2}}$$

（2）取飞轮为研究对象，画出受力图，如图 2-16c 所示。作用于飞轮上的力有飞轮重力 $\boldsymbol{G}$，力偶矩 M，轴承 O 处的约束力 $\boldsymbol{F}_{Ox}$、$\boldsymbol{F}_{Oy}$ 以及连杆 AB 的作用力 $\boldsymbol{F}'_{AB}$。因连杆 AB 为二力

杆，故有 $F'_{AB}=F_{AB}$。列出飞轮的平衡方程

$$\Sigma M_O=0,\quad M-F'_{AB}\times\cos\theta\times r=0$$

$$\Sigma F_x=0,\quad F_{Ox}-F'_{AB}\sin\theta=0$$

$$\Sigma F_y=0,\quad F_{Oy}-G+F'_{AB}\cos\theta=0$$

解得

$$M=F'_{AB}\times\cos\theta\times r=F_{AB}\cos\theta\times r=Fr$$

$$F_{Ox}=F'_{AB}\times\sin\theta=F_{AB}\sin\theta=\frac{Fr}{\sqrt{l^2-r^2}}$$

$$F_{Oy}=G-F'_{AB}\cos\theta=G-F_{AB}\cos\theta=G-F$$

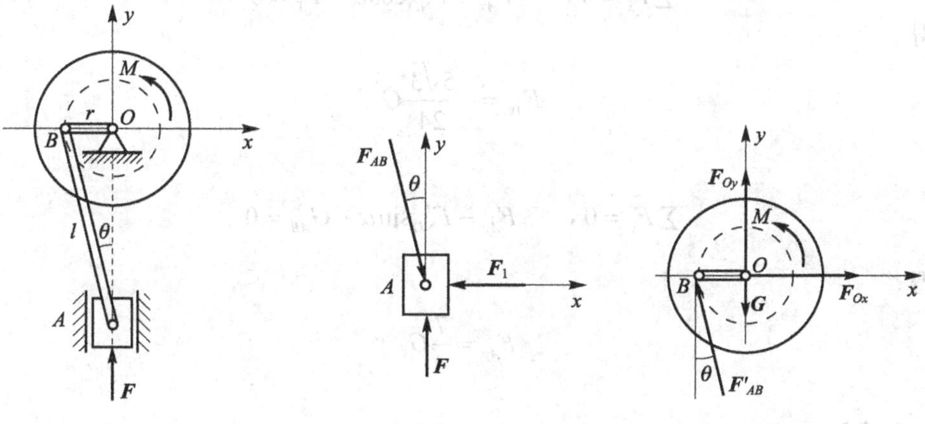

图 2-16

例 2-10 如图 2-17a 所示，重量为 G 的小球夹在墙和均质杆 AB 之间。杆 AB 自重 $G_{AB}=\frac{3}{4}G$，长 $AB=l$，$AD=\frac{l}{2}$，$\alpha=30°$，求绳子 BC 的拉力和铰链 A 的约束力。

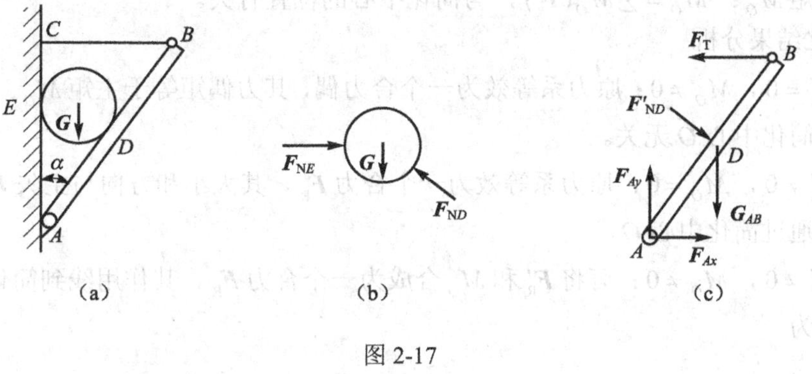

图 2-17

解 （1）取小球为研究对象，画出受力图，如图 2-17b 所示。由平衡条件得

$$\sum F_y = 0, \quad F_{ND}\sin\alpha - G = 0$$

解得

$$F_{ND} = 2G$$

（2）取杆 AB 为研究对象，画出受力图，如图 2-17c 所示，由平衡条件得

$$\sum M_A(\boldsymbol{F}) = 0, \quad -G_{AB} \times \frac{l}{2}\sin\alpha - F'_{ND} \times \frac{l}{2} + F_T l\cos\alpha = 0$$

解得

$$F_T = \frac{19\sqrt{3}}{24}G$$

由

$$\sum F_x = 0, \quad F_{Ax} + F'_{ND}\cos\alpha - F_T = 0$$

解得

$$F_{Ax} = -\frac{5\sqrt{3}}{24}G$$

由

$$\sum F_y = 0, \quad F_{Ay} - F'_{ND}\sin\alpha - G_{AB} = 0$$

解得

$$F_{Ay} = \frac{7}{4}G$$

本章小结

（1）平面任意力系的简化

① 简化结果　简化为一主矢 $\boldsymbol{F}'_R$ 和一主矩 M_O

- 主矢 $\boldsymbol{F}'_R$： $\boldsymbol{F}'_R = \sum \boldsymbol{F}' = \sum \boldsymbol{F}$，与简化中心的位置无关。
- 主矩 M_O： $M_O = \sum M_O(\boldsymbol{F})$，与简化中心的位置有关。

② 简化结果分析

- $\boldsymbol{F}'_R = 0$，$M_O \neq 0$：原力系等效为一个合力偶，其力偶矩等于主矩 M_O。此时主矩 M_O 与简化中心 O 无关。
- $\boldsymbol{F}'_R \neq 0$，$M_O = 0$：原力系等效为一个合力 $\boldsymbol{F}_R$，其大小和方向与主矢 $\boldsymbol{F}'_R$ 相同，作用线通过简化中心 O。
- $\boldsymbol{F}'_R \neq 0$，$M_O \neq 0$：可将 $\boldsymbol{F}'_R$ 和 M_O 合成为一个合力 $\boldsymbol{F}_R$，其作用线到简化中心 O 的距离为

$$d = \left| \frac{M_O}{F_R} \right|$$

➢ $F_R' = 0$，$M_O = 0$：原力系为平衡力系。

（2）平面任意力系的平衡方程

① 基本形式：$\left.\begin{matrix} \sum F_x = 0 \\ \sum F_y = 0 \\ \sum M_O(\boldsymbol{F}) = 0 \end{matrix}\right\}$

② 二矩式：$\left.\begin{matrix} \sum F_x = 0\ （或\sum F_y = 0） \\ \sum M_A(\boldsymbol{F}) = 0 \\ \sum M_B(\boldsymbol{F}) = 0 \end{matrix}\right\}$，其中 A、B 两点的连线不能与 x（或 y）轴垂直。

③ 三矩式：$\left.\begin{matrix} \sum M_A(\boldsymbol{F}) = 0 \\ \sum M_B(\boldsymbol{F}) = 0 \\ \sum M_C(\boldsymbol{F}) = 0 \end{matrix}\right\}$，其中 A、B、C 三点不能共线。

（3）平面力系的一般解题步骤

① 根据题意，选取适当的研究对象，并画出研究对象的受力图。

② 建立恰当的直角坐标系。坐标轴应尽可能地与较多的未知力平行或垂直。

③ 列平衡方程，求解未知量。列力矩方程时，通常选较多未知力的交点为矩心。

（4）物体系平衡问题的求解步骤

① 适当选取研究对象，画出各个研究对象的受力图。

② 分析各受力图，确定求解顺序，并根据选定的顺序逐个选取研究对象求解。

思考题

2-1 一个平面力系是否总可用一个力平衡？是否总可用适当的两个力平衡，为什么？

2-2 平面汇交力系的平衡方程能否写成一投影式和一力矩式？能否写成二力矩式？其矩心和投影轴的选择有何限制？

2-3 如图 2-18 所示，在三铰刚架的 D 处作用一水平力 $\boldsymbol{F}$，求 A、B 支座的约束力时，水平力 $\boldsymbol{F}$ 是否可沿作用线移至 E 点，为什么？

2-4 如图 2-19 所示，已知分别作用于同一平面上 A、B、C、D 四点的力 $\boldsymbol{F}_1$、$\boldsymbol{F}_2$、$\boldsymbol{F}_3$、$\boldsymbol{F}_4$，且以这 4 个力画出的力多边形刚好首尾相接。问

（1）此力系是否平衡？

（2）此力系简化的结果是什么？

2-5 如图 2-20 所示，若选取的坐标系的 y 轴不与各力平行，则平面平行力系的平衡方

程是否可写出$\sum F_x=0$，$\sum F_y=0$，$\sum M_O(\boldsymbol{F})=0$三个独立的平衡方程，为什么？

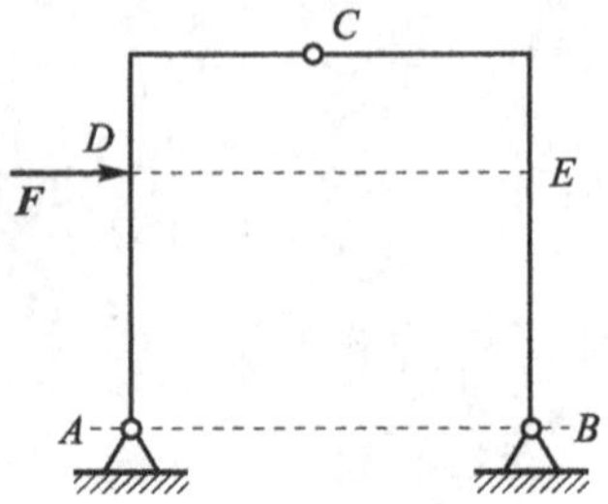

图 2-18

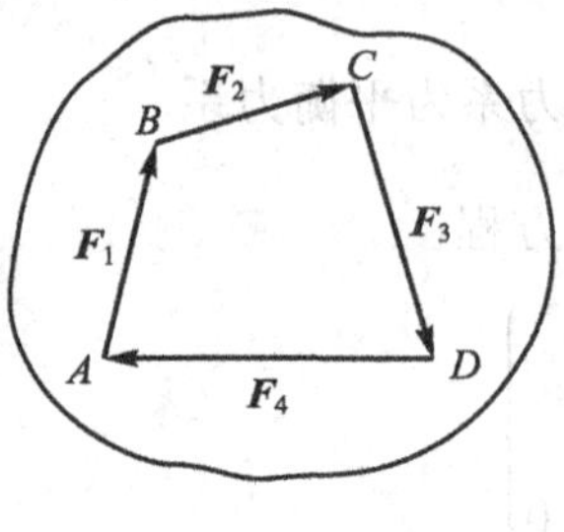

图 2-19

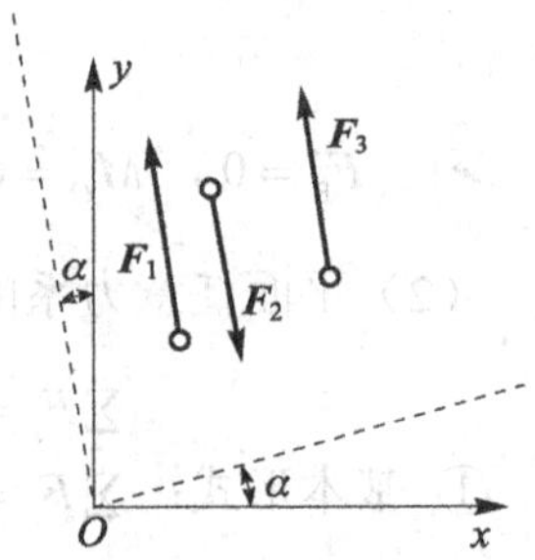

图 2-20

习 题

2-1 已知$F_1=500\text{ N}$，$F_2=300\text{ N}$，$F_3=200\text{ N}$，$F_4=250\text{ N}$，各力的方向如图 2-21 所示。试求各力在 x、y 轴上的投影。

2-2 杆 AC、BC 在 C 处铰接，另一端均与墙面铰接，如图 2-22 所示，$\boldsymbol{F}_1$ 和 $\boldsymbol{F}_2$ 作用在销钉 C 上，$F_1=445\text{ N}$，$F_2=535\text{ N}$，不计杆重，试求两杆所受的力。

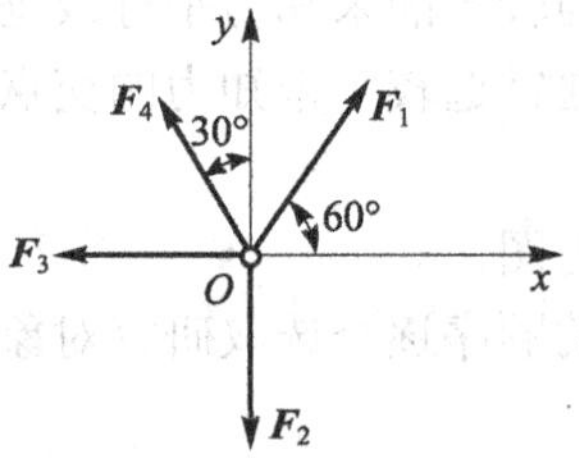

图 2-21

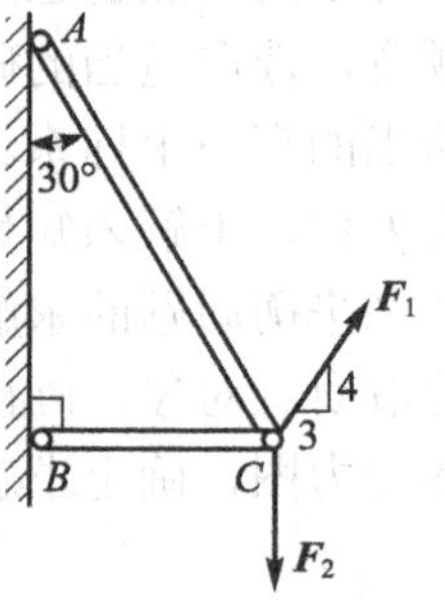

图 2-22

2-3 如图 2-23 所示，已知梁 AB 上作用一力偶 M，梁长为 l，梁重不计。求在图 a、b、c 三种情况下，支座 A 和 B 的约束力。

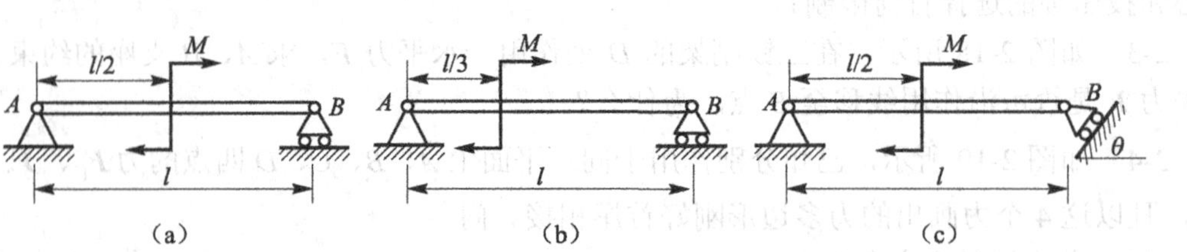

图 2-23

2-4 求如图 2-24 所示各梁的支座约束力。

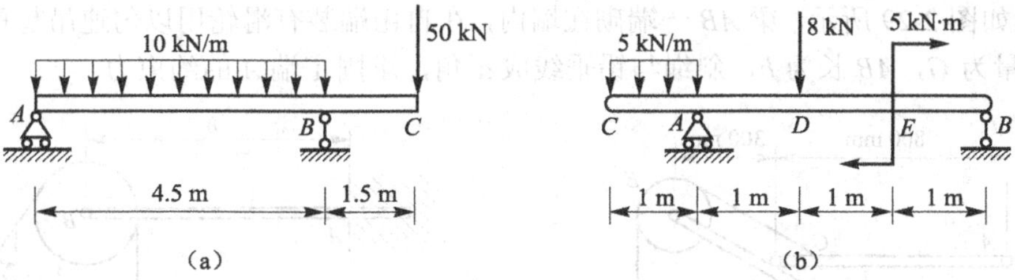

图 2-24

2-5 求如图 2-25 所示刚架的支座约束力。

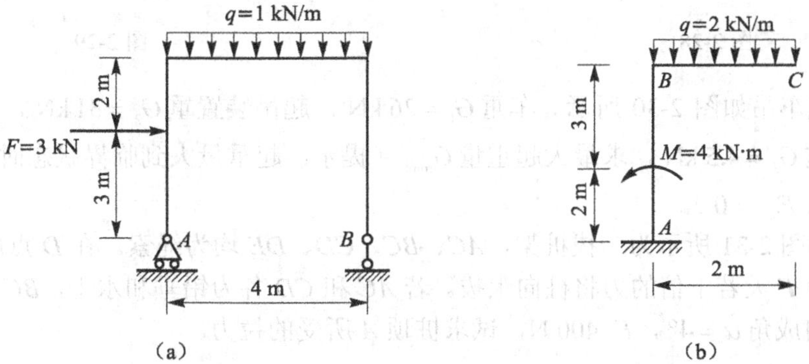

图 2-25

2-6 家用人字梯可简化为由 *AB*、*AC* 两杆在 *A* 点铰接，又在 *D*、*E* 两点用水平杆件拉住。梯子放在光滑的水平面上，某人由下向上攀登至 *H* 点。已知人的重量 $G = 700$ N，*AB*=*AC*=5 m，*AD*=*AE*=3 m，*AH*=2 m，$\alpha = 45°$，梯子自重不计，如图 2-26 所示。求水平杆件 *DE* 的拉力和铰链 *A* 的约束力。

2-7 水平力 ***F*** 作用在刚架的 *B* 点，如图 2-27 所示。若不计刚架重量，试求支座 *A* 和 *D* 处的约束力。

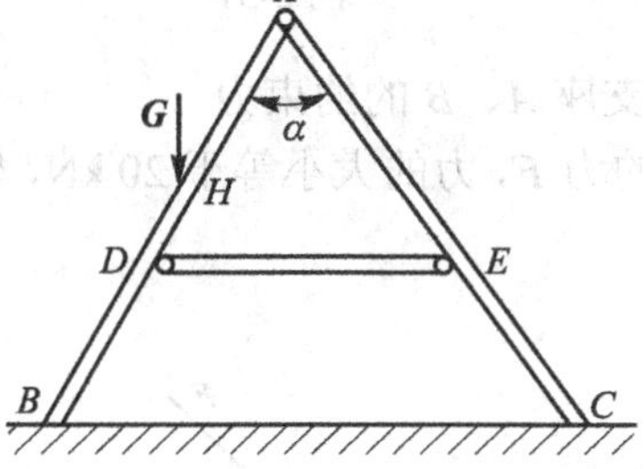

图 2-26

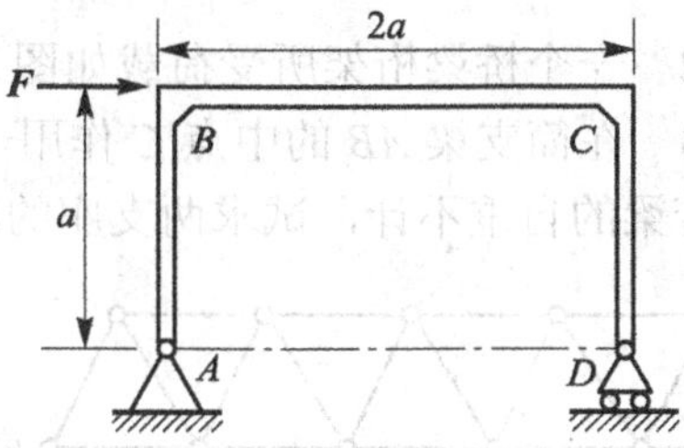

图 2-27

2-8 起重构架及其尺寸如图 2-28 所示。滑轮直径 *d*=200 mm，钢丝绳的倾斜部分平行于杆 *BE*。吊起的载荷 *G*=10 kN，其他重量不计，求固定铰链支座 *A*、*B* 的约束力。

2-9　如图 2-29 所示，梁 AB 一端砌在墙内，在自由端装有滑轮用以匀速吊起重物 D。设重物的重量为 G，AB 长为 b，斜绳与铅垂线成 α 角，求固定端 A 的约束力。

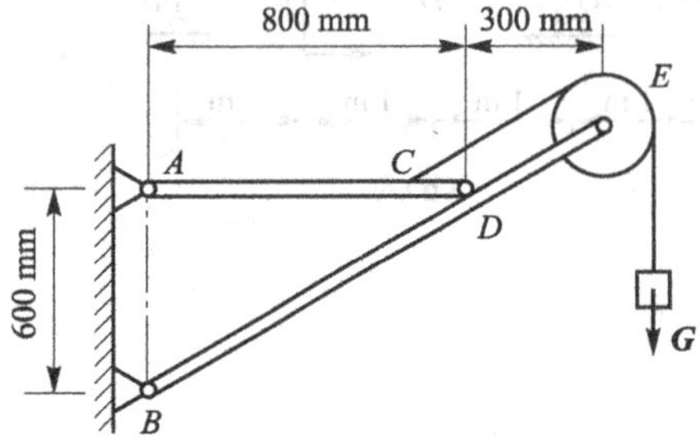

图 2-28

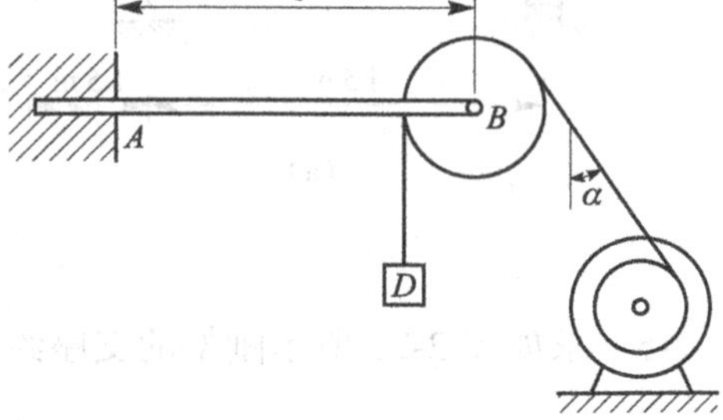

图 2-29

2-10　汽车吊如图 2-30 所示。车重 $G_1 = 26\ \text{kN}$，起吊装置重 $G_2 = 31\ \text{kN}$，作用线通过 B 点，起重臂重 $G_3 = 4.5\ \text{kN}$，求最大起重量 $G_{\max}$（提示：起重量大到临界状态时，A 处将脱离接触，约束力 $F_{NA} = 0$）。

2-11　如图 2-31 所示为一拔桩架，AC、BC、CD、DE 均为绳索。在 D 点用力 $\boldsymbol{F}$ 向下拉时，即有较力 $\boldsymbol{F}$ 大若干倍的力将桩向上拔。若 AC 和 CD 各为铅垂和水平，BC 和 DE 各与铅垂和水平方向成角 $\alpha = 4°$，F=400 N，试求桩顶 A 所受的拉力。

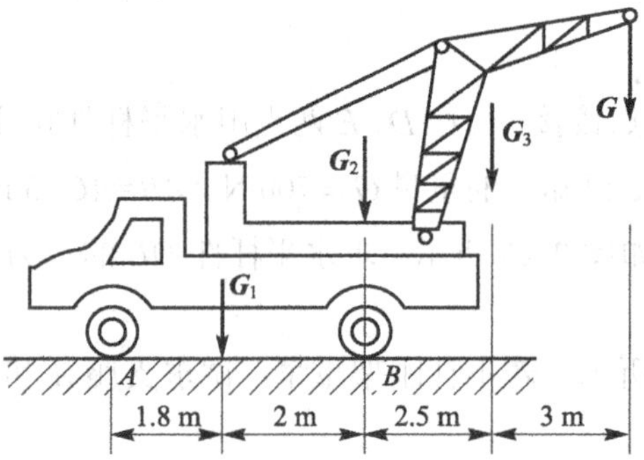

图 2-30

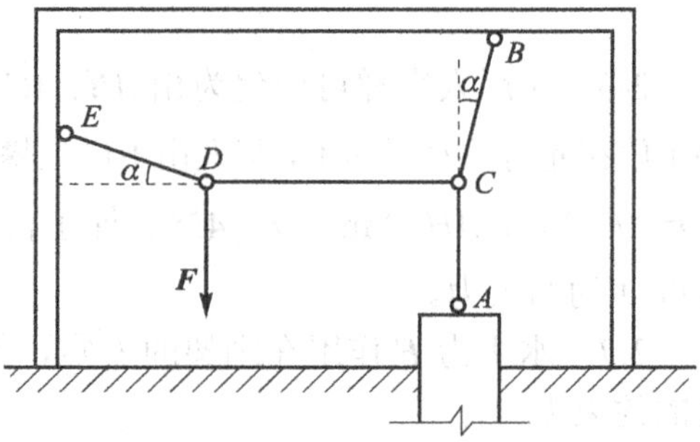

图 2-31

2-12　一个桥梁桁架所受荷载如图 2-32 所示，求支座 A、B 的约束力。

2-13　在简支梁 AB 的中点 C 作用一个倾斜 45° 的力 $\boldsymbol{F}$，力的大小等于 20 kN，如图 2-33 所示。若梁的自重不计，试求两支座的约束力。

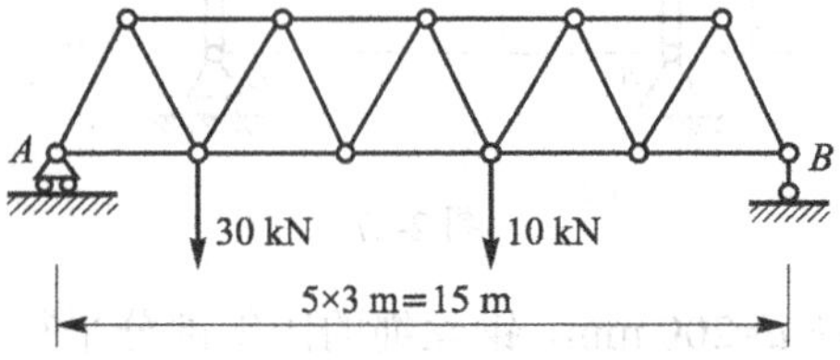

图 2-32

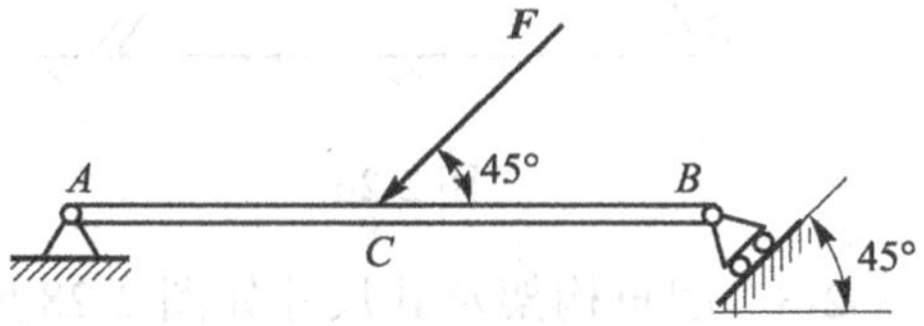

图 2-33

2-14　图 2-34 所示结构由两弯杆 *ABC* 和 *DE* 构成。若构件重量不计，已知 F=200 N，试求支座 *A* 和 *E* 的约束力。

2-15　在图 2-35 所示结构中，二曲杆自重不计，曲杆 *AB* 上作用有主动力偶，其力偶矩为 *M*，试求 *A* 和 *C* 点处的约束力。

2-16　齿轮箱的两个轴上作用的力偶如图 2-36 所示，它们的力偶矩的大小分别为 M_1=500 N·m，M_2=125 N·m，求两螺栓处的铅垂约束力。

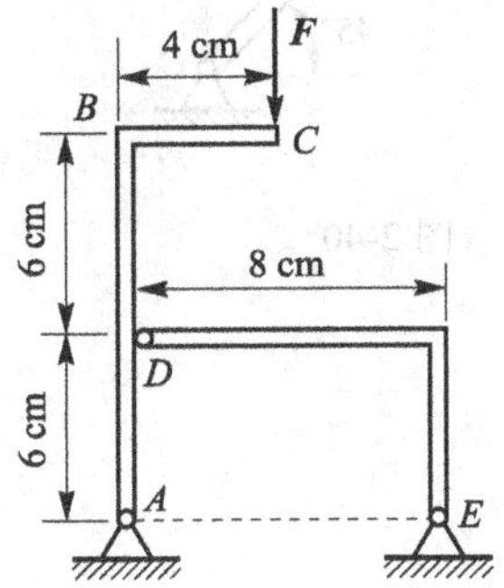

图 2-34

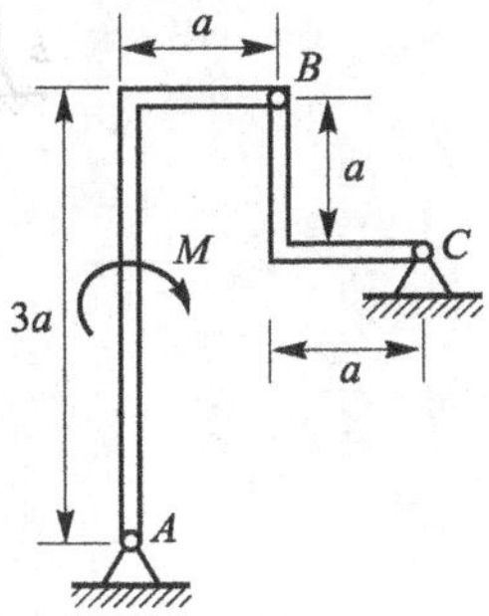

图 2-35

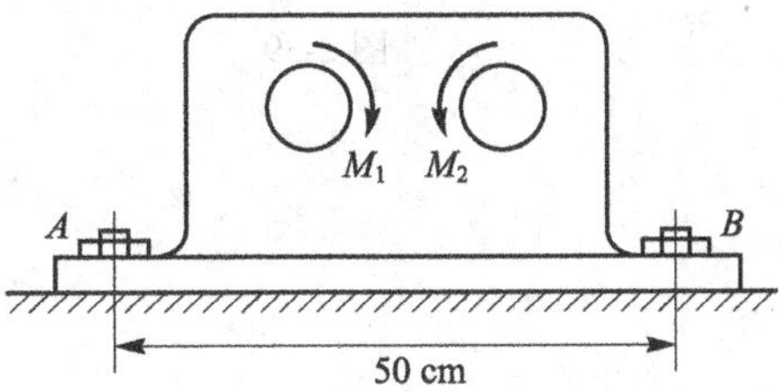

图 2-36

2-17　四连杆机构在图 2-37 所示位置平衡。已知 *OA*=60 cm，*BC*=40 cm，作用在 *BC* 上的力偶的力偶矩大小为 M_2=1 N·m，试求作用在杆 *OA* 上力偶的力偶矩大小 M_1 和杆 *AB* 所受的力 $\boldsymbol{F}_{AB}$（各杆重量不计）。

2-18　在四连杆机构 *ABCD* 的铰链 *B* 和 *C* 上分别作用有力 $\boldsymbol{F}_1$ 和 $\boldsymbol{F}_2$，机构在图 2-38 所示位置平衡。试求平衡时力 $\boldsymbol{F}_1$ 和 $\boldsymbol{F}_2$ 的大小之间的关系。

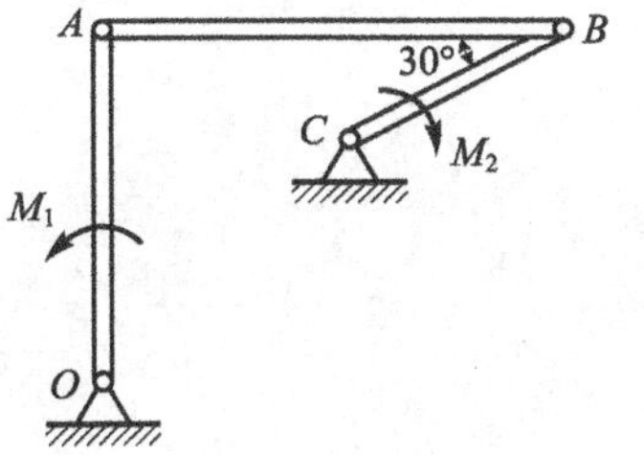

图 2-37

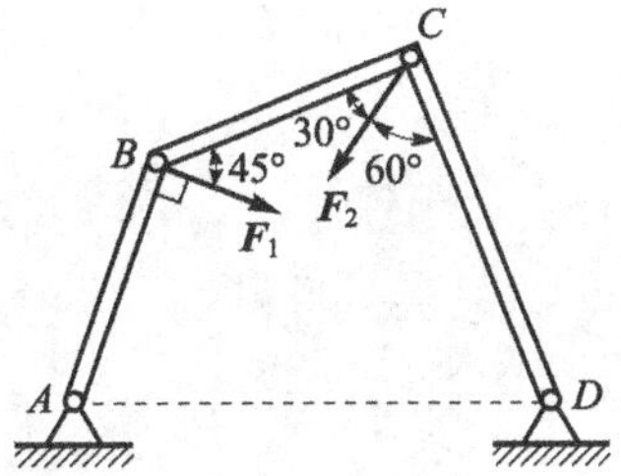

图 2-38

2-19　在图 2-39 所示的齿条送料机构中，杠杆 *AB*=500 mm，*AC*=100 mm，齿条受到水平阻力 $\boldsymbol{F}_Q$ 的作用。已知 F_Q=5000 N，各零件自重不计，试求移动齿条时在点 *B* 的作用力 $\boldsymbol{F}$ 是多少？

2-20　*AB*、*AC*、*DE* 三杆连接如图 2-40 所示。杆 *DE* 上有一插销 *O* 套在杆 *AC* 的导槽内。求在水平杆 *DE* 的 *E* 端有一铅垂力 $\boldsymbol{F}$ 作用时，杆 *AB* 上所受的力。设 *AD*=*DB*，*DO*=*OE*，*AB*=*BC*=*DE*，所有杆重均不计。

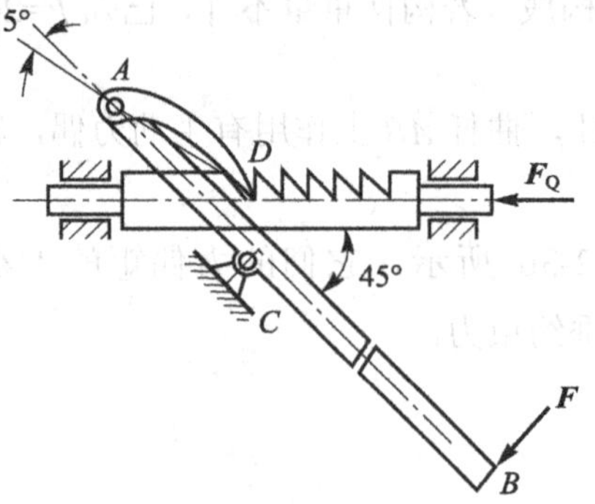

图 2-39

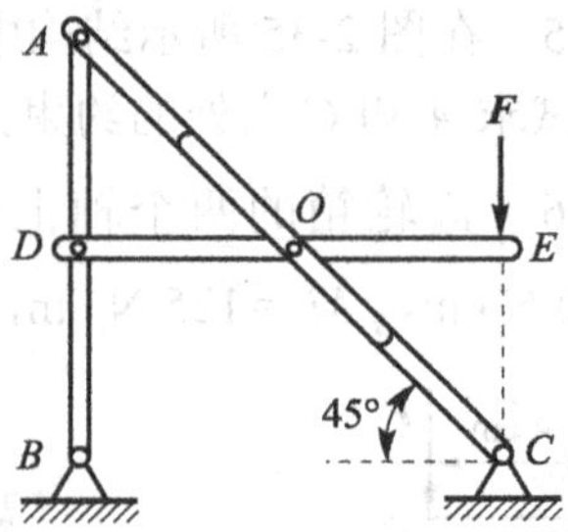

图 2-40

第 3 章　空间力系

【学习目标与要求】

- ◈ 了解空间力系、力对轴之矩、重心和形心的概念。
- ◈ 掌握空间汇交力系和空间任意力系的平衡方程。
- ◈ 熟练应用空间力系平衡方程解决工程实际问题。
- ◈ 熟练掌握将空间任意力系的平衡问题转化为平面问题的解法。

如果作用于物体上的力的作用线以及力偶的作用面不都在同一个平面上，则属于空间力系。在工程实际中，刚体的受力除了平面力系外，有时还可能有空间力系。如果空间力系中各个力的作用线相交于一点，称该力系为**空间汇交力系**；如果所有力的作用线相互平行，则称该力系为**空间平行力系**；如果一个物体受到多个力偶的作用，而且这些力偶中至少有两个的作用面不在同一个平面内，则称该力偶系为**空间力偶系**；力的作用线在空间任意分布的力系和空间力偶系统称为**空间任意力系**。空间力系的分析方法与平面力系基本类似。

3.1　力在空间直角坐标轴上的投影

空间汇交力系的合成通常采用解析法，故先要引入力在空间直角坐标轴上的投影的概念，这与平面汇交力系的合成方法相似。根据已知条件的不同，空间力 $\boldsymbol{F}$ 在直角坐标轴上的投影一般有两种计算方法，即直接投影法和二次投影法。

3.1.1　直接投影法

若已知力 $\boldsymbol{F}$ 与空间直角坐标系 $Oxyz$ 的三个坐标轴的正向夹角分别为 α、β 和 γ，如图 3-1 所示。以长方体的对角线表示空间力 $\boldsymbol{F}$，以长方体相交于一点的三条棱所在直线作为 x、y 和 z 轴。由图可以看出，这三条棱的长度正好就是 $\boldsymbol{F}$ 在 x、y 和 z 三轴上的投影值，分别记作 F_x、F_y、F_z，显然有

$$\left.\begin{aligned}F_x &= F\cos\alpha \\ F_y &= F\cos\beta \\ F_z &= F\cos\gamma\end{aligned}\right\} \tag{3-1}$$

3.1.2　二次投影法

在有些问题中，不容易找到全部力与每个坐标轴的夹角，此时可先将力投影到坐标平面

上，然后再投影到坐标轴上。如图 3-2 所示，已知力 $\boldsymbol{F}$ 与 z 轴的夹角为 γ，$\boldsymbol{F}$ 与 z 轴组成的平面和 x 轴的夹角为 φ，而与 x 轴、y 轴的夹角未知，欲求力 $\boldsymbol{F}$ 在 x 轴、y 轴上的投影，可先将力 $\boldsymbol{F}$ 投影到直角坐标平面 Oxy 上，得到分力 $\boldsymbol{F}_{xy}$，然后再把这个分力 $\boldsymbol{F}_{xy}$ 投影到 x 轴、y 轴上，于是投影的结果为

$$F \Rightarrow \begin{cases} F_z = F\cos\gamma \\ F_{xy} = F\sin\gamma \Rightarrow \begin{cases} F_x = F_{xy}\cos\varphi = F\sin\gamma\cos\varphi \\ F_y = F_{xy}\sin\varphi = F\sin\gamma\sin\varphi \end{cases} \end{cases} \tag{3-2}$$

空间力在空间直角坐标系上的投影也有正负之分，其正负号规定与平面力在平面直角坐标系上的投影正负号规定一样，即：从力的始端投影到力的末端投影的指向若与相应投影轴的正方向一致，则力 $\boldsymbol{F}$ 在该轴的投影取正值，反之取负值。若图 3-1、3-2 中的力 $\boldsymbol{F}$ 取与图示相反方向时，则它们的投影也就都为负值了。

必须注意：力在坐标轴上的投影是代数量，而**在平面上的投影是矢量**。这是因为 $\boldsymbol{F}_{xy}$ 的方向不能像在轴上的投影那样可简单地用正负号来表明，而必须用矢量来表示。

反之，若已知力 $\boldsymbol{F}$ 在 x、y、z 轴上的投影分别为 F_x、F_y、F_z，则力 $\boldsymbol{F}$ 的大小和方向为

$$\left.\begin{aligned} F &= \sqrt{F_x^2 + F_y^2 + F_z^2} \\ \cos\alpha &= \frac{F_x}{F} \\ \cos\beta &= \frac{F_y}{F} \\ \cos\gamma &= \frac{F_z}{F} \end{aligned}\right\} \tag{3-3}$$

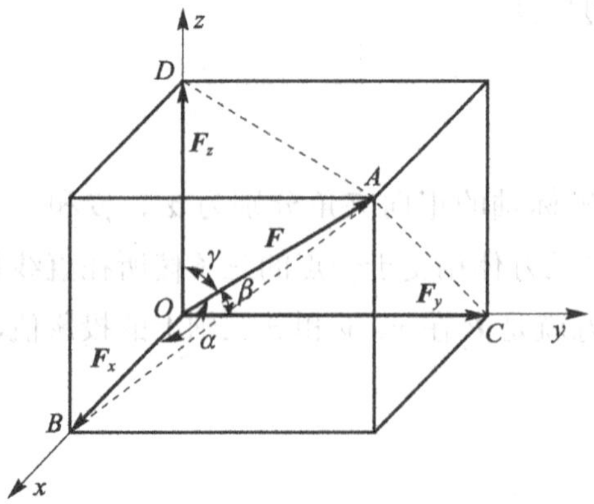

图 3-1

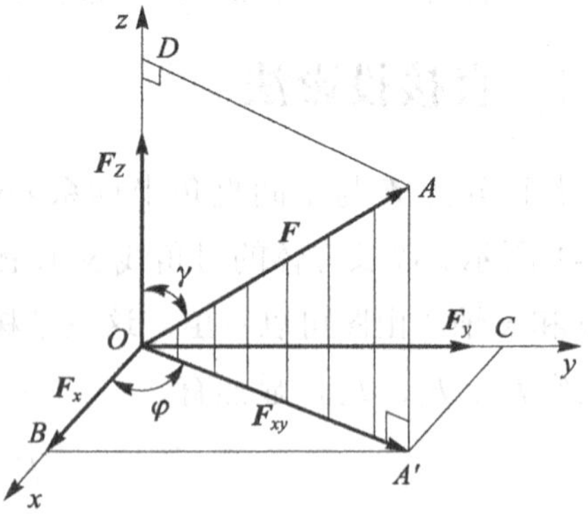

图 3-2

例 3-1 已知某斜齿圆柱齿轮的轮齿所受的啮合力 $F_n = 1200\text{ N}$，齿轮的压力角 $\alpha = 20°$，螺旋角 $\beta = 25°$，如图 3-3a 所示。试计算斜齿轮所受的圆周力 $\boldsymbol{F}_t$、轴向力 $\boldsymbol{F}_a$ 和径向力 $\boldsymbol{F}_r$。

解 分析：求解 $\boldsymbol{F}_t$、$\boldsymbol{F}_a$ 和 $\boldsymbol{F}_r$ 的大小，实质上就是求力 $\boldsymbol{F}$ 在空间三个坐标轴上的投影。

因为只知道α和β，故使用二次投影法求解。

建立图 3-3a 所示的空间直角坐标系 $Axyz$，使 x、y、z 轴分别沿齿轮的轴线方向、圆周切线方向和半径方向。

将啮合力$\boldsymbol{F}_\text{n}$向平面 Axy 投影得$\boldsymbol{F}_{xy}$，向 z 轴投影得径向力$\boldsymbol{F}_\text{r}$，如图 3-3b 所示，其大小为

$$F_{xy} = F_\text{n}\cos\alpha$$

$$F_\text{r} = F_\text{n}\sin\alpha = 1200\times\sin20° = 410\ \text{N}$$

将$\boldsymbol{F}_{xy}$分别向 x、y 轴投影，可以求得轴向力$\boldsymbol{F}_\text{a}$和圆周力$\boldsymbol{F}_\text{t}$，如图 3-3c 所示，其大小为

$$F_\text{a} = F_{xy}\sin\beta = F_\text{n}\cos\alpha\sin\beta = 1200\times\cos20°\times\sin25° = 477\ \text{N}$$

$$F_\text{t} = F_{xy}\cos\beta = F_\text{n}\cos\alpha\cos\beta = 1200\times\cos20°\times\cos25° = 1022\ \text{N}$$

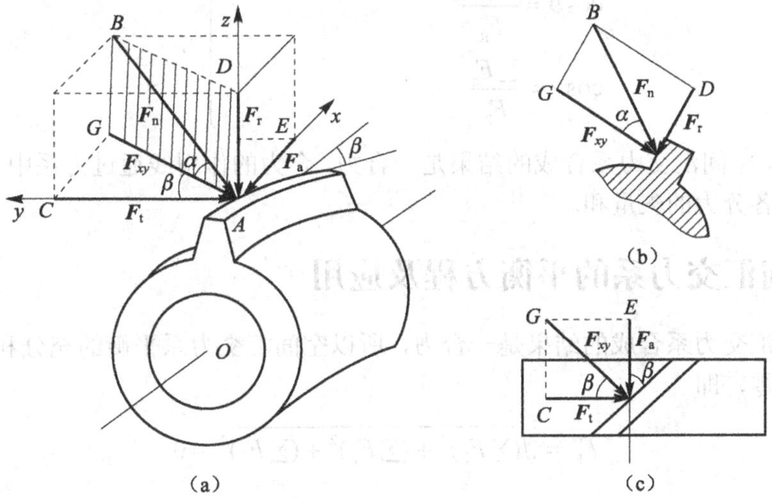

图 3-3

3.2 空间汇交力系的合成与平衡

3.2.1 空间汇交力系的合成

若刚体上某一点 O 处作用有一空间汇交力系$\boldsymbol{F}_1$、$\boldsymbol{F}_2$、…、$\boldsymbol{F}_n$，它们之中的任意两个力必然是共面力，所以可用力的平行四边形法则进行两两合成，最终合成为一作用于汇交点 O 的合力$\boldsymbol{F}_\text{R}$，即有

$$\boldsymbol{F}_\text{R} = \boldsymbol{F}_1 + \boldsymbol{F}_2 + \cdots + \boldsymbol{F}_n = \sum \boldsymbol{F} \tag{3-4}$$

将式（3-4）分别向 x、y、z 三个坐标轴投影，可得

$$\left.\begin{aligned}F_{Rx}&=F_{1x}+F_{2x}+\cdots+F_{nx}=\sum F_x\\F_{Ry}&=F_{1y}+F_{2y}+\cdots+F_{ny}=\sum F_y\\F_{Rz}&=F_{1z}+F_{2z}+\cdots+F_{nz}=\sum F_z\end{aligned}\right\}\qquad(3\text{-}5)$$

式（3-5）称为**空间力系的合力投影定理的一般形式**，它表明空间汇交力系的合力在某一轴上的投影等于各分力在同一轴上投影的代数和。

根据式（3-3）可得，空间汇交力系的合力 $\boldsymbol{F}_R$ 的大小和方向为

$$\left.\begin{aligned}F_R&=\sqrt{(\sum F_x)^2+(\sum F_y)^2+(\sum F_z)^2}\\\cos\alpha&=\frac{\sum F_x}{F_R}\\\cos\beta&=\frac{\sum F_y}{F_R}\\\cos\gamma&=\frac{\sum F_z}{F_R}\end{aligned}\right\}\qquad(3\text{-}6)$$

由此可见，空间汇交力系合成的结果是一合力，合力的作用线通过力系中各力的汇交点，合力矢量等于各分力的矢量和。

3.2.2 空间汇交力系的平衡方程及应用

由于空间汇交力系合成的结果是一合力，所以空间汇交力系平衡的充分和必要条件为力系的合力等于零，即

$$F_R=\sqrt{(\sum F_x)^2+(\sum F_y)^2+(\sum F_z)^2}=0$$

由此得

$$\left.\begin{aligned}\sum F_x&=0\\\sum F_y&=0\\\sum F_z&=0\end{aligned}\right\}\qquad(3\text{-}7)$$

式（3-7）称为**空间汇交力系的平衡方程**，共有 3 个独立的方程，最多可求解 3 个未知量。

例 3-2 有一空间支架固定在相互垂直的墙上，支架由垂直于两墙的铰接二力杆 *OA*、*OB* 和钢丝绳 *OC* 组成。已知 $\theta=30°$，$\varphi=60°$，点 *O* 处吊起一重 $G=6$ kN 的重物，如图 3-4a 所示。图中 *O*、*A*、*B*、*D* 四点都在同一水平面上，杆和绳的自重均略去不计。试求两杆和钢丝绳所受的力。

解 （1）选取铰结点 *O* 为研究对象，画受力图，如图 3-4b 所示。取坐标系 *Dxyz*。

（2）列平衡方程，求解未知力，即

$$\Sigma F_x=0,\qquad F_B-F\cos\theta\sin\varphi=0$$

$$\Sigma F_y=0,\qquad F_A-F\cos\theta\cos\varphi=0$$

$$\Sigma F_z = 0, \quad F\sin\theta - G = 0$$

解上述方程得

$$F = G/\sin\theta = 6/\sin30° = 12\ \text{kN}$$

$$F_A = F\cos\theta\cos\varphi = 12\times\cos30°\times\cos60° = 5.2\ \text{kN}$$

$$F_B = F\cos\theta\sin\varphi = 12\times\cos30°\times\sin60° = 9\ \text{kN}$$

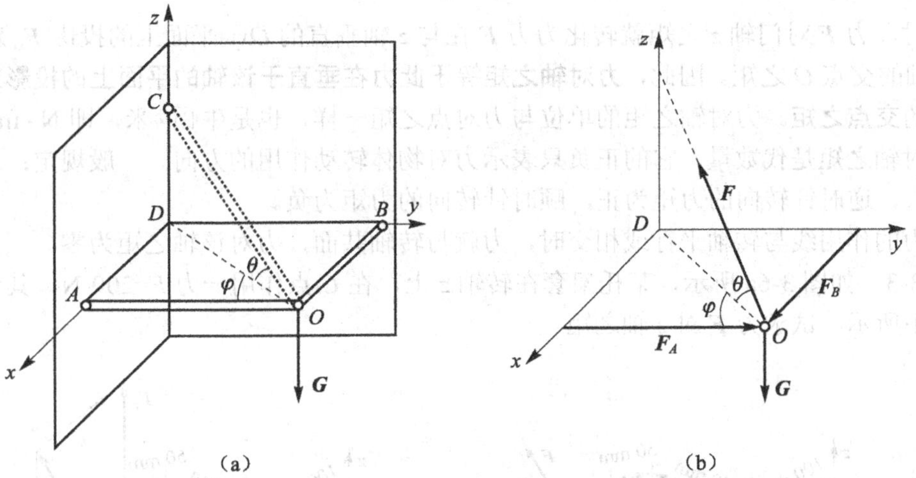

图 3-4

3.3　力对轴之矩

在平面问题中，我们讨论了力对点之矩，现在研究空间问题，就要先引入力对轴之矩的概念。在推门时，门会绕一根铅垂的轴转动。如果推力的作用线与门轴平行或相交（图 3-5a），显然无论用力多大，门都不会转动；如果推力在垂直于门轴的平面内（图 3-5b），此时就能把门推开。

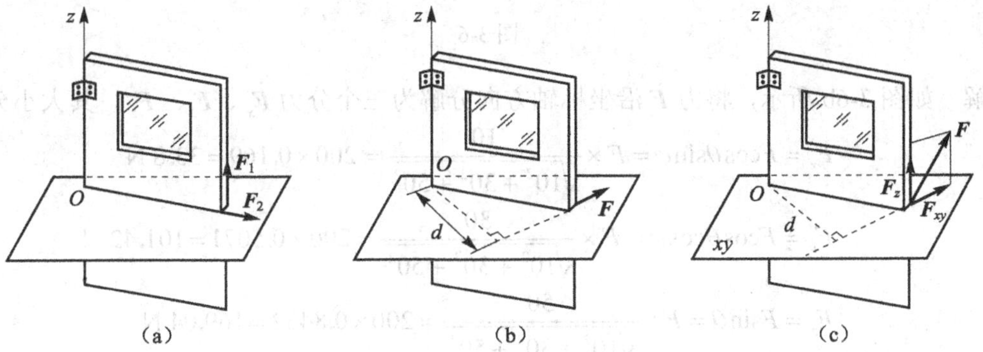

图 3-5

假设作用于门上的力 $\boldsymbol{F}$ 的方向是任意的，这时可将 $\boldsymbol{F}$ 在作用点处分解为平行于门轴 z 的

分力 $\boldsymbol{F}_z$ 和在垂直于门轴 z 的平面内的分力 $\boldsymbol{F}_{xy}$，如图 3-5c 所示。由经验可知，分力 $\boldsymbol{F}_z$ 不能使门转动，所以力 $\boldsymbol{F}$ 对门产生的转动效应完全取决于垂直于门轴 z 的平面内的分力 $\boldsymbol{F}_{xy}$。若分力 $\boldsymbol{F}_{xy}$ 所在平面与门轴 z 的交点为 O，则力 $\boldsymbol{F}_{xy}$ 对门轴之矩可用力 $\boldsymbol{F}_{xy}$ 对 O 点之矩来计算。设 O 点到力 $\boldsymbol{F}_{xy}$ 的作用线的距离为 d，则

$$M_z(\boldsymbol{F}) = M_O(\boldsymbol{F}_{xy}) = \pm F_{xy} d \tag{3-8}$$

这时，力 $\boldsymbol{F}$ 对门轴 z 之矩就转化为力 $\boldsymbol{F}$ 在与 z 轴垂直的 Oxy 平面上的投影 $\boldsymbol{F}_{xy}$ 对 Oxy 平面与 z 轴的交点 O 之矩。因此，**力对轴之矩等于此力在垂直于该轴的平面上的投影对该轴与此平面的交点之矩**。力对轴之矩的单位与力对点之矩一样，也是牛顿·米，即 N·m。

力对轴之矩是代数量，它的正负只表示力对物体转动作用的方向。一般规定：从轴的正方向看去，逆时针转向的力矩为正，顺时针转向的力矩为负。

当力的作用线与转轴平行或相交时，力就与转轴共面，力对该轴之矩为零。

例 3-3 如图 3-6a 所示，某托架套在转轴 z 上，在 C 点作用一力 F=200 N，其他几何关系如图中所示，试求力 $\boldsymbol{F}$ 对 z 轴之矩。

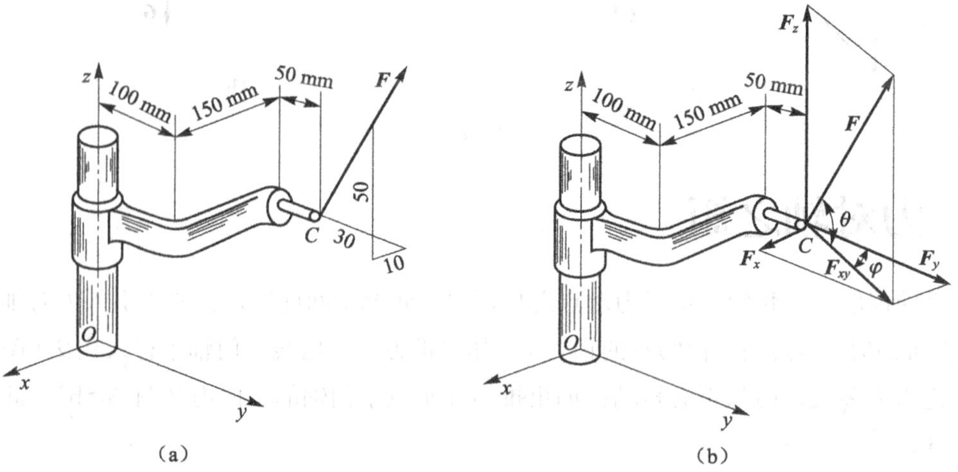

图 3-6

解 如图 3-6b 所示，将力 $\boldsymbol{F}$ 沿坐标轴方向分解为三个分力 $\boldsymbol{F}_x$、$\boldsymbol{F}_y$、$\boldsymbol{F}_z$，其大小分别为

$$F_x = F\cos\theta\sin\varphi = F \times \frac{10}{\sqrt{10^2+30^2+50^2}} = 200 \times 0.169 = 33.8\ \text{N}$$

$$F_y = F\cos\theta\cos\varphi = F \times \frac{30}{\sqrt{10^2+30^2+50^2}} = 200 \times 0.5071 = 101.42\ \text{N}$$

$$F_z = F\sin\theta = F \times \frac{50}{\sqrt{10^2+30^2+50^2}} = 200 \times 0.8452 = 169.04\ \text{N}$$

由合力矩定理得

$$M_z(\boldsymbol{F}) = M_z(\boldsymbol{F}_x) + M_z(\boldsymbol{F}_y) + M_z(\boldsymbol{F}_z) = -F_x \times (0.1+0.05) - F_y \times 0.15 + 0 = -20.28\ \ \text{N}\cdot\text{m}$$

例 3-4　如图 3-7a 所示，用起重杆吊起重物。起重杆的 A 端通过固定铰链支座连接在地面上，B 端用分别固定在墙上 C 和 D 点的绳 CB 和 DB 拉住，CD 连线平行于 x 轴。已知 $CE=EB=DE$，$\alpha=30°$，CBD 平面与水平面间的夹角为 $30°$，物重 $G=10\,\text{kN}$，如图 3-7b 所示。如果起重杆的重量不计，试求起重杆所受的压力和绳子的拉力。

解　（1）取杆 AB 为研究对象，画出其所受的主动力和约束力。

（2）根据力系特点，建立空间直角坐标系 $Axyz$，如图 3-7a 所示。

（3）列平衡方程

$$F_{Rx}=\Sigma F_x=0\,,\qquad F_1\sin45°-F_2\sin45°=0$$

$$F_{Ry}=\Sigma F_y=0\,,\qquad F_A\sin30°-F_1\cos45°\cos30°-F_2\cos45°\cos30°=0$$

$$F_{Rz}=\Sigma F_z=0\,,\qquad F_A\cos30°+F_1\cos45°\sin30°+F_2\cos45°\sin30°-G=0$$

（4）联立方程组求解，得

$$F_1=F_2=3.54\ \ \text{kN},\qquad F_A=8.66\ \ \text{kN}$$

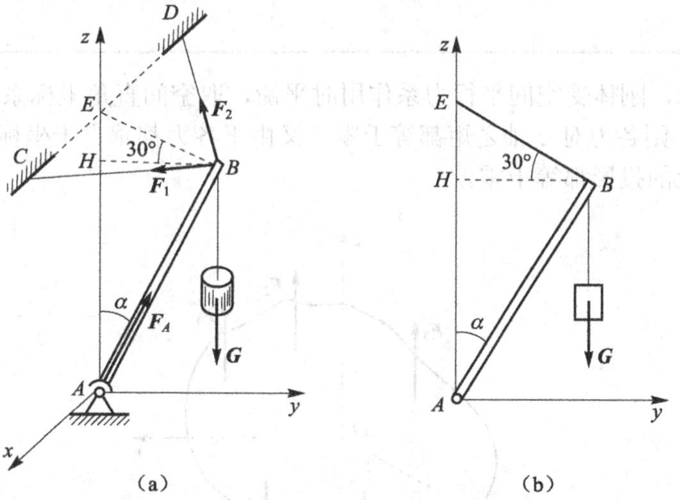

图 3-7

3.4　空间任意力系的平衡方程及应用

空间任意力系与平面任意力系一样，也可以应用力的平移定理，将原力系简化为一个空间汇交力系和一个空间力偶系，再进一步将空间汇交力系合成为一个合力，即主矢 $\boldsymbol{F}_R'$，将空间力偶系进一步合成为一个合力偶，即主矩 M_O。根据静力学平衡条件，物体受空间力系作用的平衡条件也应该是主矢和主矩均等于零，即必须满足

$$F_R'=\sqrt{(\Sigma F_x)^2+(\Sigma F_y)^2+(\Sigma F_z)^2}=0\,,\qquad \Sigma M_O(\boldsymbol{F})=0$$

亦即

$$\left.\begin{aligned}&\sum F_x=0\\&\sum F_y=0\\&\sum F_z=0\\&\sum M_x(\boldsymbol{F})=0\\&\sum M_y(\boldsymbol{F})=0\\&\sum M_z(\boldsymbol{F})=0\end{aligned}\right\}\tag{3-9}$$

式（3-9）称为**空间任意力系的平衡方程**。显然，通过该方程可以求得 6 个未知量。如果未知力的个数超过 6 个，则为静不定问题。

注意

① 当空间任意力系平衡时，它在任何平面上的投影力系（即平面任意力系）也是平衡的。② 空间任意力系的平衡方程除了三投影式和三力矩式的基本形式外，还有四力矩式、五力矩式和六力矩式，与平面任意力系一样，它对投影轴和力矩轴也都有一定的限制条件。

如图 3-8 所示，刚体受空间平行力系作用时平衡，取空间直角坐标系 $Oxyz$，并使 z 轴平行于该平行力系，则各力对 z 轴之矩都等于零。又由于各力都垂直于坐标平面 Oxy，所以各力在 x 轴和 y 轴上的投影都等于零。

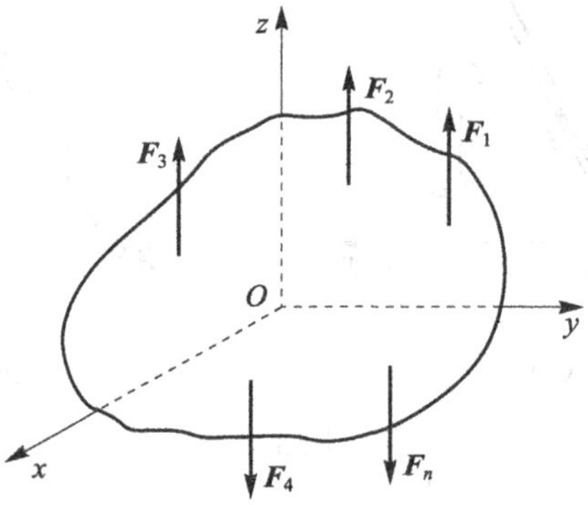

图 3-8

即式（3-9）中 $\sum F_x\equiv0$，$\sum F_y\equiv0$，$\sum M_z(\boldsymbol{F})\equiv0$，由此得**空间平行力系的平衡方程**为

$$\left.\begin{aligned}&\sum F_z=0\\&\sum M_x(\boldsymbol{F})=0\\&\sum M_y(\boldsymbol{F})=0\end{aligned}\right\}\tag{3-10}$$

这 3 个独立的方程最多可求解 3 个未知量。

例 3-5 在图 3-9a 所示的传动轴中，作用于齿轮上的啮合力 $\boldsymbol{F}_{\mathrm{n}}$ 推动轴 AB 做匀速转动。已知力 $\boldsymbol{F}_{\mathrm{n}}$ 的作用点 Q 到轴线 AB 的距离为 120 mm，且力 $\boldsymbol{F}_{\mathrm{n}}$ 与过 Q 点的切线的夹角为 20°。

皮带轮上皮带紧边的拉力 F_{T1} =200 N，松边的拉力 F_{T2} =100 N，皮带轮直径 d=160 mm，其他尺寸如图所示。试确定力 $\boldsymbol{F}_n$ 的大小和轴承 A、B 处的约束力。

解 （1）选带轮、齿轮和轴组成的系统为研究对象，画出系统的受力图，如图 3-9b 所示。

（2）建立空间直角坐标系 $Axyz$。

（3）列空间任意力系的平衡方程。

$$\Sigma F_x = 0$$

$$\Sigma F_y = 0,\quad -F_{Ay} + F_{ny} - F_{By} = 0$$

$$\Sigma F_z = 0,\quad F_{Az} + F_{Bz} + F_{T1} + F_{T2} - F_{nz} = 0$$

$$\Sigma M_x(\boldsymbol{F}) = 0,\quad -F_{ny} \times 120 + (F_{T1} - F_{T2}) \times \frac{d}{2} = 0$$

$$\Sigma M_y(\boldsymbol{F}) = 0,\quad -F_{nz} \times 150 + F_{Bz} \times 350 + (F_{T1} + F_{T2}) \times 500 = 0$$

$$\Sigma M_z(\boldsymbol{F}) = 0,\quad -F_{ny} \times 150 + F_{By} \times 350 = 0$$

（4）将已知数据代入后联立求解，得

$$F_n = 71\ \text{N},\quad F_{Ay} = 38.1\ \text{N},\quad F_{Az} = 142\ \text{N},\quad F_{By} = 28.6\ \text{N},\quad F_{Bz} = -418\ \text{N}$$

（负号说明实际方向与图中假设方向相反）

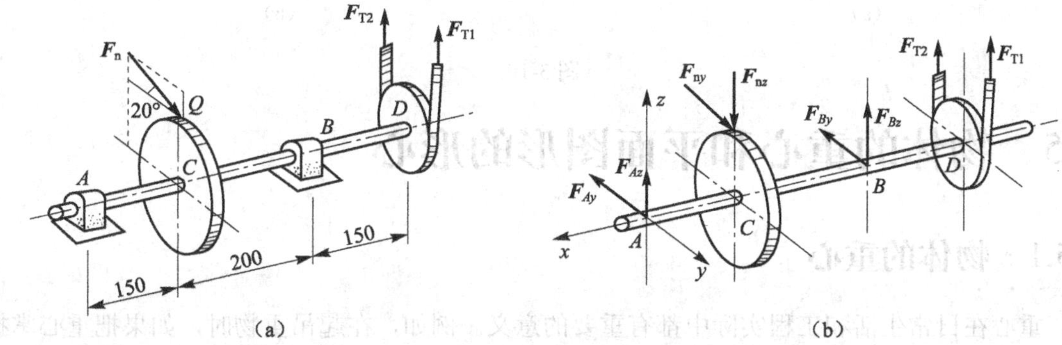

图 3-9

例 3-6 如图 3-10a 所示，一重量 G=1000 N 的匀质薄板用止推轴承 A、B 和绳索 CE 支持在水平面上，薄板可以绕水平轴 AB 转动。在板上作用一力偶 M 使薄板处于平衡状态。已知 a=3 m，b=4 m，h=5 m，M=2000 N·m，试求绳子的拉力和轴承 A、B 的约束力。

解 （1）取匀质薄板为研究对象，画出其受力图，如图 3-10b 所示。分析薄板的受力可知，所受力为一空间任意力系。

（2）建立空间直角坐标系 $Axyz$，列平衡方程并求解。

$$\Sigma M_z(\boldsymbol{F}) = 0,\quad M - F_{By} \times 4 = 0,\quad F_{By} = 500\ \text{N}$$

$$\Sigma M_x(\boldsymbol{F}) = 0,\quad -G \times \frac{a}{2} + F_C \times \frac{\sqrt{2}}{2} a = 0,\quad F_C = 707\ \text{N}$$

$$\sum M_y(\boldsymbol{F})=0,\quad -F_{Bz}\times b+G\times\frac{b}{2}-F_C\times\frac{\sqrt{2}}{2}b=0,\quad F_{Bz}=0$$

$$\sum F_z=0,\quad F_{Bz}+F_{Az}-G+F_C\times\frac{\sqrt{2}}{2}=0,\quad F_{Az}=500\text{ N}$$

$$\sum F_x=0,\quad F_{Ax}-F_C\times\frac{\sqrt{2}}{2}\times\frac{4}{5}=0,\quad F_{Ax}=400\text{ N}$$

$$\sum F_y=0,\quad -F_{By}+F_{Ay}-F_C\times\frac{\sqrt{2}}{2}\times\frac{3}{5}=0,\quad F_{Ay}=800\text{ N}$$

约束力的方向如图 3-10b 所示。

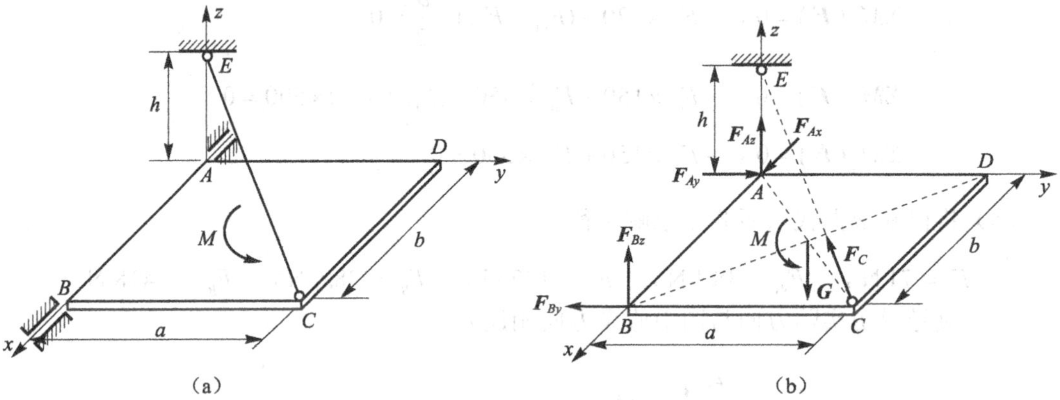

图 3-10

3.5 物体的重心和平面图形的形心

3.5.1 物体的重心

重心在日常生活和工程实际中都有重要的意义。例如，在起吊重物时，如果把重心掌握不好，重物就会倾倒，如图 3-11 所示；推拉装有重物的小车时，若重心偏前或偏后，都会感到格外费力等等，所以有必要对物体的重心进行研究。

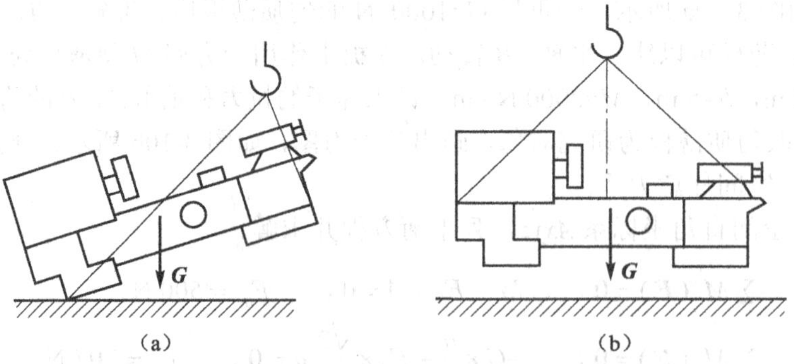

图 3-11

有了空间平行力系的概念，我们可以利用它来确定物体或物体系统的重心。所谓**物体的重心**，实际上是指物体的质量中心。因为重力是质量与重力加速度的乘积，可见重力的方向始终是垂直向下指向地心。

对于质量均匀分布的物体（一般情况下，都假设物体的质量是理想均匀分布的），每单位质量上作用的重力都是相等且方向相同，因此构成了一个空间平行力系，如图 3-12 所示。设将物体分成若干微小的质量单元，每个质量单元所受的重力分别用 $\boldsymbol{G}_1$、$\boldsymbol{G}_2$、…、$\boldsymbol{G}_n$ 表示，这些力组成了一空间同向平行力系，其合力即物体的重力 $\boldsymbol{G}$，合力的作用点即物体的重心 C。

$$\boldsymbol{G}=\sum_{i=1}^{n}\boldsymbol{G}_i$$

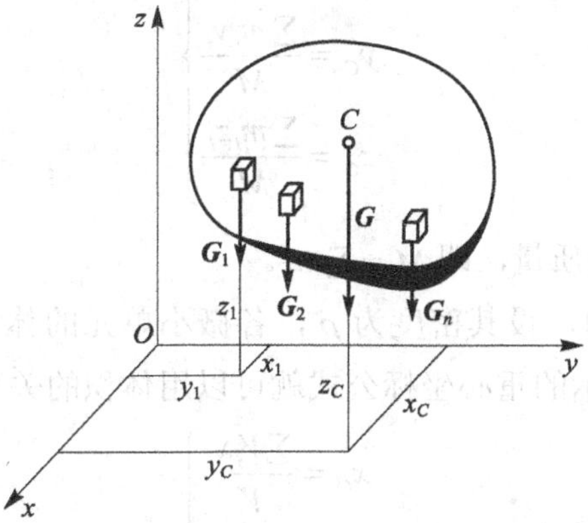

图 3-12

设物体的重心 C 的坐标为 (x_C, y_C, z_C)，根据合力矩定理，对 y 轴则有

$$Gx_C=\sum G_i x_i$$

得

$$x_C=\frac{\Sigma G_i x_i}{G}$$

同理，对 x 轴也有

$$y_C=\frac{\Sigma G_i y_i}{G}$$

物体重心的位置相对于物体本身而言，始终处在一个确定的几何点，而与物体的放置情况没有关系，所以，可以先把物体连同坐标系一同绕 x 轴转 90°，使 y 轴铅直向上，重心位置不变，然后再利用合力矩定理，可得

$$z_C=\frac{\Sigma G_i z_i}{G}$$

由此得到用重力 $\boldsymbol{G}$ 表示的**物体的重心坐标公式**为

$$\left.\begin{aligned} x_C &= \frac{\Sigma G_i x_i}{G} \\ y_C &= \frac{\Sigma G_i y_i}{G} \\ z_C &= \frac{\Sigma G_i z_i}{G} \end{aligned}\right\} \tag{3-11}$$

因为$G = Mg$，$G_i = m_i g$。式（3-11）中，如果同时约去公因数重力加速度 g，重心坐标公式就可以用质量的关系来表示，即

$$\left.\begin{aligned} x_C &= \frac{\sum m_i x_i}{M} \\ y_C &= \frac{\sum m_i y_i}{M} \\ z_C &= \frac{\sum m_i z_i}{M} \end{aligned}\right\} \tag{3-12}$$

其中，M为整个物体的质量，即$M = \sum m_i$。

由于认为物体是匀质的，设其密度为ρ，各微小单元的体积为V_i，整个物体的体积为$V = \sum V_i$，则式（3-12）表示的重心坐标公式就可以用体积的关系来表示，即

$$\left.\begin{aligned} x_C &= \frac{\sum V_i x_i}{V} \\ y_C &= \frac{\sum V_i y_i}{V} \\ z_C &= \frac{\sum V_i z_i}{V} \end{aligned}\right\} \tag{3-13}$$

式（3-13）表明，匀质物体的重心位置完全取决于物体的几何形状，而与物体的重量无关。因此，匀质物体的重心也称为**形心**。

如果物体是匀质薄板或薄壳，设其厚度为δ，面积为 A，则式（3-13）用体积表示的重心坐标公式就可以用面积的关系来表示，即

$$\left.\begin{aligned} x_C &= \frac{\sum A_i x_i}{A} \\ y_C &= \frac{\sum A_i y_i}{A} \\ z_C &= \frac{\sum A_i z_i}{A} \end{aligned}\right\} \tag{3-14}$$

式中：A——薄板（或薄壳）的总面积；　A_i——微小单元面积。

如果匀质物体有对称面、对称轴或对称中心，则该物体的重心必在这个对称面、对称轴或对称中心上。

3.5.2 平面图形的形心

在工程实际中，经常会遇到求解平面图形的形心位置问题。设在平面图形所在的平面内取平面直角坐标系 Oxy，如图 3-13 所示，则平面图形的形心坐标公式为

$$\left.\begin{aligned} x_C &= \frac{\Sigma A_i x_i}{A} \\ y_C &= \frac{\Sigma A_i y_i}{A} \end{aligned}\right\} \tag{3-15}$$

例 3-7 如图 3-14 所示的 T 形截面，已知 a=20 mm，b=100 mm，试求此截面的形心坐标。

解 （1）将 T 形截面分割成Ⅰ、Ⅱ两块矩形。

（2）建立图 3-14 所示的直角坐标系，两矩形的形心坐标分别为 C_1 (0，110)，C_2 (0，50)。

（3）由式（3-15）可得

$$x_C = \frac{\sum A_i x_i}{A} = \frac{2000\times0+2000\times0}{2000+2000} = 0$$

$$y_C = \frac{\sum A_i y_i}{A} = \frac{2000\times110+2000\times50}{2000+2000} = 80 \quad \text{mm}$$

即此 T 形截面的形心坐标为(0，80)。

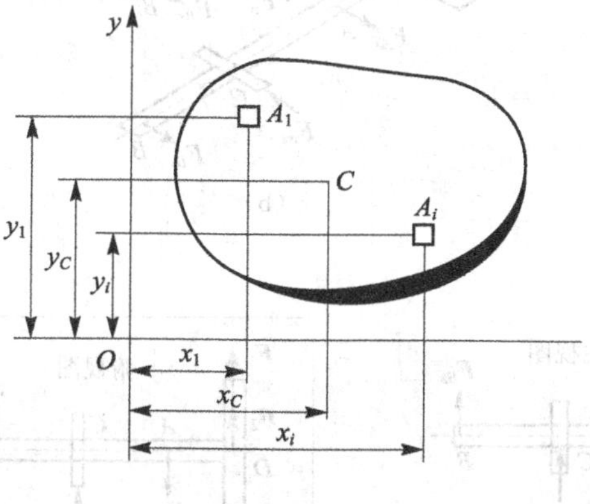

图 3-13

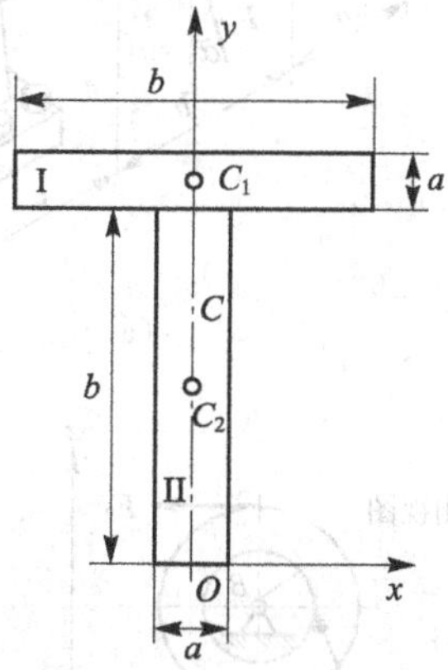

图 3-14

3.6 简单轮轴类零件平衡问题的平面解法

对于空间力系作用下的轮轴类零件的平衡问题，可直接用空间力系的平衡方程去求解，但这样比较复杂。如何将此类问题转化为更简单的平面问题求解呢？

我们可以将此空间力系的受力图分别投影到三个坐标平面上，分别建立它们的平衡方程，从而转化为三个平面任意力系去求解。由于原力系是空间平衡力系，则此力系在任意一平面上的投影也必然是相互平衡的。这样，我们就可以把空间力系的平衡问题转化为三个平面力系的平衡问题来求解，这种方法特别适合解决轮轴类零件的空间受力平衡问题。

下面通过一些具体的实例说明具体解法。

例 3-8 如图 3-15a 所示，水平传动轴上安装有带轮 D 和直齿圆柱齿轮 C，系统做匀速转动。已知带轮 D 的直径 $d_1 = 400$ mm，紧边拉力 $F_1 = 2000$ N，松边拉力 $F_2 = 1000$ N，两边带的拉力都沿水平方向。直齿圆柱齿轮 C 的直径 $d_2 = 200$ mm，齿轮的压力角 $\alpha = 20°$，图中 $a = 0.15$ m，$b = c = 0.25$ m。试求齿轮的啮合力 $\boldsymbol{F}_n$ 及径向滑动轴承 A、B 的约束力。

解 （1）选带轮、齿轮和轴组成的系统为研究对象，画出受力图。其中径向滑动轴承的约束力可用一对正交分力画出（其实质为一固定铰链支座约束），如图 3-15b 所示。

（2）建立图 3-15b 所示的空间直角坐标系 $Oxyz$，使 y 轴与轮轴的轴线平行，Oxy 平面处在水平面内。

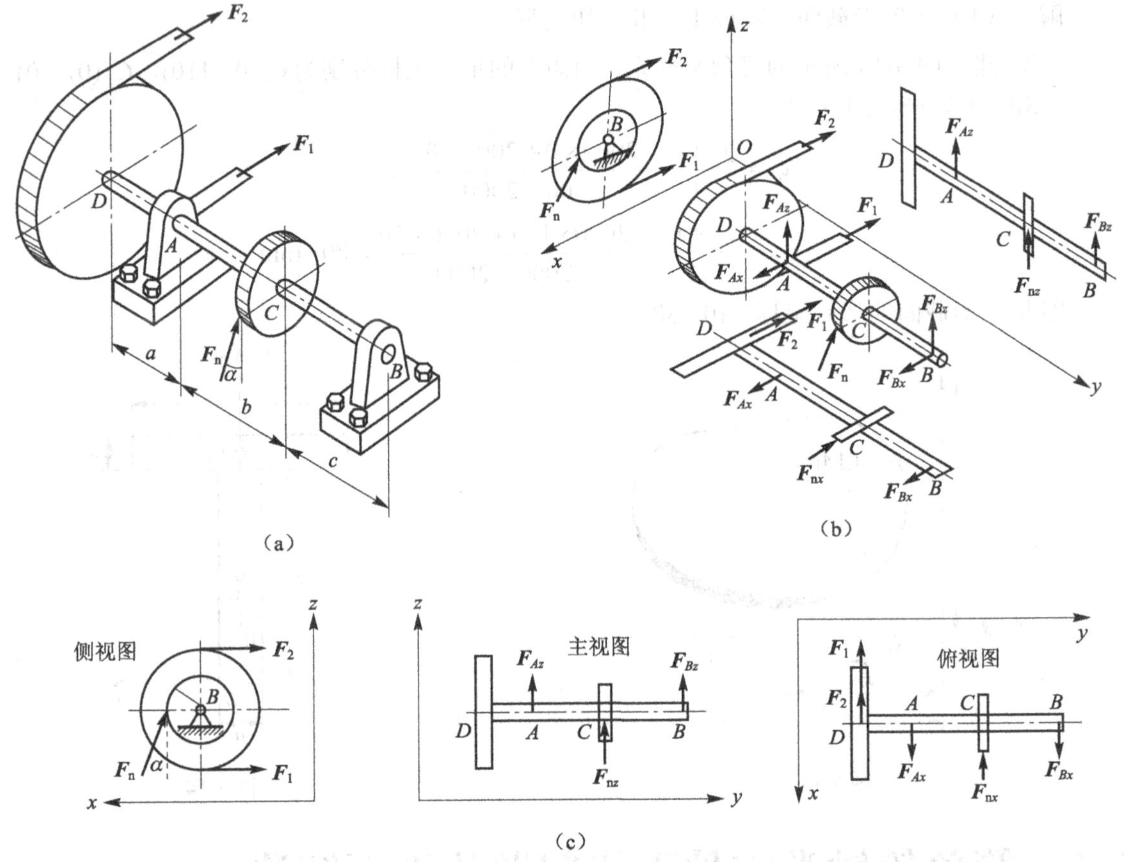

图 3-15

（3）将物体系统所受的空间力系分别向 3 个坐标平面投影，即可得到图 3-15c 所示的三个平面力系，对每个平面力系分别列出平衡方程并求解。

① 取如图 3-15c 所示侧视图投影为研究对象（其中没有画出 A、B 两轴承的约束力，因为没有解除约束），列平衡方程并求解。

$$\Sigma M_B = 0\,,\qquad (F_1 - F_2)\frac{d_1}{2} - F_n\cos\alpha \times \frac{d_2}{2} = 0$$

$$F_n = \frac{(F_1 - F_2)d_1}{d_2\cos\alpha} = \frac{(2000-1000)\times 400}{200\times\cos 20^\circ} = 2128\ \text{N}$$

② 取如图 3-15c 所示主视图投影为研究对象，列平衡方程并求解。

$$F_{nz} = F_n\cos\alpha = 2128\times\cos 20^\circ = 2000\ \text{N}$$

图中 $\boldsymbol{F}_{nz}$ 的作用点到 A、B 两支座的距离相等，故两支座的约束力大小相等，方向向下，与图示方向相反，即有

$$F_{Az} = F_{Bz} = -\frac{F_{nz}}{2} = -1000\ \text{N}$$

③ 取如图 3-15c 所示俯视图投影为研究对象，列平衡方程并求解。

$$\Sigma M_A = 0\ ,\qquad -(F_1+F_2)\times a - F_{Bx}\times(b+c) + F_{nx}\times b = 0$$

由图知

$$F_{nx} = F_n\sin\alpha = 2128\times\sin 20^\circ = 728\ \text{N}$$

可解得

$$F_{Bx} = \frac{F_{nx}b-(F_1+F_2)a}{b+c} = \frac{728\times 0.25-(2000+1000)\times 0.15}{0.25+0.25} = -536\ \text{N}$$

$$\Sigma F_x = 0\ ,\qquad -(F_1+F_2)+F_{Ax}+F_{Bx}-F_{nx} = 0$$

解得

$$F_{Ax} = 4264\ \text{N}\ ,\quad F_{Bx} = -536\ \text{N}$$

例 3-9 如图 3-16a 所示，一传动轴上安装有带轮 D 和齿轮 C，系统做匀速转动。已知带轮半径 $R = 60\ \text{cm}$，带轮重量 $G_2 = 2\ \text{kN}$，齿轮分度圆半径 $r = 20\ \text{cm}$，齿轮重量 $G_1 = 1\ \text{kN}$。其中 $AC = CB = l = 40\ \text{cm}$，$BD = l/2$，齿轮啮合点处作用有力 $\boldsymbol{F}_n$ 的三个分力，即圆周力 $F_t = 12\ \text{kN}$，径向力 $F_r = 1.5\ \text{kN}$ 和轴向力 $F_a = 0.5\ \text{kN}$，带轮有倾角为 45°的紧边拉力 $\boldsymbol{F}_1$ 和倾角为 30°的松边拉力 $\boldsymbol{F}_2$，且 $F_1 = 2F_2$。试求轴承 A、B 两处的约束力及带轮的拉力。

解 （1）选带轮、齿轮和轴组成的系统为研究对象，画出受力图，并建立空间坐标系 $Axyz$，如图 3-16a 所示。

（2）将空间力系向 3 个平面投影，分别列出平衡方程并求解。

① 取 Axz 平面投影为研究对象，如图 3-16b 所示，列平衡方程并求解。

$$\Sigma M_A = 0\ ,\qquad -F_t r + (F_1 - F_2)R = 0\ ,\qquad F_1 = 2F_2$$

解得

$$F_1 = 8\ \text{kN}\ ,\qquad F_2 = 4\ \text{kN}$$

② 取 Ayz 平面投影为研究对象，如图 3-16c 所示，列平衡方程并求解。

$$\Sigma M_A = 0\ ,\qquad F_{Bz}\times 2l + (F_t - G_1)\times l - (F_1\sin 45^\circ - F_2\sin 30^\circ + G_2)\times 2.5l = 0$$

$$\Sigma F_z = 0\ ,\qquad F_{Az} + F_t - G_1 + F_{Bz} - (F_1\sin 45^\circ - F_2\sin 30^\circ + G_2) = 0$$

解得

$$F_{Bz}=1.57\text{ kN}，\quad F_{Az}=-6.91\text{ kN}$$

③ 取 Axy 平面投影为研究对象，如图 3-16d 所示，列平衡方程并求解。

$$\Sigma M_A=0，\quad F_r\times l-F_a\times r-F_{Bx}\times 2l+(F_1\cos45°+F_2\cos30°)\times 2.5l=0$$

$$\Sigma F_x=0，\quad F_{Ax}-F_r+F_{Bx}-(F_1\cos45°+F_2\cos30°)=0$$

$$\Sigma F_y=0，\quad F_{Ay}-F_a=0$$

解得

$$F_{Bx}=12.03\text{ kN}，\quad F_{Ax}=-1.41\text{ kN}，\quad F_{Ay}=0.5\text{ kN}$$

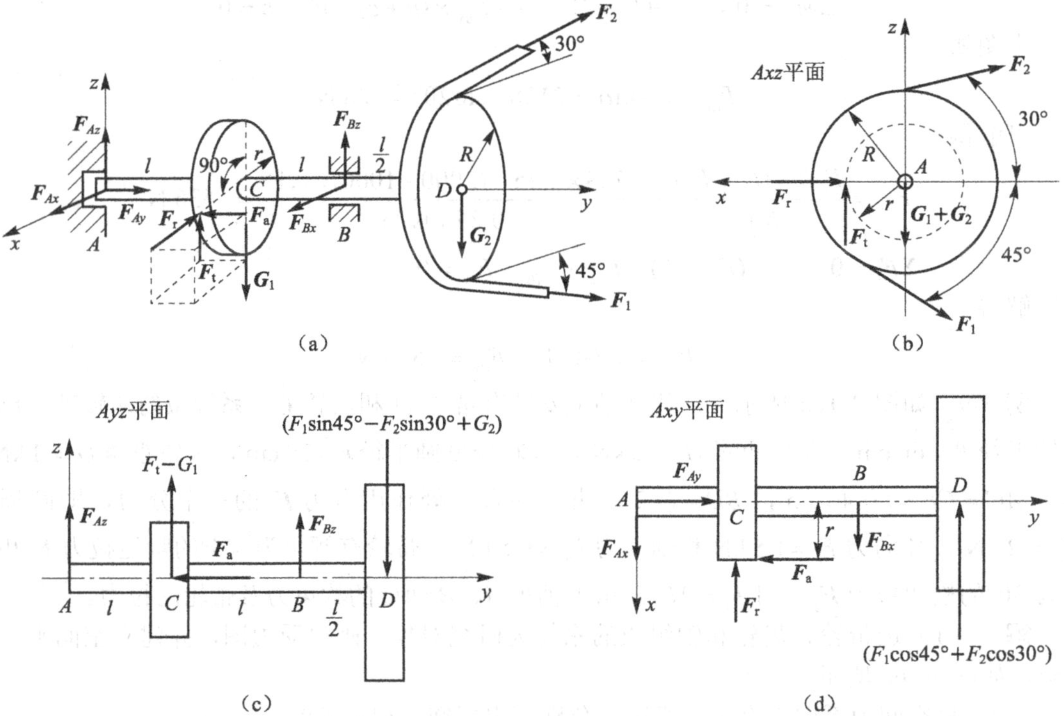

图 3-16

本章小结

（1）力在空间直角坐标轴上的投影

① 直接投影法：若已知力 $\boldsymbol{F}$ 与三个坐标轴的正向夹角分别为 α、β 和 γ，则力 $\boldsymbol{F}$ 在 x、y 和 z 三轴上的投影值 F_x、F_y、F_z 为

$$\left.\begin{aligned} F_x &= \pm F\cos\alpha \\ F_y &= \pm F\cos\beta \\ F_z &= \pm F\cos\gamma \end{aligned}\right\}$$

② 二次投影法：若已知力 $\boldsymbol{F}$ 与 z 轴的夹角为 γ，与 z 轴组成的平面与 x 轴的夹角为 φ，则力 $\boldsymbol{F}$ 在 x、y 和 z 三轴上的投影值 F_x、F_y、F_z 为

$$F \Rightarrow \begin{cases} F_z = \pm F\cos\gamma \\ F_{xy} = \pm F\sin\gamma \Rightarrow \begin{cases} F_x = \pm F_{xy}\cos\varphi = \pm F\sin\gamma\cos\varphi \\ F_y = \pm F_{xy}\sin\varphi = \pm F\sin\gamma\sin\varphi \end{cases} \end{cases}$$

若已知力 $\boldsymbol{F}$ 在 x、y、z 轴的投影分别为 F_x、F_y、F_z，则力 $\boldsymbol{F}$ 的大小和方向为

$$\left.\begin{aligned} F &= \sqrt{F_x^2 + F_y^2 + F_z^2} \\ \cos\alpha &= \frac{F_x}{F} \\ \cos\beta &= \frac{F_y}{F} \\ \cos\gamma &= \frac{F_z}{F} \end{aligned}\right\}$$

（2）空间汇交力系的平衡方程为

$$\left.\begin{aligned} \sum F_x &= 0 \\ \sum F_y &= 0 \\ \sum F_z &= 0 \end{aligned}\right\}$$，有3个独立的方程，最多可求解3个未知量。

(3)力 $\boldsymbol{F}$ 对 z 轴之矩常转化为力 $\boldsymbol{F}$ 在与 z 轴垂直的 Oxy 平面上的投影 $\boldsymbol{F}_{xy}$ 对 Oxy 平面与 z 轴的交点 O 之矩。即

$M_z(\boldsymbol{F}) = M_O(\boldsymbol{F}_{xy}) = \pm F_{xy}d$，其中 d 为 O 点到力 $\boldsymbol{F}_{xy}$ 的作用线的距离。

（4）空间平行力系的平衡方程为

$$\left.\begin{aligned} \sum F_z &= 0 \\ \sum M_x(\boldsymbol{F}) &= 0 \\ \sum M_y(\boldsymbol{F}) &= 0 \end{aligned}\right\}$$，有3个独立的方程，最多可求解3个未知量。

（5）空间任意力系的平衡方程为

$$\left.\begin{array}{l}\sum F_x=0\\ \sum F_y=0\\ \sum F_z=0\\ \sum M_x(\boldsymbol{F})=0\\ \sum M_y(\boldsymbol{F})=0\\ \sum M_z(\boldsymbol{F})=0\end{array}\right\}$$，有 6 个独立的方程，最多可求解 6 个未知量。

（6）重心实际上是指物体的质量中心，重心坐标可用重力、质量、体积、面积等表达。

（7）轮轴类零件的空间受力平衡问题可以转化为三个平面力系的平衡问题来求解。

思考题

3-1　已知一个力 $\boldsymbol{F}$ 的值及该力与 x、y 轴的夹角 α、β，能否算出该力在 z 轴的投影 F_z？

3-2　根据以下条件，判断力 $\boldsymbol{F}$ 在哪个坐标平面上？

（1）$F_x=0$，$M_x(\boldsymbol{F})\neq 0$；

（2）$F_x\neq 0$，$M_x(\boldsymbol{F})=0$；

（3）$F_x=0$，$M_x(\boldsymbol{F})=0$；

（4）$M_x(\boldsymbol{F})=0$，$M_y(\boldsymbol{F})=0$

3-3　物体的重心是否一定在物体的内部？

习　题

3-1　分别计算图 3-17 中 $\boldsymbol{F}_1$、$\boldsymbol{F}_2$、$\boldsymbol{F}_3$ 三个力在 x、y、z 轴上的投影。已知 $F_1=4\ \text{kN}$，$F_2=6\ \text{kN}$，$F_3=2\ \text{kN}$。

3-2　已知 $F_1=12\ \text{kN}$，$F_2=15\ \text{kN}$，$F_3=14.1\ \text{kN}$，各力作用线位置如图 3-18 所示。试分别计算三个力对三个轴之矩。

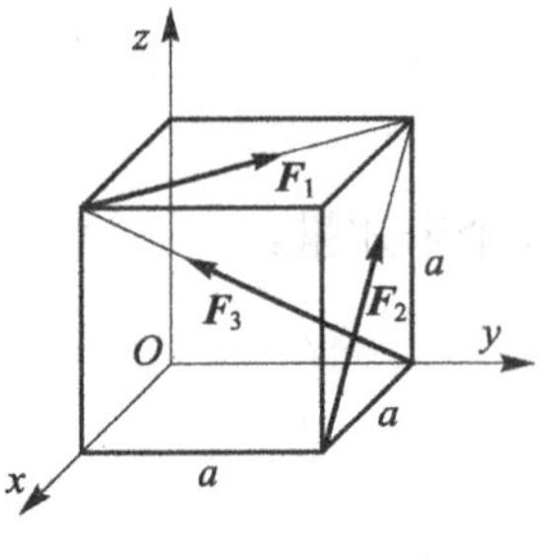

图 3-17

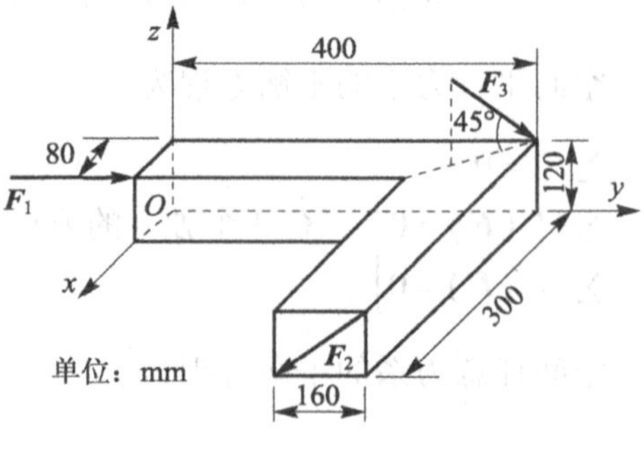

图 3-18

3-3　如图 3-19 所示，水平放置的轮上 A 点作用一力 $\boldsymbol{F}$，力 $\boldsymbol{F}$ 在铅垂平面内，与水平面成30°角，$F=1\,\text{kN}$，$h=R=1\,\text{m}$。试求 $\boldsymbol{F}$ 在轴上的投影 F_x、F_y、F_z 及对 z 轴之矩 $M_z(\boldsymbol{F})$。

3-4 用两根杆件 AB、AC 和一根绳索 AD 悬挂起一重物，如图 3-20 所示。已知 $G=1\,\text{kN}$，$\alpha=30°$，$\beta=60°$，求两杆及绳索所受的力。

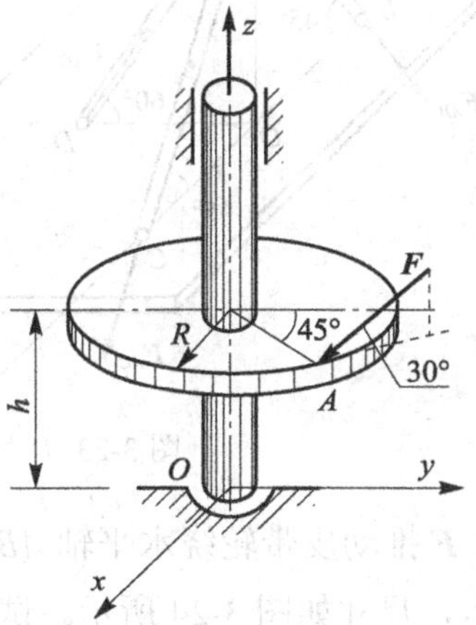

图 3-19

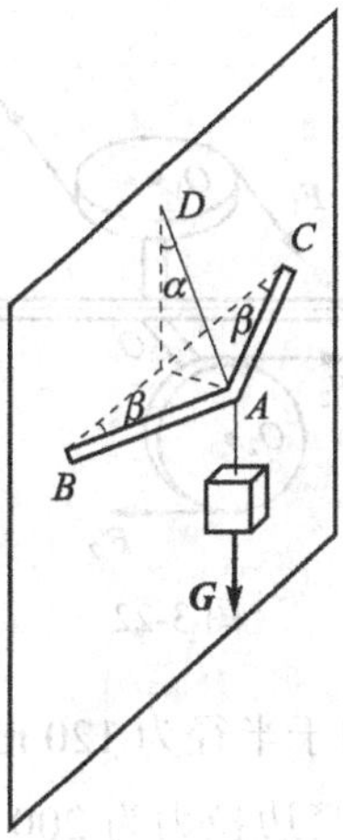

图 3-20

3-5 试求图 3-21 中两个平面图形的形心 C 的位置（图中尺寸单位均为 mm）。

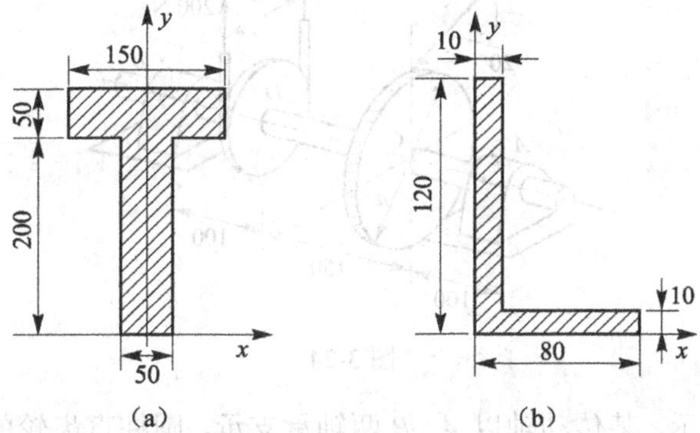

图 3-21

3-6 O_1 和 O_2 两个圆盘与水平轴 AB 固连，O_1 盘面垂直于 z 轴，O_2 盘面垂直于 x 轴，盘面上分别作用有力偶 $M_1(\boldsymbol{F}_1,\boldsymbol{F}_1')$、$M_2(\boldsymbol{F}_2,\boldsymbol{F}_2')$，如图 3-22 所示。已知 $F_1=3\,\text{N}$，$F_2=5\,\text{N}$，$AB=80\,\text{cm}$，若两圆盘半径相等，且均为 $r=20\,\text{cm}$，构件自重不计，试计算轴承 A 和 B 的约束力。

3-7 如图 3-23 所示，三根不计重量的杆 AB、AC、AD 在 A 点用铰链连接，各杆与水平面的夹角分别为 45°、45°和 60°。试求在与 OD 平行的力 $\boldsymbol{F}$ 作用下，各杆所受的力。已知力 $F=0.6\,\text{kN}$。

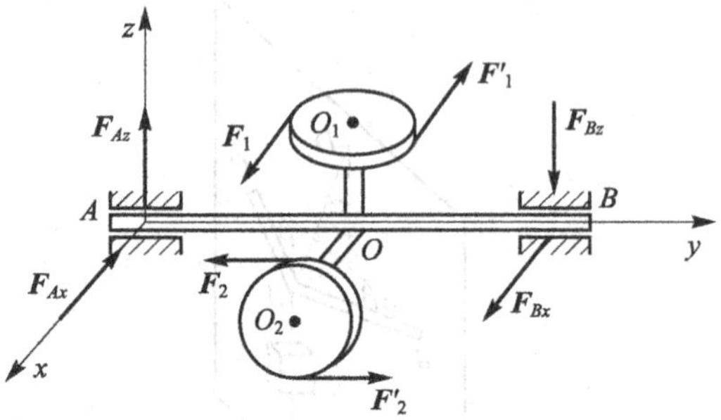

图 3-22

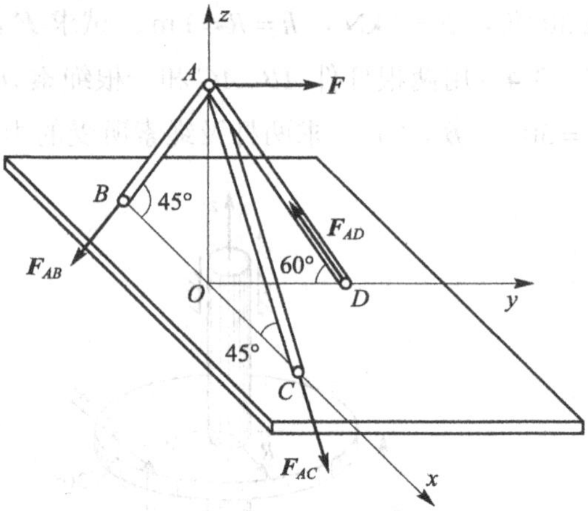

图 3-23

3-8　作用于半径为 120 mm 的齿轮上的啮合力 $\boldsymbol{F}$ 推动皮带轮绕水平轴 AB 作匀速转动。已知皮带轮的紧边拉力为 200 N，松边拉力为 100 N，尺寸如图 3-24 所示。试求力 $\boldsymbol{F}$ 的大小以及轴承 A、B 的约束力（尺寸单位为 mm）。

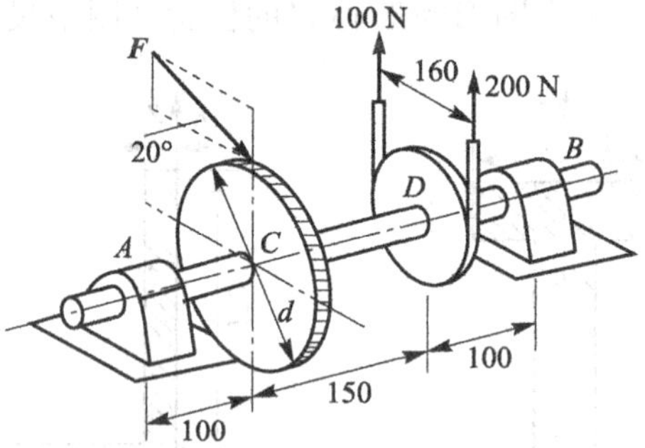

图 3-24

3-9　如图 3-25 所示，某传动轴以 A、B 两轴承支承，圆柱直齿轮的节圆直径 d=17.3 cm，压力角 α =20°。在法兰盘上作用一力偶矩为 M =1030　N·m 的力偶，若轮轴自重和摩擦不计，求传动轴匀速转动时的啮合力 $\boldsymbol{F}$ 及 A、B 轴承的约束力（图中尺寸单位为 cm）。

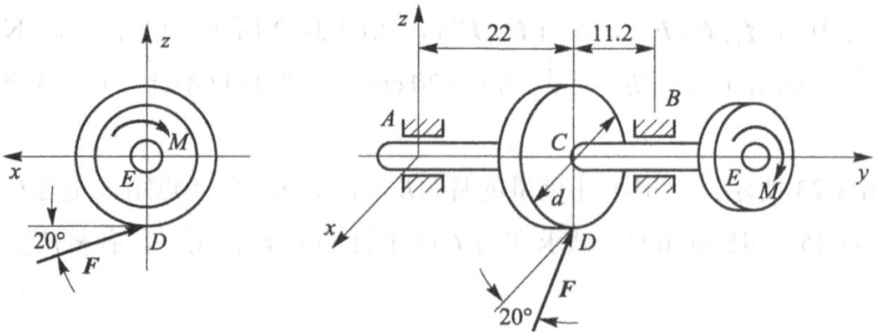

图 3-25

第 4 章 摩擦与自锁

【学习目标与要求】

◈ 了解摩擦的概念及分类。
◈ 掌握滑动摩擦定律及摩擦力的计算方法。
◈ 理解摩擦角与自锁。
◈ 掌握考虑摩擦时的平衡问题的求解方法。

前面研究物体的平衡问题时，都把物体的表面看作是完全光滑的，忽略了物体间的摩擦。实际上，完全光滑的接触面是不存在的，两物体的接触面之间都有摩擦，有时摩擦起着决定性的作用。例如，带轮传动及车辆的启动与制动都要靠摩擦力来实现。当然摩擦在工程上也有弊端，即摩擦增大了阻力，消耗了能量。只有在有些工程问题中，摩擦对研究对象的工作情况影响很小，属于次要因素，可以忽略不计。

根据两物体接触面处相对运动的情况，摩擦可以分为滑动摩擦与滚动摩擦两类。滑动摩擦又可分为静滑动摩擦和动滑动摩擦。当两物体有相对滚动或相对滚动趋势时，物体间产生的相对滚动的阻碍称为滚动摩擦。本节着重研究滑动摩擦情况。

4.1 滑动摩擦定律

当两个物体相互直接接触，并有一定的相对滑动或相对滑动趋势时，在它们的接触面上就会产生阻碍相对滑动或相对滑动趋势的力，这种现象称为**滑动摩擦**。阻碍相对滑动或相对滑动趋势的力称为**滑动摩擦力**。

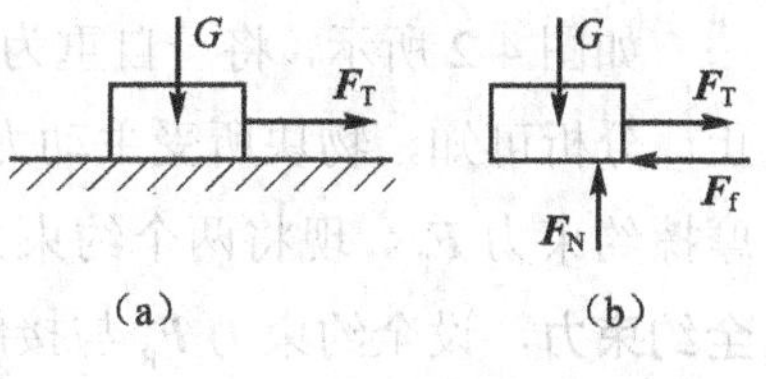

图 4-1

如图 4-1a 所示，有一重为 $\boldsymbol{G}$ 的物块放在水平面上，现对该物块施加一个水平拉力 $\boldsymbol{F}_T$ 并使其逐渐由小增大。当拉力 $\boldsymbol{F}_T$ 较小时，物块虽有沿水平面滑动的趋势，但仍保持静止状态，这是因为接触面间存在一个阻碍物块滑动的力，这个力阻碍了两物体间的相对滑动趋势，则此力就称为**静滑动摩擦力**，简称**静摩擦力**，用 $\boldsymbol{F}_f$ 表示，其方向与滑动趋势的方向相反，如图 4-1b 所示。静摩擦力的大小可由平衡方程求得，即

$$\sum F_x = 0, \quad F_T - F_f = 0, \quad F_f = F_T$$

若 $F_T = 0$，则 $F_f = 0$，即物体没有滑动趋势时，也就没有摩擦力；当 $\boldsymbol{F}_T$ 增大时，静摩擦力 $\boldsymbol{F}_f$ 也随着增大。当 $\boldsymbol{F}_T$ 增大到某一数值时，物块处于将动而未动的临界平衡状态，这时静摩擦力达到最大值，称为**最大静摩擦力**，用 $\boldsymbol{F}_{fmax}$ 表示。

大量实验证明，最大静摩擦力的大小与接触面间的正压力（法向约束力）$\boldsymbol{F}_N$ 成正比，即

$$F_{fmax} = f_s F_N \tag{4-1}$$

这就是**静滑动摩擦定律**，简称**静摩擦定律**。式中的比例常数 f_s 称为**静摩擦因数**，它的大小与物体接触面的材料、粗糙度有关，还与接触面的温度、湿度等有关，而与接触面的面积大小无关。

综上可知，静摩擦力的方向与相对滑动趋势的方向相反，大小随主动力的变化而变化，变化范围在零与最大值之间，即

$$0 \leqslant F_f \leqslant F_{fmax}$$

当力 $\boldsymbol{F}_T$ 增大到大于最大静摩擦力 $\boldsymbol{F}_{fmax}$ 时，物块开始向右滑动。此时的滑动摩擦力阻碍了两物体间的相对滑动，称为**动滑动摩擦力**，简称**动摩擦力**，用 $\boldsymbol{F}_f'$ 表示。

大量实验证明，动摩擦力 $\boldsymbol{F}_f'$ 的方向与两物体间相对滑动速度的方向相反，其大小与两物体间的正压力（法向约束力）$\boldsymbol{F}_N$ 成正比，即

$$F_f' = fF_N \tag{4-2}$$

这就是**动滑动摩擦定律**，简称**动摩擦定律**。式中的 f 称为**动摩擦因数**，它的大小除了与接触面的材料性质、物理状态等有关外，还与物体相对滑动的速度有关。通常不考虑速度变化对 f 的影响，而将 f 看作常量。一般情况下，动摩擦因数 f 略小于静摩擦因数 f_s，在精度要求不高时，可近似认为 $f \approx f_s$，常用材料的滑动摩擦因数可从有关的工程手册中查到。

4.2　摩擦角与自锁

4.2.1　摩擦角

如图 4-2 所示，将一自重为 $\boldsymbol{G}$ 的物块放在水平地面上，并施加一推力 $\boldsymbol{F}_T$，物块仍保持静止。分析可知，物块所受主动力有自重 $\boldsymbol{G}$ 和推力 $\boldsymbol{F}_T$，所受约束力有法向约束力 $\boldsymbol{F}_N$ 和切向静摩擦约束力 $\boldsymbol{F}_f$。现将两个约束力合成为一合力 $\boldsymbol{F}_R$，即 $\boldsymbol{F}_R = \boldsymbol{F}_N + \boldsymbol{F}_f$，合力 $\boldsymbol{F}_R$ 称为接触面的**全约束力**，设全约束力 $\boldsymbol{F}_R$ 与接触面法线间的夹角为 φ；相应地将主动力 $\boldsymbol{G}$ 与 $\boldsymbol{F}_T$ 也合成为一合主动力 $\boldsymbol{F}_Q$，设 $\boldsymbol{F}_Q$ 与接触面法线间的夹角为 α，于是物块在合主动力 $\boldsymbol{F}_Q$ 和全约束力 $\boldsymbol{F}_R$ 这两个力的作用下处于平衡状态，由二力平衡公理可知 $\alpha = \varphi$。

因为静摩擦力 $0 \leqslant F_f \leqslant F_{fmax}$，所以 $0 \leqslant \varphi \leqslant \varphi_m$。$\varphi_m$ 为物块处于临界平衡状态时，全约束力与接触面法线间的最大夹角，称为**摩擦角**，由图可得

$$\tan\varphi_m = \frac{F_{fmax}}{F_N} = \frac{f_s F_N}{F_N} = f_s \tag{4-3}$$

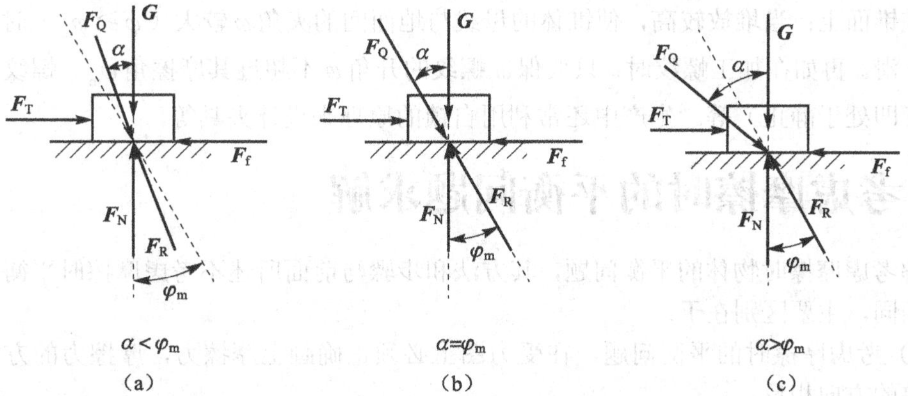

图 4-2

式（4-3）表明：摩擦角的正切值等于静摩擦因数。可见摩擦角与静摩擦因数一样，也是表示摩擦性质的物理量。摩擦角的大小表示全约束力 $\boldsymbol{F}_R$ 能够偏离接触面法线的范围。假设物体与接触面间的摩擦因数在各个方向上都一致，则全约束力 $\boldsymbol{F}_R$ 偏离接触面法线的范围在空间就构成了一个锥体，称其为**摩擦锥**，如图 4-3 所示。

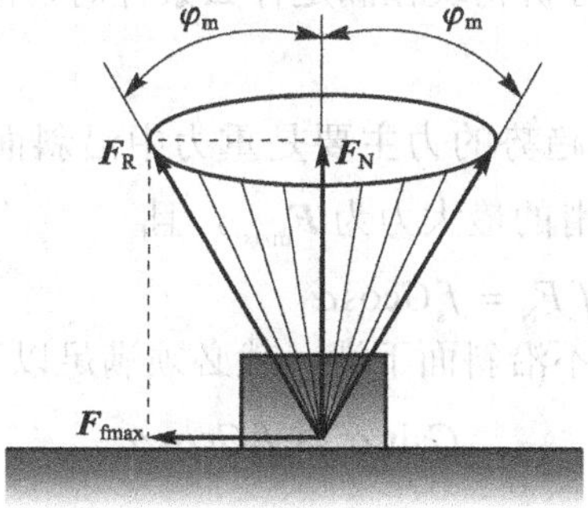

图 4-3

4.2.2　自锁

当物块平衡时，因 $0 \leqslant F_f \leqslant F_{fmax}$，则 $0 \leqslant \varphi \leqslant \varphi_m$，即全约束力与接触面法线间的夹角 φ 在零与摩擦角 φ_m 之间变化。由于静摩擦力不可能超过最大值 F_{fmax}，因此，全约束力的作用线也不能超出摩擦角 φ_m 以外，即全约束力必在摩擦角之内。

在图 4-2b 中，因主动力的合力 $\boldsymbol{F}_Q$ 与全约束力 $\boldsymbol{F}_R$ 等值、反向、共线，故 $\alpha=\varphi$，所以 $0 \leqslant \alpha \leqslant \varphi_m$。这就表明，作用于物体上的全部主动力的合力 $\boldsymbol{F}_Q$，不论其大小如何，只要其作用线与接触面法线间的夹角 α 小于或等于摩擦角 φ_m（即 $\boldsymbol{F}_Q$ 作用线在摩擦角之内），物体必保持静止，这种现象称为**自锁**。故物体自锁的条件为 $0 \leqslant \alpha \leqslant \varphi_m$。

自锁原理在生产和生活中的应用十分广泛，如沙子、麦子等散物体堆放在水平地面上，使其形成一个锥体。当锥体的母线与地面间的夹角 φ 较小（$\varphi \leqslant \varphi_m$）时，沙子等松散物体能够静止在锥面上；当堆放较高，使锥体的母线与地面间的夹角φ较大（$\varphi \geqslant \varphi_m$）时，它们将沿锥面下滑。再如在加工螺纹时，只要保证螺纹的升角φ不超过其摩擦角φ_m，螺纹连接就不会松动（即处于静止）等。生产中还常利用自锁的原理来设计夹具等。

4.3 考虑摩擦时的平衡问题求解

求解考虑摩擦时物体的平衡问题，其方法和步骤与前面所述不考虑摩擦时平衡问题的求解基本相同，主要区别在于：

（1）考虑摩擦时的平衡问题，在受力图上必须正确画上摩擦力，摩擦力的方向与相对滑动趋势的方向相反。

（2）摩擦力是一个未知量。在解题时，除列出平衡方程外，还需要列出补充方程$F_f \leqslant f_s F_N$，补充方程的数目与摩擦力的数目相同。不过，由于F_f是一个范围值，故问题的解答也是一个范围值，称为平衡范围。在临界状态时，补充方程取等号，即$F_{fmax} = f_s F_N$，所得之解也一定是平衡范围的一个临界值。

例 4-1 一物块放在倾角为α的斜面上，如图 4-4 所示。物块与斜面间的静摩擦因数为f_s，试分析物块在满足什么条件时，在重力$\boldsymbol{G}$作用下不沿斜面下滑。

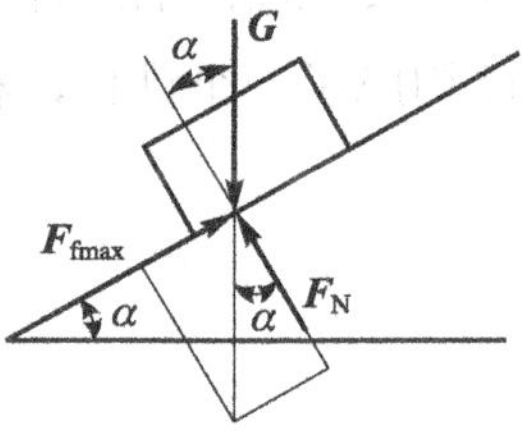

图 4-4

解 使物块下滑或有下滑趋势的力主要是重力中沿斜面向下的分力$\boldsymbol{G}\sin\alpha$，而能够阻止其下滑的最大力为$\boldsymbol{F}_{fmax}$，且

$$F_{fmax} = f_s F_N = f_s G\cos\alpha$$

要使物块在重力$\boldsymbol{G}$作用下不沿斜面下滑，就必须满足以下条件

$$G\sin\alpha \leqslant f_s G\cos\alpha$$

亦即

$$\tan\alpha \leqslant f_s$$

因为$\tan\varphi_m = f_s$，所以物块在重力$\boldsymbol{G}$作用下不沿斜面下滑的条件是$\alpha \leqslant \varphi_m$。

例 4-2 如图 4-5a 所示的摩擦制动器。已知制动轮的半径为R，摩擦块与制动轮之间的摩擦因数为f_s，摩擦块的厚度为e，作用于轮上的转动力矩为M。若在制动杆AB上作用一力$\boldsymbol{F}$，求制动轮所需力$\boldsymbol{F}$的最小值。

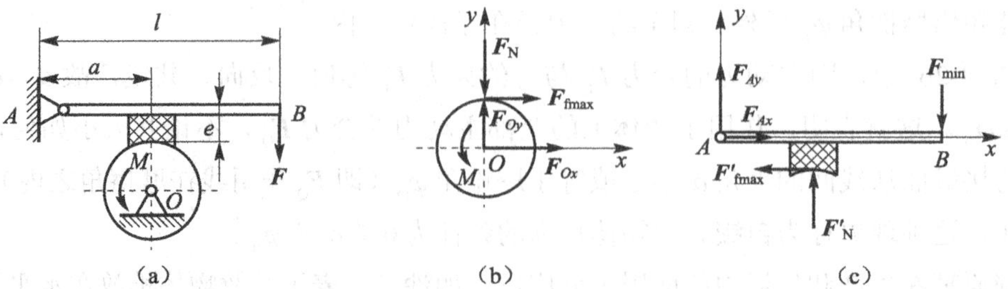

图 4-5

解 （1）先取制动轮为研究对象。当轮子刚能停止转动时，力 $\boldsymbol{F}$ 达到最小值。此时，轮子处于临界平衡状态，摩擦力达到最大静摩擦力 $\boldsymbol{F}_{\text{fmax}}$，方向向右。画出轮子的受力图，如图 4-5b 所示。

列出平衡方程

$$\sum M_O = 0，\quad M - F_{\text{fmax}} R = 0$$

补充方程

$$F_{\text{fmax}} = f_{\text{s}} F_{\text{N}}$$

解得

$$F_{\text{N}} = \frac{M}{f_{\text{s}} R}，\quad F_{\text{fmax}} = \frac{M}{R}$$

（2）取制动杆 AB 为研究对象，画出其受力图，如图 4-5c 所示，列出平衡方程

$$\sum M_A = 0，\quad F'_{\text{N}} a - F'_{\text{fmax}} e - F_{\min} l = 0$$

解得制动轮所需力 $\boldsymbol{F}$ 的最小值为

$$F_{\min} = \frac{M(a - f_{\text{s}} e)}{f_{\text{s}} R l}$$

例 4-3 如图 4-6a 所示，将一重为 $\boldsymbol{G}$ 的物块放在与水平面间倾角为 θ 的斜面上，并用水平推力 $\boldsymbol{F}$ 使物块与斜面压紧。已知物块与斜面间的摩擦因数为 f_{s}，试求水平推力 $\boldsymbol{F}$ 为多大时，物块能处于平衡状态。

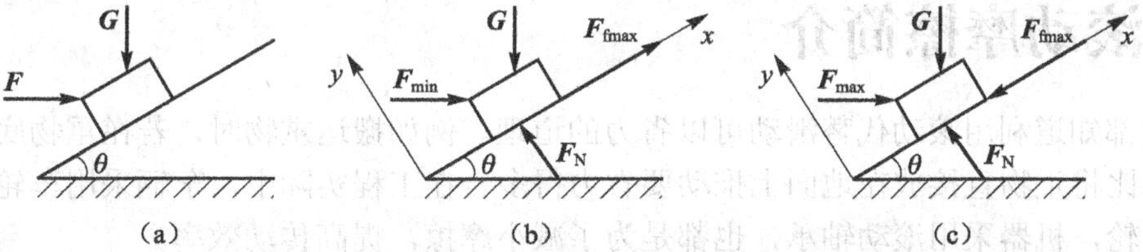

图 4-6

解 分析：如果水平推力 $\boldsymbol{F}$ 过大，物体将会沿斜面上滑；如果水平推力 $\boldsymbol{F}$ 过小，物体将沿斜面下滑。因此，力 $\boldsymbol{F}$ 必须是处在某一范围内的数值。

（1）求使物体不致下滑所需推力的最小值 $\boldsymbol{F}_{\min}$。

取物体所处的临界平衡状态进行研究，画出物体受力图，如图 4-6b 所示。由于物体有向下滑动的趋势，所以静摩擦力 $\boldsymbol{F}_{\text{fmax}}$ 应沿斜面向上。

建立图 4-6b 所示坐标系，列出平衡方程

$$\sum F_x = 0，\quad F_{\min}\cos\theta + F_{\text{fmax}} - G\sin\theta = 0$$

$$\sum F_y = 0，\quad -F_{\min}\sin\theta + F_{\text{N}} - G\cos\theta = 0$$

补充方程

$$F_{\text{fmax}} = f_{\text{s}} F_{\text{N}}$$

解上述方程得

$$F_{\min}=\frac{\sin\theta-f_s\cos\theta}{\cos\theta+f_s\sin\theta}G$$

（2）求使物体不致上滑所需推力的最大值 $\boldsymbol{F}_{\max}$

此时，物体虽不致上滑，但有向上滑动的趋势，所以摩擦力 $\boldsymbol{F}_{\text{fmax}}$ 的方向应沿斜面向下。画出物体受力图，如图 4-6c 所示，列平衡方程

$$\sum F_x=0,\quad F_{\max}\cos\theta-F_{\text{fmax}}-G\sin\theta=0$$

$$\sum F_y=0,\quad -F_{\max}\sin\theta+F_{\text{N}}-G\cos\theta=0$$

补充方程

$$F_{\text{fmax}}=f_sF_{\text{N}}$$

解上述方程得

$$F_{\max}=\frac{\sin\theta+f_s\cos\theta}{\cos\theta-f_s\sin\theta}G$$

可见，欲使物体在斜面上保持静止，力 $\boldsymbol{F}$ 应满足如下条件

$$\frac{\sin\theta-f_s\cos\theta}{\cos\theta+f_s\sin\theta}G\leqslant F\leqslant\frac{\sin\theta+f_s\cos\theta}{\cos\theta-f_s\sin\theta}G$$

4.4 滚动摩擦简介

我们都知道利用滚动代替滑动可以省力的道理。例如搬运重物时，若在重物底下垫上滚轴，则要比将重物直接放在地面上推动要省力得多。在工程实际中，车辆采用车轮，机车采用滚动凸轮，机器采用滚动轴承，也都是为了减小摩擦，提高传动效率。

如图 4-7a 所示，水平地面上有一重为 $\boldsymbol{G}$，半径为 r 的轮子。当轮子中心 O 受一水平推力 $\boldsymbol{F}$ 作用，若推力 $\boldsymbol{F}$ 较小时，轮子仍保持静止。此时轮子与地面接触处都发生了变形，轮子与地面接触处受分布力的作用，如图 4-7b 所示。将这些力向轮子的最低点 A 简化，得到一个力 $\boldsymbol{F}_{\text{R}}$ 和一个力偶 M_{f}，将力 $\boldsymbol{F}_{\text{R}}$ 分解为接触面的切向分力 $\boldsymbol{F}_{\text{f}}$ 和法向分力 $\boldsymbol{F}_{\text{N}}$。力偶 M_{f} 的转向与轮子的转向相反，故对轮子起阻碍作用。这一阻碍轮子滚动的约束力偶称为**滚动摩擦力偶**。

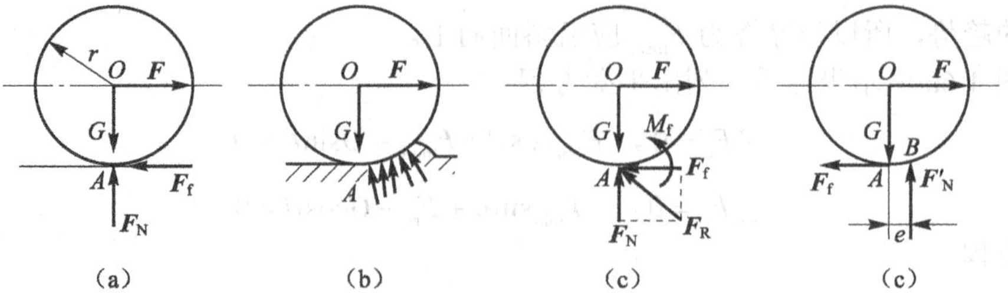

图 4-7

与静滑动摩擦力的性质相似，滚动摩擦力偶矩 M_f 随主动力的变化而变化，当主动力偶 $(\boldsymbol{F},\boldsymbol{F}_f)$ 的力偶矩增大到一定值时，轮子处于将要滚动而未滚动的临界平衡状态，滚动摩擦力偶矩 M_f 达到最大值 M_{fmax}。可见，滚动摩擦力偶矩的大小也在零到最大值之间变化，即

$$0 \leqslant M_f \leqslant M_{fmax}$$

实验证明，最大滚动摩擦力偶矩 M_{fmax} 与接触面的正压力（法向约束力）$\boldsymbol{F}_N$ 成正比，即

$$M_{fmax} = \delta F_N \tag{4-4}$$

这就是**滚动摩擦定律**。式中，δ 是一个具有长度单位的系数，称为**滚动摩擦因数**，单位一般用 mm。滚动摩擦因数由实验测定，它与滚子和接触面的材料硬度、湿度等因素有关。

本章小结

（1）静摩擦力的方向与相对滑动趋势的方向相反，大小随主动力的变化而变化，变化范围在零与最大值之间，即

$$0 \leqslant F_f \leqslant F_{fmax}$$

（2）静摩擦定律：最大静摩擦力的大小与接触面间的正压力（法向约束力）$\boldsymbol{F}_N$ 成正比，即

$$F_{fmax} = f_s F_N$$

（3）动摩擦定律：动摩擦力 $\boldsymbol{F}_f'$ 的方向与两物体间相对滑动速度的方向相反，其大小与两物体间的正压力（法向约束力）$\boldsymbol{F}_N$ 成正比，即

$$F_f' = f F_N$$

（4）物块处于临界平衡状态时，全约束力与接触面法线间的最大夹角称为摩擦角，用 φ_m 表示。摩擦角的正切值等于静摩擦因数，即

$$\tan\varphi_m = \frac{F_{fmax}}{F_N} = \frac{f_s F_N}{F_N} = f_s$$

（5）物体自锁的条件为 $0 \leqslant \alpha \leqslant \varphi_m$。

（6）求解考虑摩擦时物体的平衡问题的注意事项：

① 考虑摩擦时的平衡问题，在受力图上必须正确画上摩擦力，摩擦力的方向与相对滑动趋势的方向相反。

② 摩擦力是一个未知量。在解题时，除列出平衡方程外，还需要列出补充方程 $F_f \leqslant f_s F_N$，补充方程的数目与摩擦力的数目相同。不过，由于 F_f 是一个范围值，故问题的解答也是一个范围值，称为平衡范围。在临界状态时，补充方程取等号，即 $F_{fmax} = f_s F_N$。

（7）滚动摩擦定律：最大滚动摩擦力偶矩 M_{fmax} 与接触面的正压力（法向约束力）$\boldsymbol{F}_N$ 成正比，即

$$M_{fmax} = \delta F_N$$

思考题

4-1 摩擦力一定是阻力吗？

4-2 要改变一个机构的自锁条件，应从哪几个方面去考虑？

4-3 自重为 G 的物块置于水平地面上，受力如图 4-8 所示，请问是拉省力还是推省力？若 $\alpha=30°$，摩擦因数为 0.25，试求在物体将要滑动的临界状态下，F_1 与 F_2 的大小相差多少？

4-4 为什么在拉车时，路面越硬、轮胎的气越足就越省力？

4-5 如图 4-9 所示，一重为 $G=100$ N 的物块，在力 $F=400$ N 作用下处于平衡状态，已知物块与墙壁间的静摩擦因数 $f_s=0.3$，求它与墙壁间的摩擦力 F_f。若物块与墙壁间的静摩擦因数 $f_s=0.2$，则它与墙壁间的摩擦力有多大？

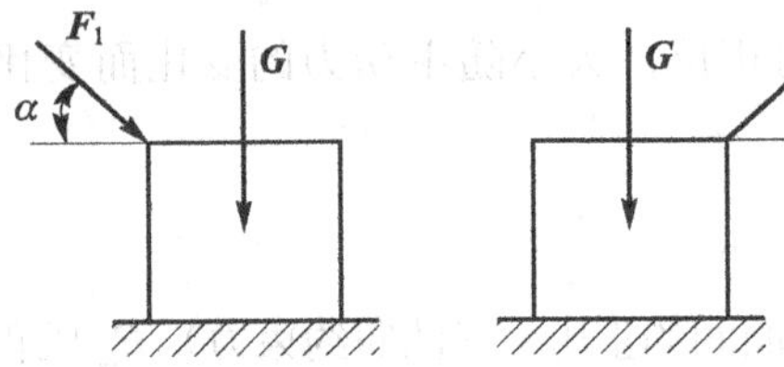

图 4-8

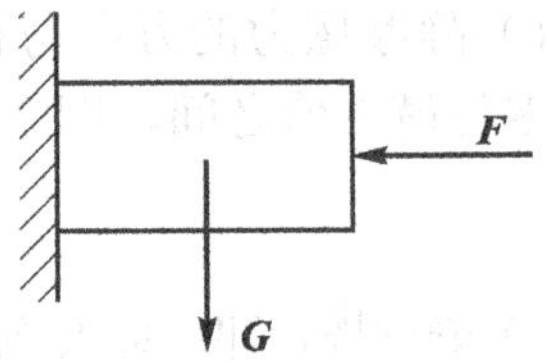

图 4-9

习　题

4-1 已知物体重 $G=100$ N，斜面倾角为 $\alpha=30°$（$\tan30°=0.577$），如图 4-10a 所示，物块与斜面间的摩擦因数为 $f_s=0.38$，$f=0.37$，求物块与斜面间的摩擦力？并问物体在斜面上是静止、下滑还是上滑？如果使物块沿斜面向上运动，求施加于物块并与斜面平行的力 F 至少应为多大（图 4-10b）？

4-2 重 500 N 的物体 A 置于重 400 N 的物体 B 上，B 又置于水平面 C 上，如图 4-11 所示。已知 $f_{sAB}=0.3$，$f_{sBC}=0.2$，今在 A 上作用一与水平面成 30°角的力 F。问当力 F 逐渐加大时，是 A 先滑动呢？还是 A、B 一起滑动？如果物体 B 重为 200 N，情况又如何？

4-3 砖夹的宽度为 25 cm，曲杆 AHB 与 $HCED$ 在 H 点铰接。砖的重量为 G，提砖的合力 F 作用在砖夹的对称中心线上，尺寸如图 4-12 所示。如砖夹与砖之间的摩擦因数 $f_s=0.5$，试问 b 应为多大才能把砖夹起？（b 是 H 点到砖块上所受正压力作用线的垂直距离）

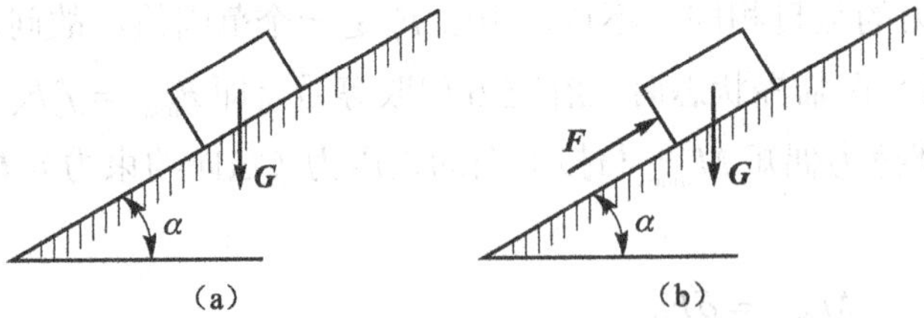

图 4-10

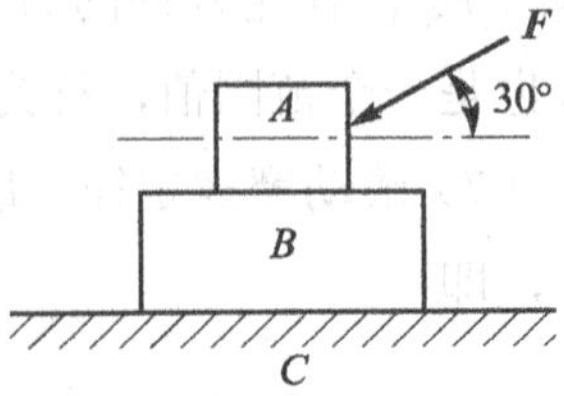

图 4-11

4-4　均质梯长为 l，重为 G，B 端靠在光滑铅直墙上，如图 4-13 所示，已知梯与地面的静摩擦因数 f_s，求平衡时 θ 为多大？

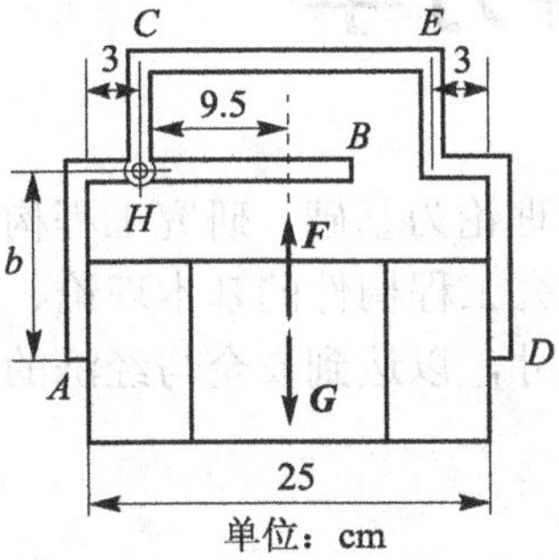

图 4-12

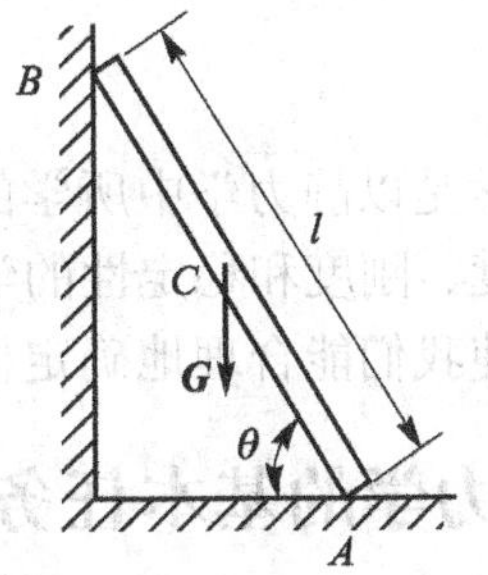

图 4-13

4-5　如图 4-14 所示，欲转动一置于 V 形槽中的棒料，需作用一力偶，力偶矩 $M=1500$ N·cm，已知棒料重 G=400 N，直径 D=25 cm，试求棒料与 V 形槽之间的摩擦因数 f_s。

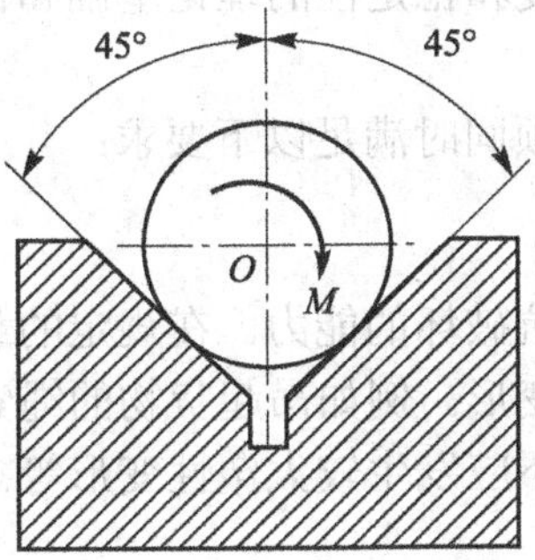

图 4-14

第二篇　材料力学

材料力学是以静力学中所学的一些基本知识和基本理论为基础，研究工程构件（主要是杆件）的强度、刚度和稳定性的学科，它提供了有关研究工程构件的基本理论、计算方法和实验技术，使我们能合理地确定构件的材料、形状、尺寸，以达到安全与经济的设计要求。

一、材料力学的基本任务

在实际中，各种机器设备和建筑物都是由许多构件组成。构件是组成物体的最小单元。在外力作用下，构件不能发生破坏，也不能产生过大的变形，否则将影响正常的工作性能，降低机械传动的精度等。

材料力学的基本任务就是：通过研究，确保构件在工作时，既能保证安全性又能满足经济性。为此要建立构件强度、刚度和稳定性的理论基础和计算方法，为构件的选材及设计合理的截面形状和尺寸提供依据。

要保证工作安全性，构件必须同时满足以下要求：

（一）强度要求

强度是构件在外力作用下抵抗破坏的能力。在规定的载荷作用下，构件当然不应发生破坏，包括断裂和发生较大的塑性变形。例如吊起货物的绳索不能过细，否则就会断裂；冲床曲轴不可折断；建筑物的梁和板不应发生较大塑性变形等。

（二）刚度要求

刚度是构件在外力作用下抵抗变形的能力。在载荷作用下，构件即使有足够的强度，但若变形过大，仍不能正常工作。例如，机床主轴的变形过大将影响加工精度；齿轮轴变形过大将造成齿轮和轴承的不均匀磨损，引起噪音。刚度要求就是指构件在规定的工作条件下不发生较大的变形。

（三）稳定性要求

稳定性是构件在外力作用下能保持原有直线平衡状态的能力。承受压力作用的细长杆，如千斤顶的螺杆、内燃机的挺杆等应始终维持原有的直线平衡状态，保证不被压弯。稳定性要求就是指构件在规定的使用条件下不产生丧失稳定性破坏。

要满足上述安全性要求，就要适当加大构件的横截面尺寸，选用较好的材料。但这虽满足了安全性要求，却使用了更多或更好的材料，增加了成本，造成了浪费，不经济。可见，构件的工作安全性和经济性是一对不可调和的矛盾，要达到既安全又经济，就必须通过科学的研究、计算，确定最合理的截面形状和尺寸，并根据其工作环境选择最适合的材料，找到安全性和经济性的最佳切合点。

二、材料力学的研究对象

材料力学所研究的构件都是固体。任何固体在外力作用下都会发生形状和尺寸的改变，即变形。当变形较大时，将直接影响构件的正常工作，这时的变形就不能简单地忽略不计。因此认为，材料力学的研究对象是变形固体。

在工程结构中，固体构件的形状是多种多样的，大致可简化为杆、板、壳、块四类。如果构件的纵向（长度方向）尺寸较横向（垂直于长度方向）尺寸大得多，这样的构件称为**杆件**。垂直于杆长的截面称为**横截面**。各横截面形心的连线称为**轴线**。轴线是直线的杆称为**直杆**；轴线是曲线的杆称为**曲杆**。如机器中的传动轴、螺杆，房屋中的梁、柱等均属于杆件。有些构件，如齿轮的轮齿、曲轴的轴颈等，并不是典型的杆件，但在近似计算和定性分析中也可简化为杆。各横截面都相等的直杆称为**等直杆**，等直杆是材料力学研究的主要对象。

变形固体的性质是很复杂的。在对用变形固体做成的构件进行强度、刚度和稳定性计算时，为了使计算简化，经常略去材料的次要性质，并根据其主要性质做出假设，从而将它们抽象为一种理想模型，作为材料力学理论分析的基础。为此对变形固体常采用以下基本假设：

（一）均匀性假设

材料在外力作用下，在强度和刚度方面所表现出的性能称为**材料的力学性能**。所谓的均匀性假设，是假设材料内部均匀地充满了物质，材料的力学性能在各处都是相同的。即从固体内任意取出一部分，无论从何处取，也无论取多少，其性能总是一样的。由此假设可以认为，变形固体均由同一均质材料组成，因而物体内各处的力学性质都是相同的。

（二）连续性假设

假设在变形固体所占有的空间内连续不断地充满了物质，物质之间毫无空隙。事实上，从固体的微观结构看，各种材料都是由无数颗粒（如金属中的晶粒）组成的，颗粒之间是有一定空隙的，而且各颗粒的性质也不完全一致。但由于材料力学是从宏观的角度去研究构件的强度、刚度和稳定性问题，这些空隙远远小于构件的尺寸，而且各颗粒是错综复杂地排列于整个体积内，因此各颗粒性质的差异和空隙均可忽略不计，而认为变形固体是均匀连续的。

（三）各向同性假设

认为材料沿各个方向的力学性质是相同的。具有这种属性的材料称为各向同性材料。例如玻璃、铜、钢、铸铁等，而木材、竹子和轧制过的钢材等，则为各向异性材料。但是，有些各向异性材料也可近似地看作是各向同性的。

（四）小变形假设

构件在外力作用下将发生变形，当外力不超过一定限度时，绝大多数构件在外力撤消后均能恢复原状。这种当外力撤消后能自动恢复的变形称为**弹性变形**。当外力超过某一限度时，即使撤消外力，也只能有一部分变形可以恢复，还有一部分变形则残留了下来。这种外力撤消后不能消失而残留下来的变形称为**塑性变形**。

所谓小变形假设，是指构件在外力作用下发生的变形要远远小于构件的原始尺寸，在对构件进行平衡计算与运动分析时，可忽略不计，而仍然按构件的原始尺寸进行分析计算。

综上所述，材料力学是将物体看作均匀、连续、各向同性的小变形固体，并且只限于研究微小的弹性变形的情况。

三、杆件的四种基本变形

由于外力在杆件上的作用方式不同，所以杆件产生的变形形式也不相同。归纳起来，杆件变形的基本形式有如下四种：

（一）杆件的轴向拉伸或压缩变形

当杆件受到一对大小相等、方向相反、作用线与杆件轴线相重合的外力作用时，杆件的长度将沿轴线方向发生伸长或缩短，如图Ⅱ-1所示。例如，汽车的连杆、起吊重物的钢索、液压油缸的活塞杆等的变形，都属于轴向拉伸或压缩变形。

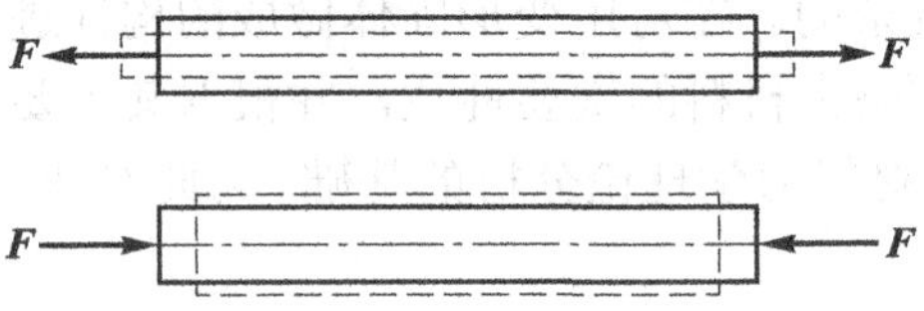

图Ⅱ-1

（二）剪切与挤压变形

如图Ⅱ-2a 所示的铆钉连接，当在两个被连接的构件上作用两个大小相等、方向相反、相互平行的外力 $\boldsymbol{F}$ 时，铆钉将受到剪切，如图Ⅱ-2b 所示。这类变形表现为受剪杆件的两部分沿外力作用方向发生相对错动。机械中常用的连接件，如键、铆钉、销钉、螺栓等在工作中都会产生剪切变形。连接件在发生剪切变形的同时，在传递力的接触面上也受到较大的压力作用，从而出现局部压缩变形，这种现象称为挤压变形。例如，铆钉孔被挤压成长圆孔等。

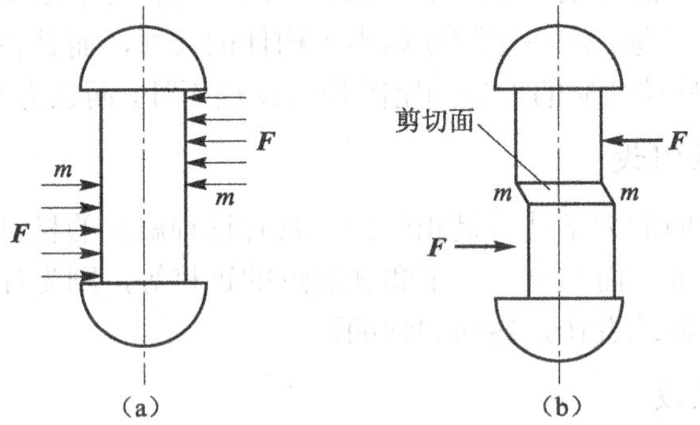

图Ⅱ-2

（三）扭转变形

当杆件在垂直于其轴线的作用面内受到两个力偶矩大小相等、转向相反的力偶作用时，杆件在介于这两个力偶作用面之间的各横截面上将绕其轴线产生相对转动。如图Ⅱ-3所示的转轴 AB，在工作时就会发生扭转变形。这种变形比较常见，如汽车的传动轴、变速箱内的各轴、电机的主轴等都是受扭杆件。

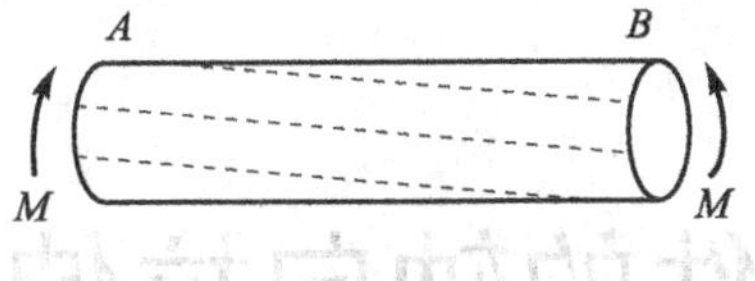

图Ⅱ-3

（四）弯曲变形

当杆件受到垂直于其轴线的横向力，或在包含杆轴的纵向平面内受到一对大小相等、转向相反的力偶作用时，杆件的轴线将由直线变为曲线，如图Ⅱ-4所示的梁，这种变形即为弯曲变形。火车的轨道、桥式起重机的大梁、各种心轴等的变形都属于弯曲变形。

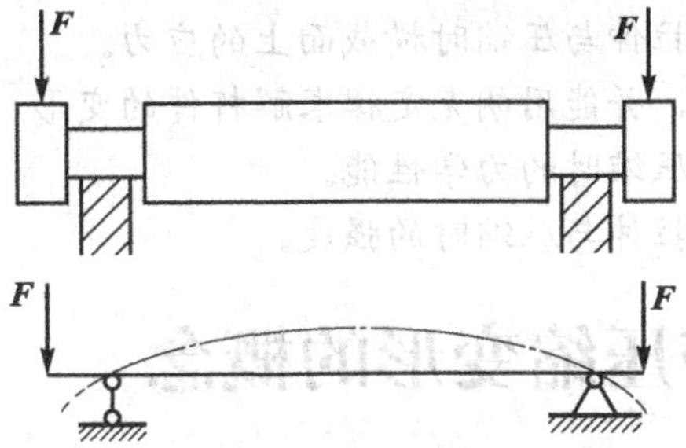

图Ⅱ-4

有些杆件的变形是相当复杂的，这种复杂的变形往往是由于同时发生了几种基本变形所致。例如，机车的连杆常会同时产生弯曲、扭转、双重弯曲等变形；钻床的立柱在工作时会同时发生轴向拉伸和弯曲两种基本变形；车床的主轴工作时会发生弯曲、扭转和压缩三种基本变形等。同一构件同时产生两种或两种以上的基本变形称为组合变形。我们将依次讨论四种基本变形的强度及刚度计算，然后再讨论组合变形的强度问题。

第 5 章　杆件的轴向拉伸与压缩变形

【学习目标与要求】

◈ 了解轴向拉伸与压缩变形的概念。
◈ 能够用截面法计算杆件轴向拉伸与压缩时的内力（轴力）及绘制轴力图。
◈ 能够计算杆件轴向拉伸与压缩时横截面上的应力。
◈ 掌握拉压杆的变形，并能用胡克定律求解杆件的变形。
◈ 熟悉材料在拉伸与压缩时的力学性能。
◈ 能够计算杆件轴向拉伸与压缩时的强度。

5.1　轴向拉伸与压缩变形的概念

产生轴向拉伸或轴向压缩变形的构件统称为**杆件**。分析杆件在轴向拉压载荷作用下的内力、应力和变形以及杆的强度问题，具有典型性和普遍意义。

在工程结构和机械装置中，经常会遇到承受拉伸或压缩的构件。例如悬臂吊车的斜拉杆 *BC* 和横梁 *AB*，在重力的作用下，杆 *BC* 受到沿轴线方向拉力的作用，故将沿轴线产生伸长变形，如图 5-1a 所示。而杆 *AB* 则受到沿轴线的压力作用，沿轴线产生缩短变形，如图 5-1b 所示。在分析计算时，常将它们简化为图 5-1c 所示的计算简图。此外，内燃机中的连杆、建筑物桁架中的各杆件也均为受拉或受压杆件。

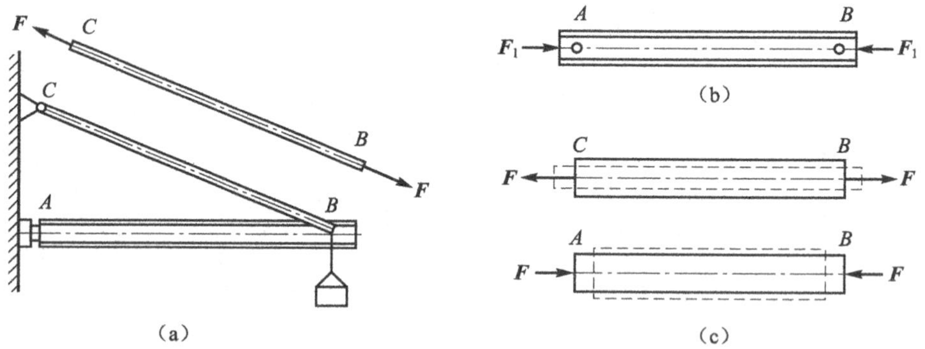

图 5-1

分析上述受拉或受压杆件不难发现，它们共同的受力特点为：作用在杆件两端的两个外力大小相等，方向相反，且作用在杆件的轴线上。在这种外力的作用下，杆件的变形特点为：沿轴线方向伸长或缩短。这种变形形式称为**轴向拉伸**或**轴向压缩**变形，这类杆件称为**拉杆**或**压杆**。

5.2　内力与截面法

5.2.1　内力的概念

即使不受任何外力的作用，构件的各质点之间也必定存在相互作用的吸引与排斥的内力，以使其保持一定的形状。材料力学所讨论的**内力**，是指因外力作用而引起的吸引力或排斥力的变化量，即是构件发生变形时，构件内各质点间的相对位置改变而引起的“**附加内力**”，即分子结合力的改变量。这种内力随外力的改变而改变。但是，它的变化是有一定限度的，不能随外力的增加而无限地增加。当内力加大到一定限度时，构件就会破坏，因而内力与构件的强度、刚度是密切相关的。由此可知，内力是材料力学研究的重要内容。

5.2.2　截面法

截面法是材料力学中求解内力的基本方法，是已知构件外力确定内力的普遍方法。

如图 5-2a 所示，杆件在外力作用下处于平衡状态，若求截面 m–m 上的内力。由于内力作用在杆件的内部，要想求解它，我们必须想办法使它们裸露出来，从而将它们画在受力图上，再利用平衡方程进行求解。根据这个思路，我们就用一假想的截面 m–m，将杆件从求内力的位置截成两部分，然后取任一部分为研究对象，另一部分对它的作用力即为截面 m–m 上的内力。因为整个杆件是平衡的，所以截开后的每一部分也都应该平衡，那么，截面 m–m 上的内力必和相应部分上的外力平衡。由平衡条件写出平衡方程，就可以确定出内力的大小和方向。

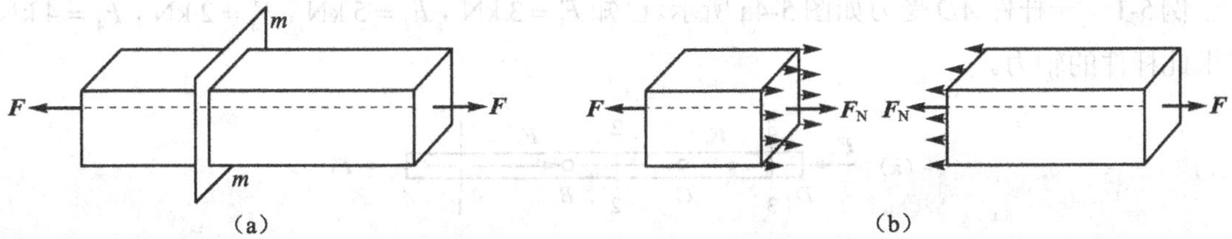

图 5-2

例如，在图 5-2b 中取左段杆为研究对象，列平衡方程有

$$\sum F_x = 0,\quad F_N - F = 0$$

可得

$$F_N = F$$

上述这种将杆件用假想的截面切开以显示内力，并由平衡条件建立内力和外力的关系来确定内力的方法称为**截面法**。综上所述，用截面法求解内力可归纳为以下三个步骤：

（1）截开：在需求内力处，用一截面假想地将物体分为两部分，任取一部分为研究对象。

（2）代替：对所取部分画受力图，并用作用于该截面上的内力代替另一部分对被取部分的作用力。

（3）平衡：对所取研究部分建立平衡方程，并求解内力的大小和方向。

5.3 轴力与轴力图

5.3.1 轴力

如图 5-3a 所示，受轴向拉伸（或压缩）的杆件，其外力的作用线与其轴线重合。当用截面 $m-m$ 将其截开来求解内力时，由于内力要与外力相平衡，所以内力 F_N 必与外力 F 共线，即内力 F_N 也作用于杆件的轴线上，如图 5-3b 所示。因此，把轴向拉伸或轴向压缩的杆件的内力 F_N 称为**轴力**。由于在截开截面处，左右两侧截面上的内力互为作用力和反作用力的关系，所以它们大小相等，方向相反，如图 5-3c 所示。

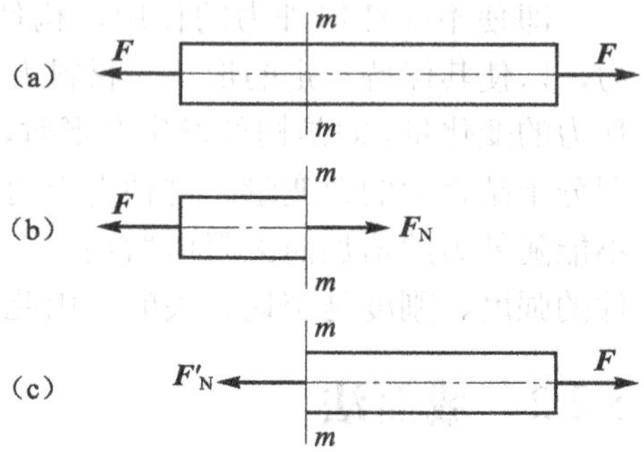

图 5-3

为了使左右两侧截面上的内力在取截面左侧或取截面右侧为研究对象时都具有相同的正负号，必须对轴力的正负号进行规定。轴力的正负由杆件的变形确定。一般规定：当轴力的方向背离所求截面时，使杆件受拉伸长，其轴力取正；反之，当轴力的方向指向所求截面时，杆件受压缩短，其轴力取负。

轴力的正负规定可简记为“背离所求截面取正；指向所求截面取负”或“使杆件受拉取正；使杆件受压取负”。对于方向未知的轴力，通常按正向假设，若计算结果为正，则实际方向与假设方向相同；若计算结果为负，则实际方向与假设方向相反。

例 5-1 一杆件 AD 受力如图 5-4a 所示。已知 $F_1=3\text{ kN}$，$F_2=5\text{ kN}$，$F_3=2\text{ kN}$，$F_4=4\text{ kN}$，试求此杆件的轴力。

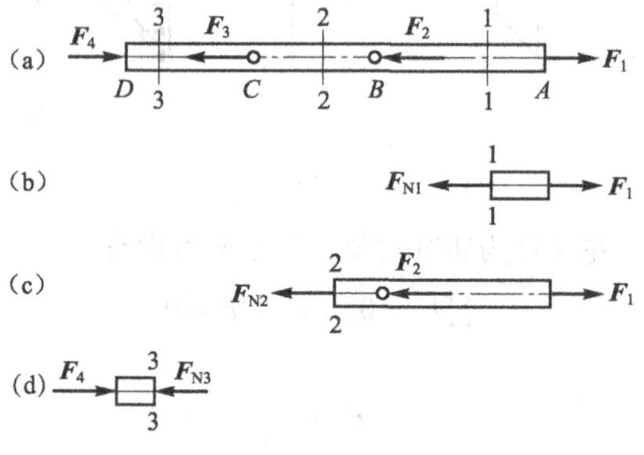

图 5-4

解 由于杆件在 A、B、C、D 四处作用有外力，从每两个外力作用点之间截取一个截面，故将杆件截分为三个截面，分别用1–1、2–2、3–3来表示。

（1）取截面1–1右侧的杆件为研究对象，其受力如图 5-4b 所示。由平衡条件得

$$\sum F_x=0\,,\quad F_1-F_{N1}=0\,,\quad F_{N1}=F_1=3\text{ kN}$$

（2）取截面2–2右侧的杆件为研究对象，其受力如图5-4c所示。由平衡条件得

$$\sum F_x = 0, \quad F_1 - F_2 - F_{N2} = 0, \quad F_{N2} = F_1 - F_2 = 3 - 5 = -2\ \text{kN}$$

（3）取截面3–3左侧的杆件为研究对象，其受力如图5-4d所示。由平衡条件得

$$\sum F_x = 0, \quad F_4 - F_{N3} = 0, \quad F_{N3} = F_4 = 4\ \text{kN}$$

通过上例可知，当杆件的轴线上作用有多个外力时，杆件某一横截面上的轴力 $\boldsymbol{F}_{\mathrm{N}}$ 等于该截面任一侧（左侧或右侧）所有外力的代数和。求代数和时，正负号选取也是根据“背离所求截面的外力取正号；指向所求截面的外力取负号”。

由此可知，杆件轴力的计算方法与静力分析的方法完全相同，而且在建立平衡方程时无需考虑杆件的变形。

5.3.2 轴力图

工程构件所受外力通常比较复杂，各段的内力也可能各不相同，这时需分段用截面法计算内力。为了直观地表达内力随横截面位置的变化情况，用平行于构件轴线的坐标表示各横截面的位置，用垂直于构件轴线的坐标表示内力的数值，将构件各段所受内力按比例绘制到此坐标系上所形成的图形称为**内力图**。借助内力图可直观地确定出构件上各段的内力情况，并可以很容易地确定出最大内力的大小、方向及其作用截面的位置。

对于轴向拉压的杆件，其内力图称为**轴力图**。绘制轴力图的具体方法为：建立 $F_{\mathrm{N}}-x$ 坐标系，x 轴平行于杆件轴线，表示截面的位置；F_{N} 轴垂直于杆件轴线，表示轴力的大小。正确绘制轴力图，应注意以下三点：

（1）轴力的大小：要按比例绘制，并在图线外标上具体的数值和单位。由于轴力 F_{N} 恒为常量，所以轴力图为恒平行于 x 轴的水平直线与 x 轴所围成的区域。

（2）轴力的方向：F_{N} 正值画在 x 轴的上方，负值画在 x 轴的下方，图形区域内部用垂直于 x 轴的均匀的竖线布满，并在图线区域内标上⊕（表示正）或⊖（表示负）符号。

（3）图线要对齐：轴力图一定要画在受力图的正下方，并且轴力图线的突变位置要和外力作用点的位置对齐。分段时以相邻两个外力的作用点分段。

例5-2 绘制如图5-5a所示的直杆的轴力图。已知 $F_1 = 12\ \text{kN}$，$F_2 = 10\ \text{kN}$，$F_3 = 20\ \text{kN}$。

解 （1）外力分析：先解除杆端约束，画出直杆的受力图（图5-5b），则由 $\sum F_x = 0$ 得

$$-F_1 + F_2 - F_3 + F_{\mathrm{R}} = 0$$

$$F_{\mathrm{R}} = F_1 - F_2 + F_3 = 12 - 10 + 20 = 22\ \text{kN}$$

（2）内力分析：在每两个外力的作用点之间用一个截面将杆件截开，即用截面1–1、2–2、3–3将杆分为三段，三个截面上的轴力分别为 $\boldsymbol{F}_{\mathrm{N1}}$、$\boldsymbol{F}_{\mathrm{N2}}$、$\boldsymbol{F}_{\mathrm{N3}}$。

$$F_{\mathrm{N1}} = F_1 = 12\ \text{kN}$$

$$F_{\mathrm{N2}} = F_1 - F_2 = 12 - 10 = 2\ \text{kN}$$

$$F_{\mathrm{N3}} = F_{\mathrm{R}} = 22\ \text{kN}$$

（3）画轴力图：建立 $F_N - x$ 坐标系，对应画出各段的轴力图，如图 5-5c 所示。

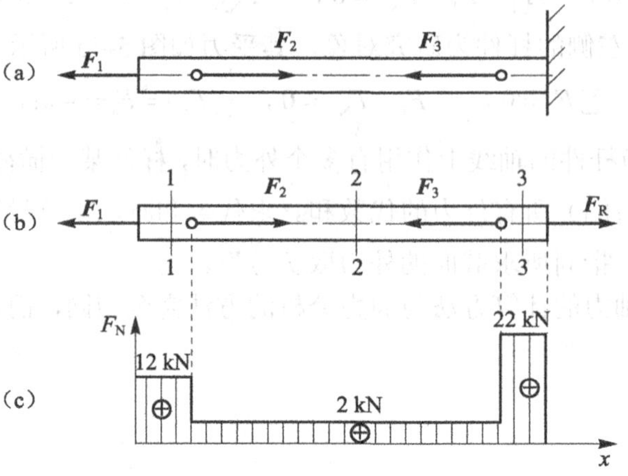

图 5-5

5.4　轴向拉伸与压缩时的应力

5.4.1　应力的概念

用截面法确定的内力是截面上分布内力系的合成结果，它没有表明该分布力系的分布规律，也不足以说明它对构件产生的破坏情况。例如，有同样材料而截面面积大小不等的两根杆件，若它们所受的外力相同，那么横截面上的内力也是相同的。但是，由经验知道，当外力增大时，截面面积小的杆件一定先破坏。这是因为截面面积越小，其上内力分布的密集程度越大的缘故。

内力在截面上的分布集度称为**应力**，它以分布在单位面积上的内力来衡量。如图 5-6a 所示，在杆件横截面 $m-m$ 上围绕任一点 K 取微小面积 ΔA，并设 ΔA 上分布内力的合力为 $\Delta \boldsymbol{F}_R$，则 $\Delta \boldsymbol{F}_R$ 的大小和方向与所取 K 点的位置和面积 ΔA 有关。

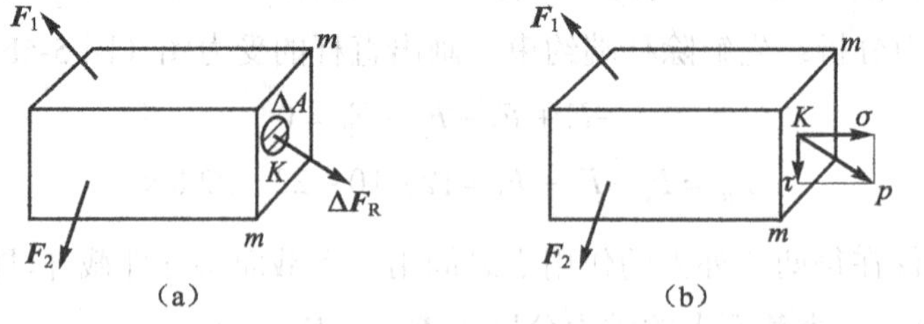

图 5-6

将 $\Delta \boldsymbol{F}_R$ 与 ΔA 的比值称为微小面积 ΔA 上的**平均应力**，用 p_m 表示，即

$$p_m = \frac{\Delta F_R}{\Delta A} \tag{5-1}$$

一般情况下，内力在截面上的分布并不均匀，为了更精确地描述内力的分布情况，令ΔA趋近于零，由此得到

$$p=\lim_{\Delta A\to 0}\frac{\Delta F_R}{\Delta A}$$

p称为截面$m-m$上任意一点K处的**应力**。应力p的方向与内力$\boldsymbol{F}_N$的方向相同，一般情况下，它既不与截面垂直，也不与截面相切。通常将应力p分解为垂直于截面的分量σ和相切于截面的分量τ，其中σ称为**正应力**，τ称为**切应力**。

在国际单位制中，应力的单位是帕斯卡，简称帕（Pa）。工程构件所受应力通常较大，故常采用更大的应力单位，如兆帕（MPa）、吉帕（GPa），它们之间的关系如下：

$$1\,\text{Pa}=1\,\text{N/m}^2$$

$$1\,\text{MPa}=10^6\ \text{Pa}=1\,\text{N/mm}^2$$

$$1\,\text{GPa}=10^9\ \text{Pa}=1\,\text{kN/mm}^2$$

5.4.2 杆件轴向拉压时横截面上的正应力

为了求得横截面上任意一点的应力，必须了解内力在截面上的分布规律。

如图 5-7 所示，取一等截面直杆，在杆件上画上与杆轴线垂直且等间距的横向线ab和cd，再画上与杆轴线平行且等间距的纵向线，然后沿杆的轴线作用一拉力$\boldsymbol{F}$，使杆件产生轴向拉伸变形。

观察杆件变形前后的形状可知：横向线在变形前后均保持为直线，且都垂直于杆的轴线；纵向线在变形前后也保持为直线，且仍平行于杆的轴线。只是横向线间的间距增大，纵向线间的间距减小。

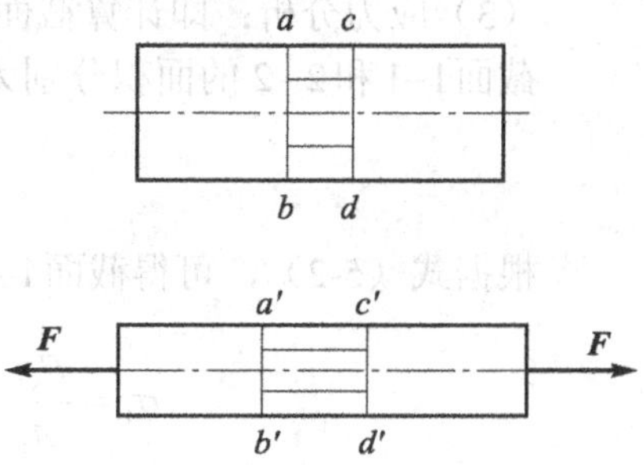

图 5-7

根据杆件表面的变形情况，可对杆件作出如下假设：拉伸杆件变形前为平面的横截面在变形后仍保持为平面，且仍与杆的轴线垂直，这个假设称为**平面假设**。由平面假设可以得出以下结论：

（1）拉伸过程中，横截面上各点只在沿垂直于横截面方向产生了变形，故横截面上只存在垂直于横截面方向的正应力σ。

（2）若将杆件想象成由无数的纵向纤维所组成的，由于任意两横截面间的纵向纤维伸长均相等，所以变形也相同。

由材料的均匀连续性假设可以推断出：每一根纤维所受内力相等，即同一横截面上的正应力处处相同，亦即轴向拉压时横截面上只受到正应力σ，且正应力分布均匀，其方向与轴力的方向也一致。则应力分布图形应如图 5-8 所示。

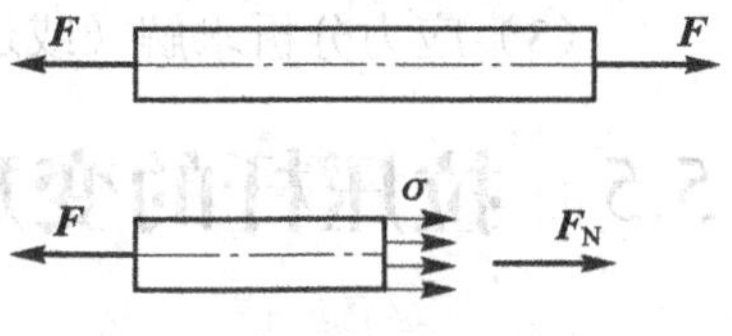

图 5-8

若杆件横截面上的轴力为$\boldsymbol{F}_N$，横截面的面积为A，则有

$$\sigma=\frac{F_N}{A} \tag{5-2}$$

正应力的正负号与轴力的正负号一致，即拉应力为正，压应力为负。

例 5-3 如图 5-9 所示，已知一圆截面直杆所受外力 $F_1 = 50\ \text{kN}$，$F_2 = 70\ \text{kN}$，直径 $d_1 = 20\ \text{mm}$，$d_2 = 30\ \text{mm}$，试计算截面1–1和2–2的正应力。

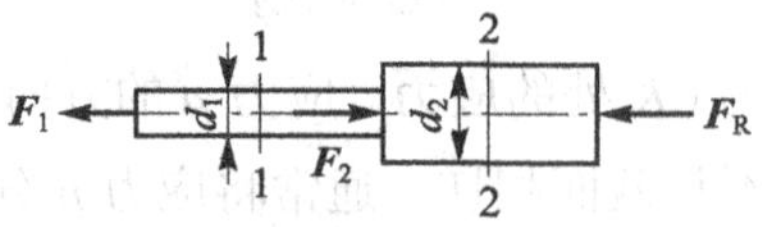

图 5-9

解 （1）外力分析：由平衡条件得

$$\sum F_x = 0, \qquad -F_1 + F_2 - F_R = 0$$

解得

$$F_R = -F_1 + F_2 = -50 + 70 = 20\ \text{kN}$$

（2）内力分析：即计算截面1–1和2–2的轴力 $\boldsymbol{F}_{N1}$、$\boldsymbol{F}_{N2}$。

$$F_{N1} = F_1 = 50\ \text{kN}$$

$$F_{N2} = -F_R = -20\ \text{kN}$$

（3）应力分析：即计算截面1–1和2–2的正应力 σ_1、σ_2。

截面1–1和2–2的面积分别为

$$A_1 = \frac{1}{4}\pi d_1^2, \qquad A_2 = \frac{1}{4}\pi d_2^2$$

根据式（5-2），可得截面1–1和2–2的正应力分别为

$$\sigma_1 = \frac{F_{N1}}{A_1} = \frac{4F_{N1}}{\pi d_1^2} = \frac{4\times 50\times 10^3}{3.14\times 20^2} = 159.3\ \text{MPa}$$

$$\sigma_2 = \frac{F_{N2}}{A_2} = \frac{4F_{N2}}{\pi d_2^2} = \frac{4\times(-20\times 10^3)}{3.14\times 30^2} = -28.3\ \text{MPa}$$

由于求得 σ_1 的值为正，故截面1–1受拉，而求得 σ_2 的值为负，故说明截面2–2受压。

上例的求解过程充分体现了材料力学解题的一般步骤：

（1）外力分析求解；

（2）内力分析求解；

（3）应力分析求解（或进行相应计算）。

5.5 拉压杆的变形

当杆件被轴向拉伸时，其纵向尺寸增大，而横向尺寸缩小。反之，当杆件被轴向压缩时，其纵向尺寸减小，而横向尺寸增大。如图 5-10 所示，一杆件原长为 l，直径为 d，当受到拉

力 F 的作用时，长度伸长到 l_1，直径变为 d_1。因此，拉压杆的变形包括沿轴线的纵向变形和垂直于轴线的横向变形。

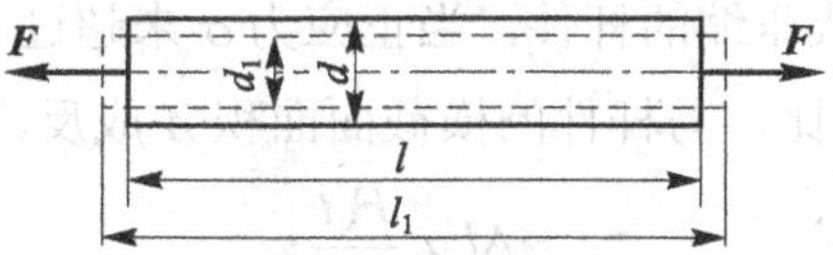

图 5-10

5.5.1　绝对变形

绝对变形是杆件在总尺寸的总变形量。杆件变形前后在轴线方向的绝对变形量称为“纵向绝对变形”，用 Δl 表示，则有

$$\Delta l = l_1 - l$$

杆件变形前后在垂直于轴线方向的绝对变形量称为“横向绝对变形”，用 Δd 表示，则有

$$\Delta d = d_1 - d$$

在同样大小的外力作用下，不同长度和直径（宽度）的杆件，其绝对变形量是不一样的，相反，在不同大小的外力作用下，相同长度和直径（宽度）的杆件，其绝对变形量也可能相同，也就是说绝对变形量不能准确地反应杆件的变形程度。这就必须要引入相对变形的概念。

5.5.2　相对变形

因为绝对变形与杆件的原始尺寸有关，为消除原始尺寸的影响，以单位长度的绝对变形量来衡量杆件的变形程度，称这种变形为**相对变形或线应变**。简而言之，相对变形就是杆件在单位长度的变形量。杆件在轴线方向的相对变形称为纵向相对变形，用 ε 表示，即

$$\varepsilon = \frac{\Delta l}{l} \tag{5-3}$$

ε 只是个比值，无单位。杆件在拉伸时，其变形后的长度 l_1 大于变形前的尺寸 l，故 $\Delta l = l_1 - l > 0$，所以有 $\varepsilon > 0$，而当杆件被压缩时，其变形后的长度 l_1 小于变形前的尺寸 l，故 $\Delta l = l_1 - l < 0$，所以有 $\varepsilon < 0$。

杆件在垂直于轴线方向的相对变形称为横向相对变形，用 ε' 表示，即

$$\varepsilon' = \frac{\Delta d}{d} \tag{5-4}$$

杆件在拉伸时，其变形后的横向尺寸 d_1 小于变形前的横向尺寸 d，故 $\Delta d = d_1 - d < 0$，所以有 $\varepsilon' < 0$，反之 $\varepsilon' > 0$。因此，当杆件纵向伸长时，横向总要缩短；反之横向伸长时，纵向总要缩短。可见，ε 和 ε' 的正负号总是相反。实验证明，对于同一种材料，在弹性范围内，其横向相对变形与纵向相对变形之比为一常数，即

$$\varepsilon' = -\mu\varepsilon \tag{5-5}$$

μ 称为**横向变形系数或泊松比**，是一个与材料性质有关的弹性系数，无量纲量。

5.5.3 胡克定律

实验表明：受轴向拉伸或压缩的杆件，当正应力σ未超过一定限度时，其纵向绝对变形量Δl与轴力F_N和杆长l成正比，与杆件的横截面面积A成反比。即

$$\Delta l \propto \frac{F_N l}{A}$$

另外，纵向绝对变形量还与被拉（压）杆件的材料性质有关，故引入比例系数E，则

$$\Delta l = \frac{F_N l}{EA} \tag{5-6}$$

式（5-6）称为**胡克定律**。比例系数E称为材料的**弹性模量**。对同一种材料，E是一个常数，它具有和应力相同的单位，常用吉帕（GPa）表示。

几种常用材料的弹性模量E和泊松比μ见表 5-1。

表 5-1　常用材料的弹性模量E和泊松比μ值

材料名称	弹性模量E/GPa	泊松比μ
碳钢	196 ~ 216	0.24 ~ 0.28
合金钢	186 ~ 206	0.25 ~ 0.30
灰铸铁	78.5 ~ 157	0.23 ~ 0.27
铜及铜合金	72.6 ~ 128	0.31 ~ 0.42
铝合金	70	0.33

由式（5-6）可以看出，当杆件的轴力F_N和长度l不变时，EA越大，变形量Δl就越小，杆件变形就越困难；EA越小，变形量Δl就越大，杆件变形就越容易，说明EA是拉压杆抵抗拉压变形能力的量度，故EA称为杆的**抗拉（压）刚度**。

按式（5-6）进行计算时，对同一材料的构件，E为常量，求Δl，只要该构件上F_N、l、A中有一个量发生变化时，都必须分段计算，该构件的总变形量Δl应等于各段绝对变形量的代数和，即

$$\Delta l = \Delta l_1 + \Delta l_2 + \cdots + \Delta l_n = \sum \Delta l_i$$

若将$\varepsilon = \dfrac{\Delta l}{l}$和$\sigma = \dfrac{F_N}{A}$代入式（5-6），便得

$$\sigma = E\varepsilon \tag{5-7}$$

式（5-7）是胡克定律式（5-6）的又一表达形式，即当杆横截面上的正应力不超过某一极限时，正应力σ和相应的纵向线应变ε成正比。

例 5-4　阶梯杆的受力情况及各段长度如图 5-11a 所示。已知杆的各段横截面的面积：$A_{AB} = A_{BC} = 500\ \text{mm}^2$，$A_{CD} = 400\ \text{mm}^2$，杆的弹性模量$E = 200\ \text{GPa}$。试求：

（1）各段杆横截面上的内力和应力；

（2）杆的总变形量。

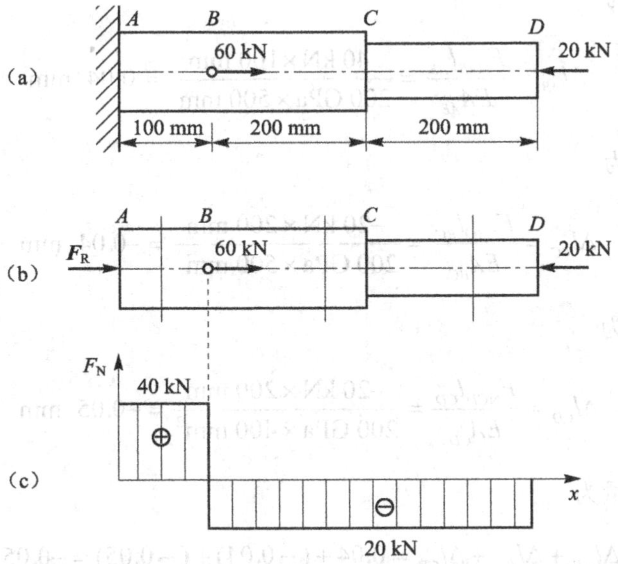

图 5-11

解　（1）外力分析：取杆 AD 为研究对象，其受力如图 5-11b 所示，由平衡条件得

$$\sum F_x = 0, \quad F_R + 60\ \text{kN} - 20\ \text{kN} = 0$$

解得

$$F_R = -40\ \text{kN}$$

其中，负号"–"表示 F_R 的实际方向与图示方向相反。

（2）内力分析并画内力图：由截面法知 AB 段的轴力 $F_{NAB} = -F_R = 40\ \text{kN}$；$BC$ 段和 CD 段的轴力 $F_{NBC} = F_{NCD} = -20\ \text{kN}$（负号表示受压）。画杆 AD 的轴力图，如图 5-11c 所示。由轴力图可知，杆件在 AB 段所受轴力为最大值 F_{Nmax}，$F_{Nmax} = 40\ \text{kN}$。

（3）应力分析：由式（5-2）得

AB 段的应力为

$$\sigma_{AB} = \frac{F_{NAB}}{A_{AB}} = \frac{40\ \text{kN}}{500\ \text{mm}^2} = 80\ \text{MPa}\ \text{（拉应力）}$$

BC 段的应力为

$$\sigma_{BC} = \frac{F_{NBC}}{A_{BC}} = \frac{-20\ \text{kN}}{500\ \text{mm}^2} = -40\ \text{MPa}\ \text{（压应力）}$$

CD 段的应力为

$$\sigma_{CD} = \frac{F_{NCD}}{A_{CD}} = \frac{-20\ \text{kN}}{400\ \text{mm}^2} = -50\ \text{MPa}\ \text{（压应力）}$$

（4）求杆的变形量。

AB 段的变形量为

$$\Delta l_{AB}=\frac{F_{NAB}l_{AB}}{EA_{AB}}=\frac{40\ \text{kN}\times 100\ \text{mm}}{200\ \text{GPa}\times 500\ \text{mm}^2}=0.04\ \ \text{mm}$$

BC 段的变形量为

$$\Delta l_{BC}=\frac{F_{NBC}l_{BC}}{EA_{BC}}=\frac{-20\ \text{kN}\times 200\ \text{mm}}{200\ \text{GPa}\times 500\ \text{mm}^2}=-0.04\ \ \text{mm}$$

CD 段的变形量为

$$\Delta l_{CD}=\frac{F_{NCD}l_{CD}}{EA_{CD}}=\frac{-20\ \text{kN}\times 200\ \text{mm}}{200\ \text{GPa}\times 400\ \text{mm}^2}=-0.05\ \ \text{mm}$$

AD 段的总变形量为

$$\Delta l=\Delta l_{AB}+\Delta l_{BC}+\Delta l_{CD}=0.04+(-0.04)+(-0.05)=-0.05\ \ \text{mm}$$

计算结果为负值，表明杆的总变形为压缩变形。

5.6 材料在拉伸与压缩时的力学性能

材料的力学性能是材料在外力作用下，在强度和变形方面所表现出的性能。材料的力学性能由试验测定。本节只讨论在常温、静载条件下材料的力学性能。所谓常温是指室温，静载是指由零开始缓慢增大到一定数值后不再改变（或变化极不明显）的载荷。

在室温下，以缓慢平稳的加载方式进行的拉伸试验是确定材料力学性能的基本试验。试验在万能试验机上进行。为了便于比较不同材料的试验结果，金属常温拉伸试验的试样应按国家规定的试验标准进行加工。

国家标准试样的形状如图 5-12 所示，试样中间等直杆部分为试验段，其长度 l 称为标距。根据标距 l 与杆直径 d 的比例关系，将试样分成两种：长试样 $l=10d$ 和短试样 $l=5d$ 。

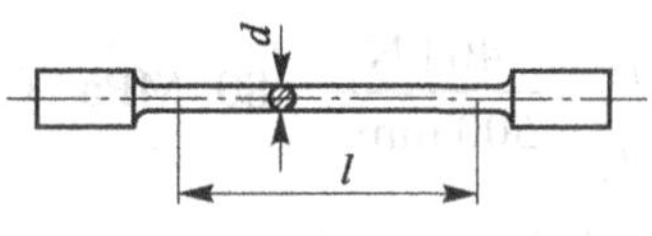

图 5-12

5.6.1 低碳钢拉伸时的力学性能

低碳钢是工程上广泛使用的金属材料，它在拉伸时表现出来的力学性能具有典型性。以 Q235 钢为例，拉伸变形时，试样的拉力 $\boldsymbol{F}$ 和轴向伸长量 Δl 的关系如图 5-13a 所示，应力－应变曲线如图 5-13b 所示。由图可知，整个拉伸过程大致可分为四个阶段。

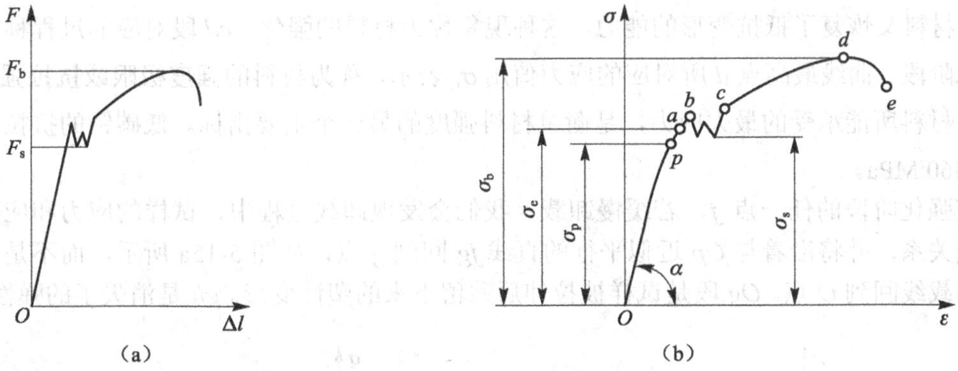

图 5-13

1. 弹性阶段（比例阶段）

在图 5-13b 中，*Op* 为一直线段，直线部分的最高点 *p* 所对应的应力值称为**比例极限**，用 σ_p 表示。这说明当拉压杆所受的应力 σ 满足 $\sigma \leqslant \sigma_p$ 时，所受内应力 σ 和产生的应变 ε 成正比，即遵循胡克定律 $\sigma = E\varepsilon$。直线 *Op* 的倾角为 α，其正切值 $\tan\alpha = \sigma / \varepsilon = E$，即为材料的弹性模量 *E*。低碳钢的比例极限约为 200 MPa，弹性模量约为 210 GPa。

当应力超过比例极限 σ_p 后，图线已不是直线，所以胡克定律不再适用。但只要应力值不超过 *a* 点所对应的应力 σ_e 时，如将外力撤消，试样的变形将随之全部消失，这种变形即为纯弹性变形，故 σ_e 称为材料的**弹性极限**。

比例极限和弹性极限的概念不同，但实际上 *p* 点和 *a* 点非常接近，通常对两者不作严格区分，统称为弹性极限。在工程应用中，一般均使构件在弹性范围内工作。

2. 屈服阶段

当应力超过弹性极限后，图上出现接近水平的小锯齿形波动段 *bc*，说明此时应力虽有小的波动，但基本保持不变，但应变却迅速增加，表现为材料暂时失去了抵抗变形的能力。这种应力变化不大而变形显著增加的现象称为**屈服或流动**。*bc* 段所对应的过程称为屈服阶段，屈服阶段的最低点应力值称为材料**屈服点或屈服极限**，用 σ_s 表示。低碳钢的屈服点为 220 ~ 240 MPa。在屈服阶段，如果试样表面光滑，可以看到试样表面有与轴线大约成45°的条纹，称为**滑移线**，如图 5-14 所示。材料在屈服阶段将产生较大的塑性变形，这对某些机械零件的正常工作是不允许的，所以屈服点是衡量材料强度的一个重要指标。

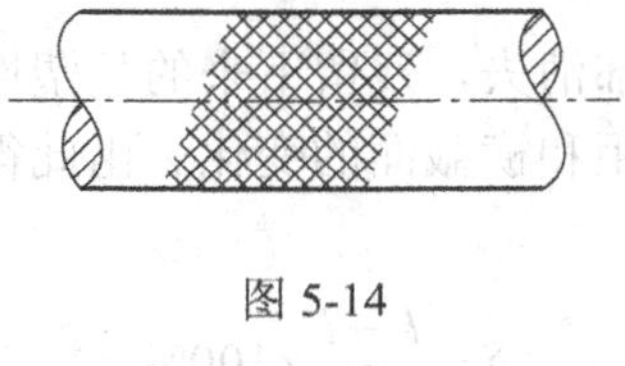

图 5-14

3. 强化阶段

屈服阶段后，图上出现上凸的曲线 *cd* 段。这表明，若要使材料继续变形，必须增加应力，即材料又恢复了抵抗变形的能力，这种现象称为材料的**强化**。cd 段对应的过程称为材料的强化阶段。曲线最高点 d 所对应的应力值用 σ_b 表示，称为材料的**强度极限或抗拉强度**，它确定了材料所能承受的最大应力，是衡量材料强度的另一个重要指标。低碳钢的抗拉强度为 370～460 MPa。

在强化阶段的任一点 f，若缓慢卸载，我们会发现卸载过程中，试样的应力和应变又保持直线关系，并将沿着与 Op 近似平行的直线 fg 回到 g 点，如图 5-15a 所示，而不是沿着原来的加载线回到 O 点。Og 段是试样被拉伸后残留下来的塑性变形。gh 是消失了的弹性变形。

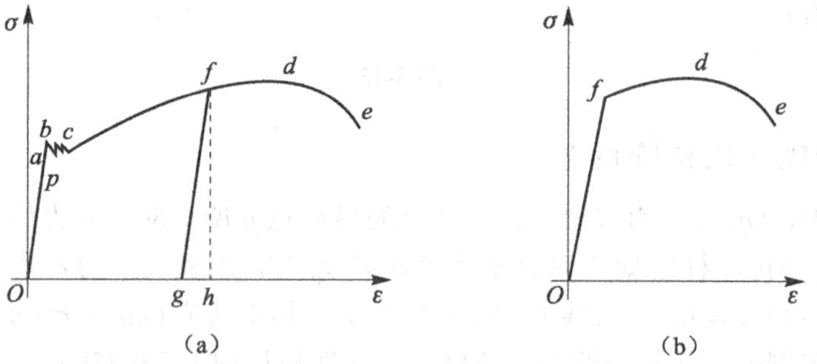

图 5-15

如果将卸载后的试样再重新加载，$\sigma-\varepsilon$ 曲线将基本沿着卸载时的直线 gf 上升到 f 点，如图 5-15b 所示。f 点之后的曲线仍与原来的 $\sigma-\varepsilon$ 曲线相同。由此可见，将试样拉到屈服点后卸载，然后再重新加载，材料的比例极限将会有所提高，且塑性变形也将有所减小，这种现象称为**冷作硬化**。工程中常采用这种方法来提高材料的承载能力，如预应力钢筋、钢丝绳等。

4. 颈缩阶段

在实验时，观察试样可看到，在强度极限前试样的变形是均匀的。而在强度极限后，在试样的某一局部位置出现突然变细的现象，且轴线方向变形显著增加，这种现象称为**颈缩现象**，如图 5-16 所示。最后试样迅速被拉断。

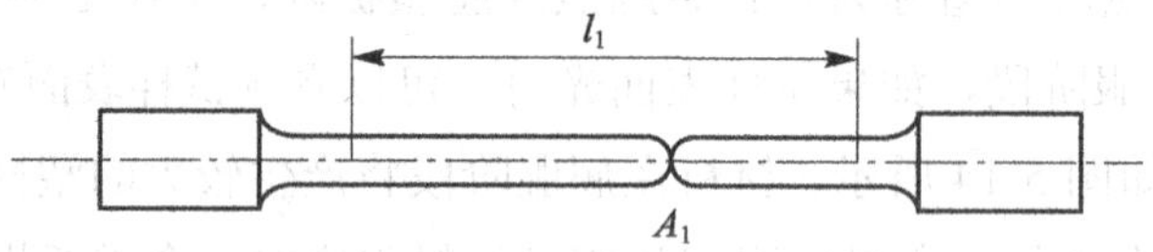

图 5-16

试样拉断之后，弹性变形全部消失，残留下来的是塑性变形。将断裂后的两段试样接合起来，可测得断裂后试样上的标距和横截面的变化。由此得出材料的两个塑性指标。

（1）延伸率 δ

$$\delta=\frac{l_1-l}{l}\times 100\% \tag{5-8}$$

（2）断面收缩率 ψ

$$\psi = \frac{A - A_1}{A} \times 100\% \qquad (5\text{-}9)$$

式中，l 是标距原长，l_1 是拉断后标距的长度；A 为试样原横截面面积，A_1 为断口处的横截面面积。

工程上把材料分为两种：塑性材料和脆性材料。两种材料常用标距与直径之比为 10 的试样的延伸率（简记为 δ_{10}）来区分。把 $\delta_{10} \geqslant 5\%$ 的材料称为**塑性材料**，如钢材、铜、铝等；把 $\delta_{10} < 5\%$ 的材料称为**脆性材料**，如铸铁、砖、石等。

5.6.2　铸铁在拉伸时的力学性能

铸铁是脆性材料，在拉伸时的 $\sigma - \varepsilon$ 曲线是一段微弯的曲线，如图 5-17 所示。由图可见，应力与应变的关系没有明显的直线部分，不符合胡克定律，也没有屈服阶段。由破坏后的试样可看出无颈缩现象，断裂是突然出现的。断裂时应变通常只有 0.4%～0.5%。断口垂直于试样的轴线。因铸铁在实际应用的应力范围内，其 $\sigma - \varepsilon$ 曲线的曲率很小，近似于直线，即认为铸铁在应力较小时，也符合胡克定律，且有不变的弹性模量 E。因此，衡量铸铁的强度指标只有一个：强度极限 σ_b 。

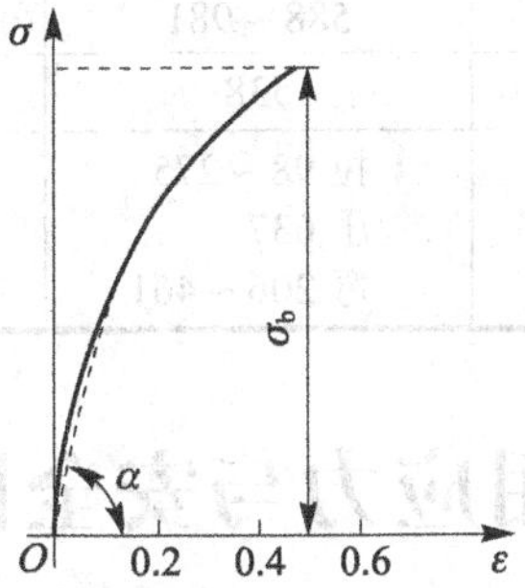

图 5-17

5.6.3　低碳钢和铸铁在压缩时的力学性能

压缩标准试样的形状为一个圆柱体，其高为直径的 1.5～3 倍。低碳钢压缩时的 $\sigma - \varepsilon$ 曲线图如图 5-18 所示，可以看出在屈服阶段以前，压缩时的 $\sigma - \varepsilon$ 曲线与拉伸时相同，故压缩时的力学性能与拉伸时的力学性能也就近似相同。随着压力的增大，试样被越压越扁，试样的横截面面积也不断地增大，试样不会断裂，所以低碳钢不存在抗压强度。

铸铁压缩时的 $\sigma - \varepsilon$ 图如图 5-19 所示。与拉伸时的 $\sigma - \varepsilon$ 曲线（以虚线表示）相比，压缩时的 $\sigma - \varepsilon$ 曲线也无明显的直线部分，材料只是近似地符合胡克定律。铸铁压缩破坏时，变形很小，而且是沿着与轴线大致成 45° 的斜截面断裂。压缩时铸铁的抗压强度比抗拉强度大约高 4 倍。

几种常用材料的力学性能见表 5-2。

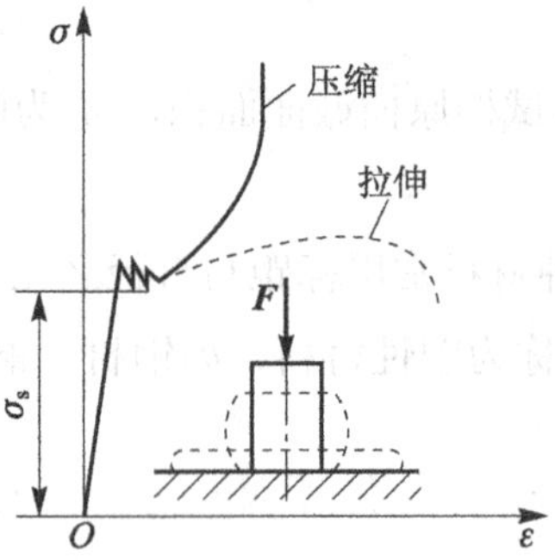

图 5-18

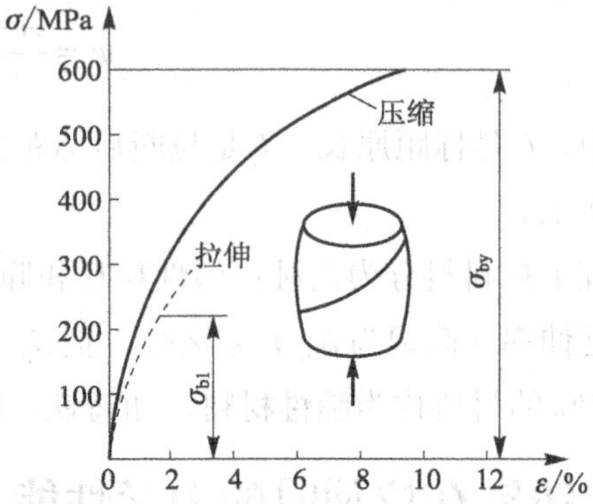

图 5-19

表 5-2　几种常用材料的力学性能

材料名称 或牌号	屈服极限 σ_s /MPa	强度极限 σ_b /MPa	延伸率 δ /%	断面收缩率 ψ /%
Q235A 钢	216～235	373～461	25～27	—
35 钢	216～314	432～530	15～20	28～45
45 钢	265～353	530～598	13～16	30～40
40Cr	343～785	588～981	8～9	30～45
QT600-2	412	538	2	—
HT150	—	拉 98～275 压 637 弯 206～461	—	—

5.7　极限应力、许用应力与安全因数

5.7.1　极限应力

材料丧失正常工作能力时所承受的应力称为材料的**极限应力**，用σ_u表示。前面的学习已经知道，对于塑性材料，当承受的应力达到其屈服极限σ_s时，材料就会出现屈服现象，因而产生较大的塑性变形，影响了正常工作。对于脆性材料，当承受的应力达到其强度极限σ_b时，材料就会直接断裂破坏。因此，对于塑性材料，取$\sigma_u=\sigma_s$；对于脆性材料，取$\sigma_u=\sigma_b$。

5.7.2　许用应力与安全因数

许用应力是杆件正常工作时所允许产生的最大应力，许用正应力用$[\sigma]$表示，许用切应力用$[\tau]$表示。

为了保证杆件正常工作，必须为其储备一定的强度。所以用极限应力除以一个大于 1 的系数 n 作为材料的**许用应力**，该系数 n 称为**安全因数**。即

$$[\sigma]=\frac{\sigma_u}{n}$$

在常温、静载下，塑性材料在拉伸和压缩时的屈服极限基本相同，故拉、压许用应力也相同，即

$$[\sigma]=\frac{\sigma_s}{n_s}$$

脆性材料由于承受压力的能力要大于其承受拉力的能力，其拉伸和压缩时的强度极限一般不同，故许用拉应力和许用压应力要分别表示为$[\sigma_l]$和$[\sigma_y]$，强度计算时也要分别进行计算：

$$[\sigma_l]=\frac{\sigma_{bl}}{n_b},\qquad [\sigma_y]=\frac{\sigma_{by}}{n_b}$$

上式中，n_s为塑性材料的安全因数，n_b为脆性材料的安全因数。安全因数 n 的取值直接影响杆件的工作情况。若 n 值取得过小，如接近于 1，杆件所承受的工作应力接近其极限应力，工作的安全性差；若 n 值取得过大，杆件所承受的工作应力远远小于其极限应力，工作的安全性虽好，但材料的利用率却太低，造成巨大浪费。为此，在确定安全因数 n 时要兼顾安全性和经济性两个方面，合理取值。一般的机械采取经验法取值，塑性材料一般取 $n_s=1.3\sim2.0$；脆性材料一般取 $n_b=2.0\sim3.5$。

5.8　轴向拉伸与压缩时的强度计算

5.8.1　强度条件

为了使零件能安全可靠地工作，就必须保证杆件的工作应力不超过材料的许用应力，即

$$\sigma=\frac{F_N}{A}\leqslant[\sigma] \tag{5-10}$$

式（5-10）称为杆件在轴向拉伸（或压缩）时的**强度条件**。当杆件满足这一条件时，此杆就不会因强度不足而失效，即杆的强度足够。当不满足这一条件时，此杆就会因强度不足而丧失正常的工作能力。

由于在取定安全因数时，事先为构件预留了一部分强度，所以认为，当杆件的工作应力超过了许用应力，但超过的部分不大于许用应力的 5%，也认为构件的强度足够。

杆件往往在产生最大工作应力σ_{max}的截面上丧失正常的工作能力，所以把产生最大工作应力σ_{max}的截面称为**危险截面**。此时式中 F_N 和 A 分别是危险截面上的轴力和横截面面积。

利用式$\sigma=\dfrac{F_N}{A}$求最大工作应力σ_{max}时，有以下三种情况：

（1）等截面时，找F_{Nmax}；

（2）等轴力时，找A_{min}；

（3）截面A和轴力F_N都有变化时，取二者比值的最大值即为σ_{max}。

5.8.2 强度计算

利用强度条件公式可对杆件进行强度计算，主要是解决工程实际的三大类问题：

1. 强度校核

在工程实际中，杆件是否能正常工作，必须进行校核才能知道。已知杆件的外力、横截面面积和许用应力，然后求出杆件的最大工作应力σ_{max}，再分以下两种情况进行判断。

（1）如果$\sigma=\dfrac{F_N}{A}\leqslant[\sigma]$，则杆件的强度足够。

（2）如果$\sigma=\dfrac{F_N}{A}>[\sigma]$，则杆件的强度不足。

2. 截面尺寸设计

在满足强度条件的前提下，为杆件设计合理的截面尺寸。已知杆件受到的外力和许用应力，在满足强度条件的前提下，由式（5-10）得

$$A\geqslant\frac{F_N}{[\sigma]} \tag{5-11}$$

再根据截面形状求出截面的具体尺寸。

3. 计算许可载荷

在满足强度条件的前提下，为杆件计算许可载荷。已知零件的许用应力和横截面面积，由式（5-10）可求出最大轴力的计算公式为

$$F_N\leqslant[\sigma]A \tag{5-12}$$

再根据实际结构，找出所求杆件的轴力与外力之间的关系，最后确定整个结构的载荷，其大小等于各个杆件许可载荷的最小值。

必须指出，对于细长杆件，如果受到轴向压力时，可能的失效形式主要是稳定性问题。因此必须进行稳定性校核。此类问题将在第10章研究。

例 5-5 如图 5-20a 所示为一钢木结构。AB 为一圆截面木杆，其横截面面积 $A_{AB}=10\times10^3\ \text{mm}^2$，许用应力 $[\sigma]_{AB}=7\ \text{MPa}$；$BC$ 为一圆截面钢杆，其横截面面积 $A_{BC}=600\ \text{mm}^2$，许用应力$[\sigma]_{BC}=160\ \text{MPa}$。试求：

（1）要保证杆BC强度足够，吊起重物的最大重量F_{max}为多少？

（2）当B处吊起50 kN的重物时，杆BC的强度是否足够？

（3）当 B 处吊起 60 kN 的重物时，要保证杆 BC 强度足够，杆 BC 的直径至少要多大？

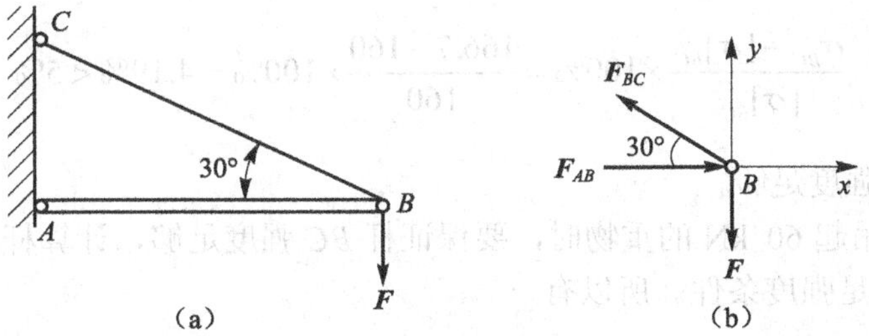

图 5-20

解　（1）求杆 BC 的最大载荷 F_{max}

① 外力分析

A、B、C 均为铰接，杆 AB、BC 自重不计，故 AB、BC 两杆均属二力杆，所以取 B 点（销钉）为研究对象，画受力图，如图 5-20b 所示。

由

$$\sum F_y = 0\text{，}\quad F_{BC}\times\sin30° - F = 0$$

解得

$$F_{BC} = 2F$$

由

$$\sum F_x = 0\text{，}\quad F_{AB} - F_{BC}\times\cos30° = 0$$

解得

$$F_{AB} = F_{BC}\times\cos30° = \sqrt{3}F$$

② 计算杆 BC 的最大许可载荷

由公式 $F_N \leqslant [\sigma]A$ 求出钢杆 BC 的许可轴力为

$$F_{NBC} \leqslant [\sigma]_{BC}A_{BC}$$

即

$$2F_{max} \leqslant 160\times10^6\times600\times10^{-6}\ \text{N}$$

故保证钢杆 BC 强度足够的许可载荷为

$$F_{max} \leqslant 48\ \text{kN}$$

（2）当 B 处吊起 50 kN 的重物时，校核杆 BC 的强度。

由前面第（1）步的计算已知，杆 BC 受到的外力 $F_{BC} = 2F$。因杆 BC 是二力杆，所以杆 BC 所受的轴力

$$F_{NBC} = F_{BC} = 2F = 2\times50 = 100\ \text{kN}$$

由式（5-2）得杆 BC 受到的应力为

$$\sigma_{BC} = \frac{F_{NBC}}{A_{BC}} = \frac{100\ \text{kN}}{600\ \text{mm}^2} = 166.7\ \text{MPa}$$

因为$\sigma_{BC} > [\sigma]_{BC}$，又因

$$\frac{\sigma_{BC}-[\sigma]_{BC}}{[\sigma]_{BC}}\times 100\% = \frac{166.7-160}{160}\times 100\% = 4.19\% < 5\%$$

所以杆 BC 的强度足够。

（3）当 B 处吊起 60 kN 的重物时，要保证杆 BC 强度足够，计算杆 BC 的直径。杆 BC 要强度足够，需满足强度条件。所以有

$$A_{BC} \geqslant \frac{F_{NBC}}{[\sigma]_{BC}}$$

由第（1）步的计算可知

$$F_{NBC} = F_{BC} = 2F = 2\times 60 = 120\ \text{kN}$$

有已知条件$[\sigma]_{BC} = 160\ \text{MPa}$，又杆 BC 为圆截面杆，则杆 BC 的面积为

$$A_{BC} = \frac{\pi d_{BC}^2}{4}$$

代入上式得

$$\frac{\pi d_{BC}^2}{4} \geqslant \frac{120\ \text{kN}}{160\ \text{MPa}}$$

解得

$$d_{BC} \geqslant 30.9\ \text{mm}$$

本章小结

（1）轴向拉伸与压缩变形的概念。

受力特征：外力的作用线与杆件的轴线重合；变形特征：沿杆件轴线方向伸长或缩短。

（2）拉压内力：轴力 $\boldsymbol{F}_N$

① 轴力的大小等于所研究部分受到的所有外力的代数和。

② 轴力的正负由外力的正负决定。外力的方向背离所研究截面时为正；反之为负。

（3）轴力图：建立 $F_N - x$ 坐标系，x 轴表示截面的位置，F_N 轴表示轴力的大小。分段原则是以相邻两个外力的作用点来分。

（4）拉压应力的计算

正负：由 $\boldsymbol{F}_N$ 决定，$\boldsymbol{F}_N$ 为正时，σ 为正，称为拉应力；$\boldsymbol{F}_N$ 为负时，σ 为负，称为压应力。

（5）拉压变形计算

① 两个线应变，它们之间的关系为：$\varepsilon' = -\mu\varepsilon$ 。

② 胡克定律的两种形式：$\Delta l = \frac{F_N l}{EA}$、$\sigma = E\varepsilon$。

（6）材料的力学性能

① 低碳钢的$\sigma-\varepsilon$图，从图可得“四个阶段、四个指标、一种现象”，并确定比例极限σ_p、屈服极限σ_s和强度极限σ_b的位置。

② 强度指标和塑性指标：

强度指标：屈服极限σ_s和强度极限σ_b。
塑性指标：延伸率δ和断面收缩率ψ。

$$\delta=\frac{l_1-l}{l}\times100\%,\qquad \psi=\frac{A-A_1}{A}\times100\%$$

（7）强度计算

$$\sigma=\frac{F_N}{A}\leqslant[\sigma]$$

可解决工程三大类问题：① 强度校核；② 设计截面形状和尺寸；③ 确定许可载荷。

（8）许用应力和安全因数的概念。

思考题

5-1　静力学中力的可传递性原理，在材料力学中是否适用？为什么？

5-2　内力与外力的关系是什么？

5-3　指出下列各概念的区别：内力与应力；弹性与塑性。

5-4　胡克定律有几种形式？其应用条件是什么？

5-5　两个拉杆的轴力相等，截面积相等但截面形状不同，且杆件的材料不同，它们的应力是否相等？它们的许用应力是否相等？

习　题

5-1　指出下列各概念的区别：变形与应变；弹性变形与塑性变形；正应力与切应力；工作应力、极限应力与许用应力。

5-2　两根不同材料的等截面直杆，承受着相同的拉力，它们的截面积与长度都相等。问：

（1）两杆的内力是否相等？

（2）两杆的应力是否相等？

（3）两杆的变形是否相等？

5-3　三种材料的应力－应变曲线如图 5-21 所示，试问哪一种材料强度最高？哪一种材料刚度最大？哪一种材料塑性最好？

5-4　一钢制阶梯形直杆，其受力如图 5-22 所示，各段截面面积分别为$A_1=A_3=300\ \text{mm}^2$，$A_2=200\ \text{mm}^2$，$E=200\ \text{GPa}$。

（1）试求出各段的轴力。

（2）计算杆的总变形。

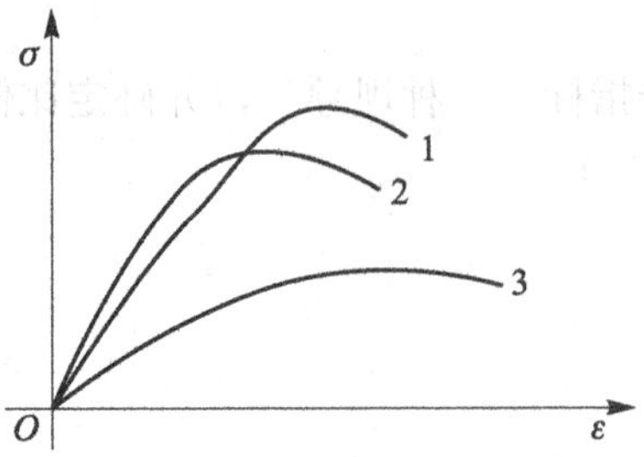

图 5-21

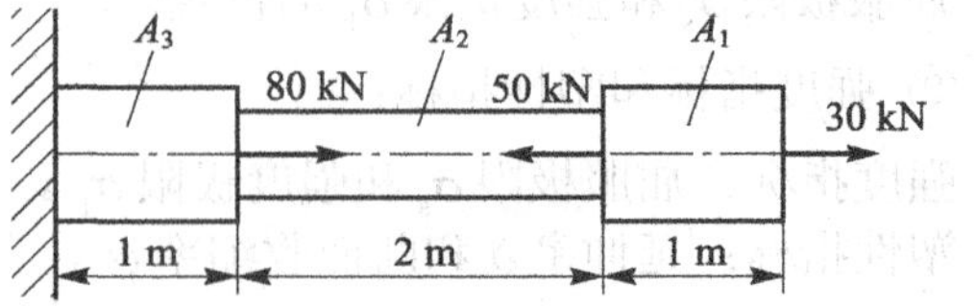

图 5-22

5-5　何谓强度条件？强度条件可以解决哪些强度计算问题？

5-6　试求图 5-23 所示各杆的轴力，并画出轴力图。

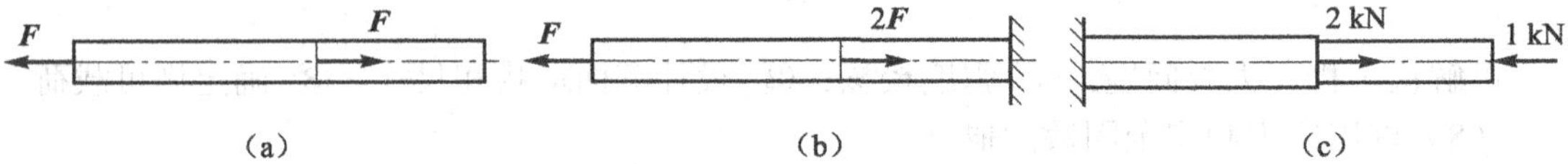

图 5-23

5-7　某杆长 0.3 m，横截面面积为 300 mm^2，受拉力 30 kN 后伸长 0.2 mm 。试求该杆材料的弹性模量。

5-8　一长为 3 m 的钢杆，受力情况如图 5-24 所示。已知杆的横截面面积 $A = 1000\ mm^2$，材料的弹性模量 $E = 200$ GPa，试求：

（1）*AC*、*CD*、*DB* 各段的应力及变形；

（2）杆 *AB* 的总变形。

5-9　一圆截面阶梯杆受力如图 5-25 所示。已知材料的弹性模量 $E = 200$ GPa，试求各段的应力及应变。

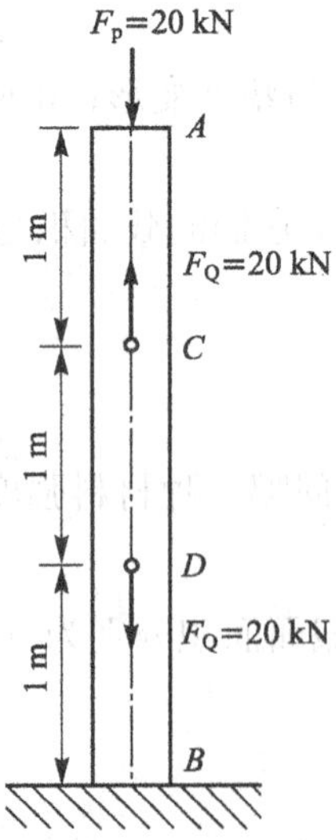

图 5-24

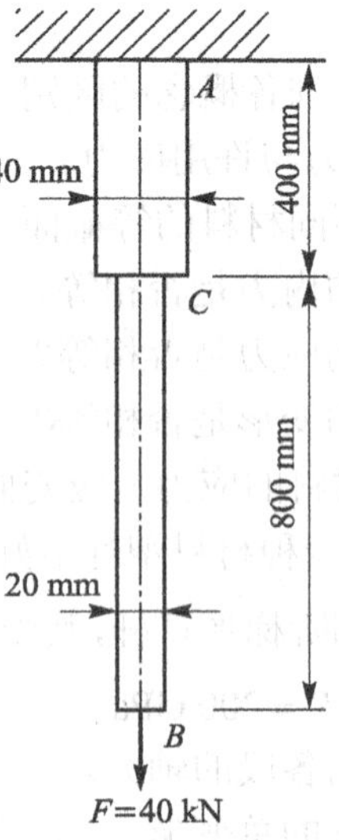

图 5-25

5-10　试求图 5-26 所示各杆指定截面上的内力，并作轴力图。

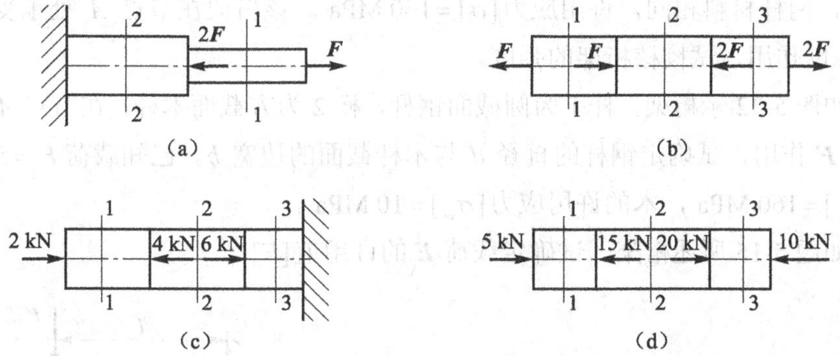

图 5-26

5-11　如图 5-27 所示阶梯形圆截面杆，承受轴向载荷 $F_1 = 50$ kN 与 $\boldsymbol{F}_2$ 作用，AB 与 BC 段的直径分别为 $d_1 = 20$ mm 和 $d_2 = 30$ mm，如欲使 AB 与 BC 段横截面上的正应力相同，试求载荷 $\boldsymbol{F}_2$ 的值。

5-12　求如图 5-28 所示阶梯杆各段横截面上的应力。已知横截面面积：$A_{AB} = 200\ \text{mm}^2$，$A_{BC} = 300\ \text{mm}^2$，$A_{CD} = 400\ \text{mm}^2$。

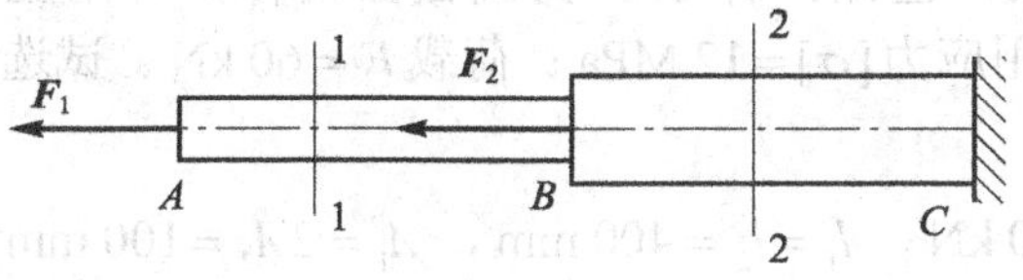

图 5-27

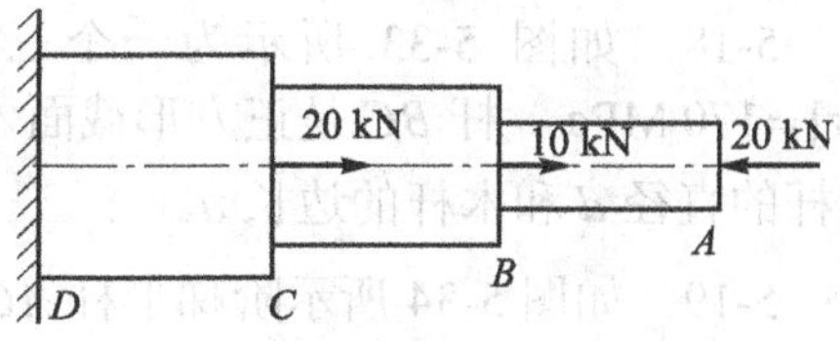

图 5-28

5-13　如图 5-29 所示结构中，AB 为一刚杆，CD 为由 A_3 钢制造的斜拉杆。已知 $F_1 = 5$ kN，$F_2 = 10$ kN，$l = 1$ m，钢杆 CD 的横截面面积 $A = 100\ \text{mm}^2$，钢材的弹性模量 $E = 0.2\times10^6$ MPa，$\angle ACD = 45°$，试求杆 CD 的轴向变形和刚杆 AB 在端点 B 的铅直位移。

5-14　如图 5-30 所示为起吊钢管的情况。已知钢管的重量 $G = 10$ kN，绳索的直径 $d = 40$ mm，其许用应力 $[\sigma] = 10$ MPa，试校核绳索的强度。

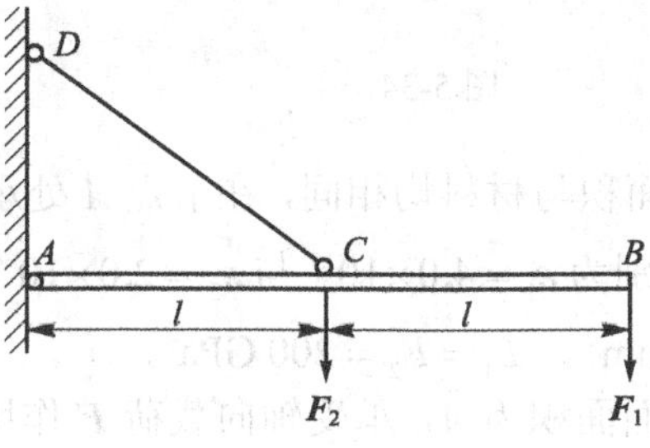

图 5-29

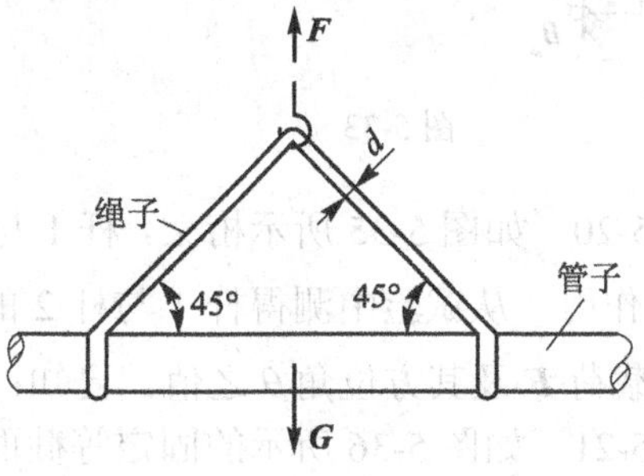

图 5-30

5-15　如图 5-31 所示桁架，杆 1 与杆 2 的横截面均为圆形，直径分别为 $d_1 = 30\ \text{mm}$ 与 $d_2 = 20\ \text{mm}$，两杆材料相同，许用应力 $[\sigma] = 160\ \text{MPa}$。该桁架在节点 A 处承受铅直方向的载荷 $F = 80\ \text{kN}$ 作用，试校核桁架的强度。

5-16　如图 5-32 示桁架，杆 1 为圆截面钢杆，杆 2 为方截面木杆，在节点 A 处承受铅直方向的载荷 $\boldsymbol{F}$ 作用，试确定钢杆的直径 d 与木杆截面的边宽 b。已知载荷 $F = 50\ \text{kN}$，钢的许用应力 $[\sigma_s] = 160\ \text{MPa}$，木的许用应力 $[\sigma_w] = 10\ \text{MPa}$。

5-17　如题 5-15 所述桁架，试确定载荷 $\boldsymbol{F}$ 的许用值 $[F]$。

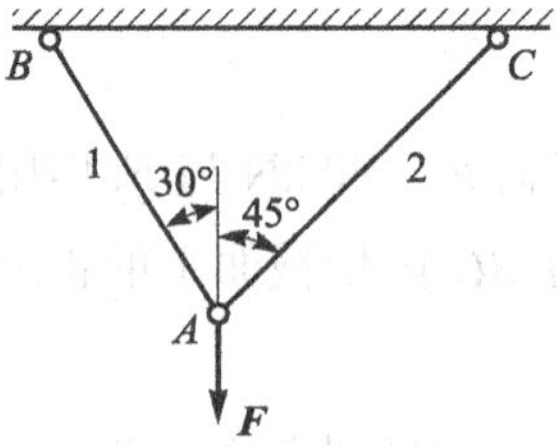

图 5-31

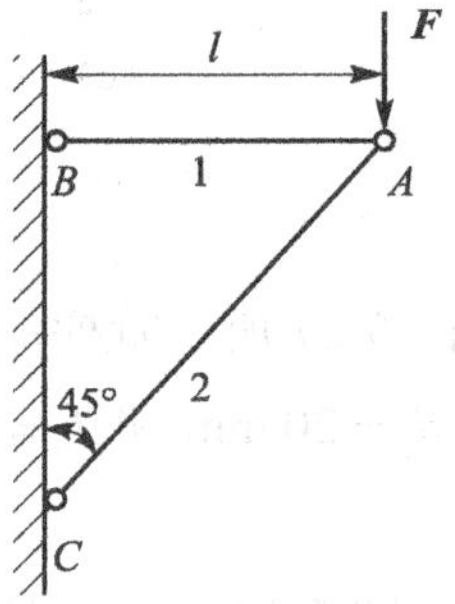

图 5-32

5-18　如图 5-33 所示为一个三角形托架，已知：杆 AC 为圆截面钢杆，许用应力 $[\sigma] = 170\ \text{MPa}$；杆 BC 是正方形截面木杆，许用应力 $[\sigma] = 12\ \text{MPa}$；荷载 $F = 60\ \text{kN}$。试选择钢杆的直径 d 和木杆的边长 a。

5-19　如图 5-34 所示阶梯形杆 AC，$F = 10\ \text{kN}$，$l_1 = l_2 = 400\ \text{mm}$，$A_1 = 2A_2 = 100\ \text{mm}^2$，$E = 200\ \text{GPa}$，试计算杆 AC 的轴向变形 Δl。

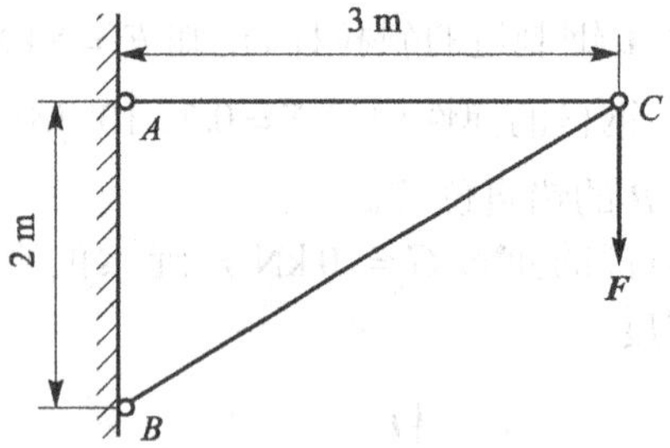

图 5-33

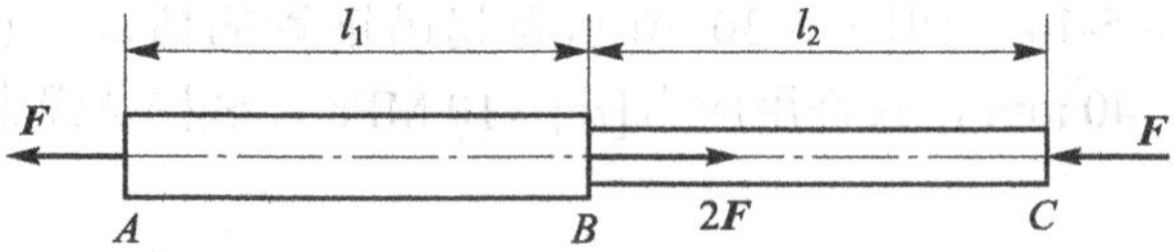

图 5-34

5-20　如图 5-35 所示桁架，杆 1 与杆 2 的横截面面积与材料均相同，在节点 A 处承受载荷 $\boldsymbol{F}$ 作用。从试验中测得杆 1 与杆 2 的纵向正应变分别为 $\varepsilon_1 = 4.0\times10^{-4}$ 与 $\varepsilon_2 = 2.0\times10^{-4}$，试确定载荷 $\boldsymbol{F}$ 及其方位角 θ 之值。已知：$A_1 = A_2 = 200\ \text{mm}^2$，$E_1 = E_2 = 200\ \text{GPa}$。

5-21　如图 5-36 所示的固定等截面直杆，其横截面面积为 A，承受轴向载荷 $\boldsymbol{F}$ 作用，试计算杆内横截面上的最大拉应力与最大压应力。

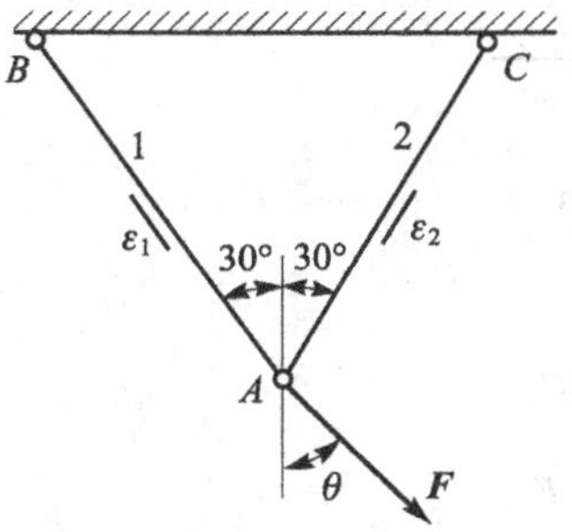

图 5-35

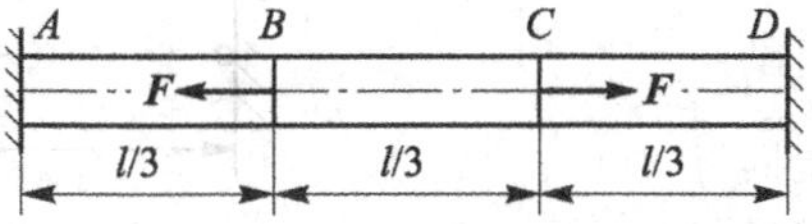

图 5-36

5-22　如图 5-37 所示结构，梁 BD 为刚体，杆 1 与杆 2 用同一种材料制成，横截面面积均为 $A = 300\ \text{mm}^2$，许用应力 $[\sigma] = 160\ \text{MPa}$，载荷 $F = 50\ \text{kN}$，试校核杆的强度。

5-23　一简单桁架 BAC 的受力如图 5-38 所示。已知 $F = 18\ \text{kN}$，$\alpha = 30°$，$\beta = 45°$，杆 AB 的横截面面积为 $300\ \text{mm}^2$，杆 AC 的横截面面积为 $350\ \text{mm}^2$，试求各杆横截面上的应力。

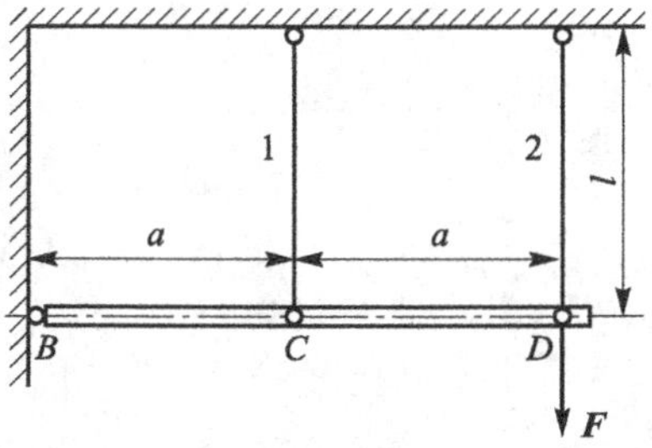

图 5-37

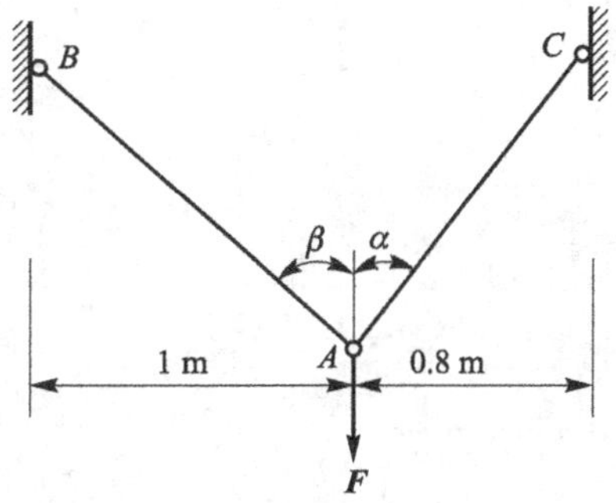

图 5-38

5-24　圆截面杆上有槽如图 5-39 所示，杆直径 $d = 20\ \text{mm}$，受拉力 $F = 15\ \text{kN}$ 作用，试求截面 1－1 和 2－2 上的应力。

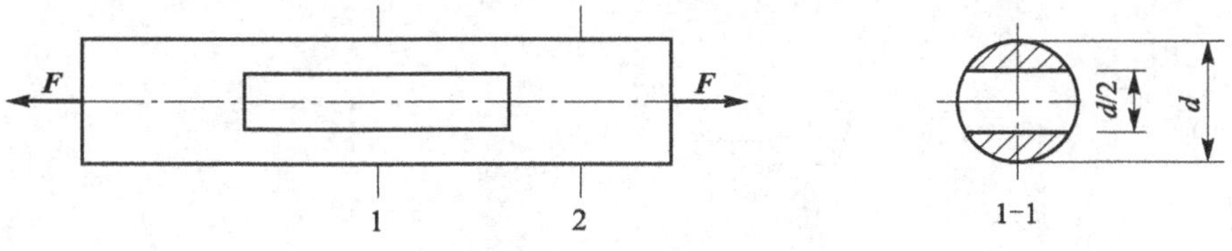

图 5-39

5-25　如图 5-40 所示桁架，杆 1、杆 2 与杆 3 分别用铸铁、铜与钢制成，许用应力分别为 $[\sigma_1] = 80\ \text{MPa}$，$[\sigma_2] = 60\ \text{MPa}$，$[\sigma_3] = 120\ \text{MPa}$，弹性模量分别为 $E_1 = 160\ \text{GPa}$，$E_2 = 100\ \text{GPa}$，$E_3 = 200\ \text{GPa}$。若载荷 $F = 160\ \text{kN}$，且各横截面满足 $A_1 = A_2 = 2A_3$，试确定各杆的横截面面积。

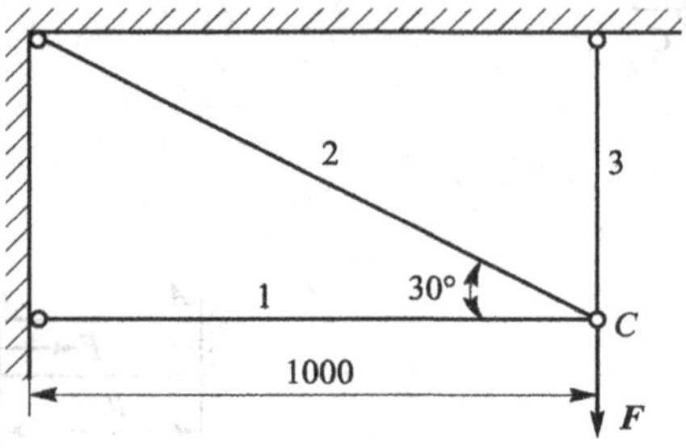

图 5-40

第 6 章 剪切与挤压变形

【学习目标与要求】

◈ 了解工程构件受剪切与挤压变形的情况。

◈ 能够进行剪切与挤压的实用计算。

◈ 了解剪切变形的构件，熟悉其剪切面上切应力的分布规律及计算。

◈ 了解挤压变形的构件，熟悉挤压应力的分布规律及计算。

工程上常用于连接构件的铆钉、销钉、螺栓和键等统称为连接件。在工作时，连接件两侧面受到一对大小相等、方向相反且作用线相距很近的力的作用。在这样的力的作用下，连接件的主要失效形式之一就是沿平行于这两个外力的作用线且位于这两个外力作用线之间的截面发生相对错动而产生剪切变形，当外力较大时将产生剪切破坏。与此同时，连接件与被连接的构件因相互接触而产生挤压。当这种挤压力过大时，在接触面的局部范围内将产生塑性变形，甚至被压溃，从而导致连接件与被连接的构件同时失效。

6.1 剪切的概念与实用计算

6.1.1 剪切的概念

当两块钢板被一铆钉连接，并各受一拉力 $\boldsymbol{F}$ 的作用（图 6-1a）时，铆钉将受到两组大小相等、方向相反、作用线平行且相距很近的力 $\boldsymbol{F}$ 作用（图 6-1b），迫使铆钉在这两组力的作用线之间的截面上产生相对错动的变形，构件的这种变形称为**剪切**。

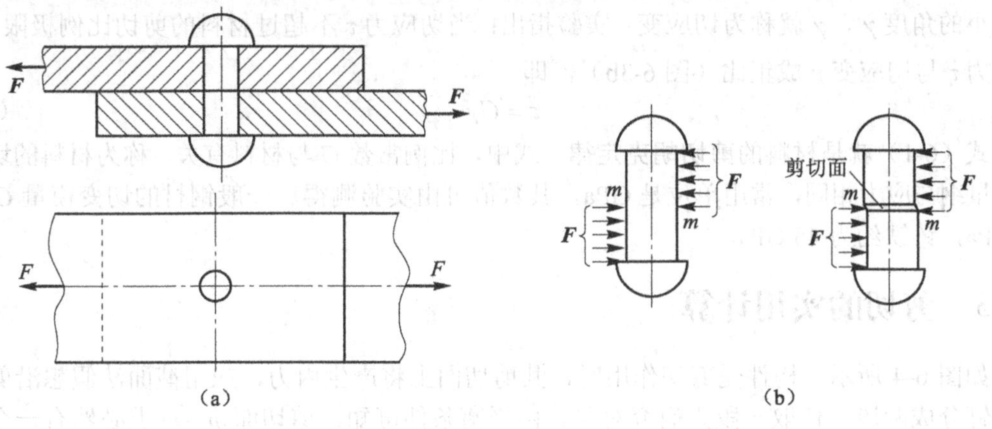

图 6-1

由此可知，剪切变形的受力特点是：作用在构件上的外力大小相等、方向相反、作用线平行且相距很近。其变形特点是：构件在二力作用线之间的截面上，沿外力的方向发生相对错动变形，使两力作用线间的小矩形变成了平行四边形。产生相对错动的截面称为**剪切面**。剪切面平行于外力的作用线，且在两个反向外力的作用线之间。只有一个剪切面的剪切变形称为**单剪**，如图 6-1 所示；具有两个剪切面的剪切变形称为**双剪**，如图 6-2 所示。

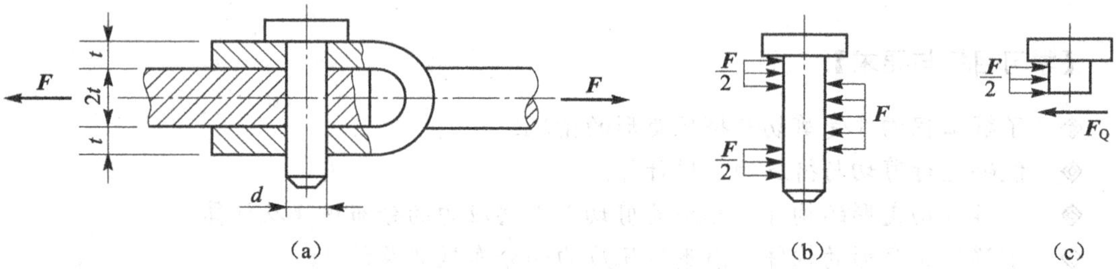

图 6-2

6.1.2 剪切胡克定律

从某受剪钢板的剪切面处取出一个微小的正六面体——单元体，如图 6-3a 所示，显然在剪切面上只存在切应力 τ 。

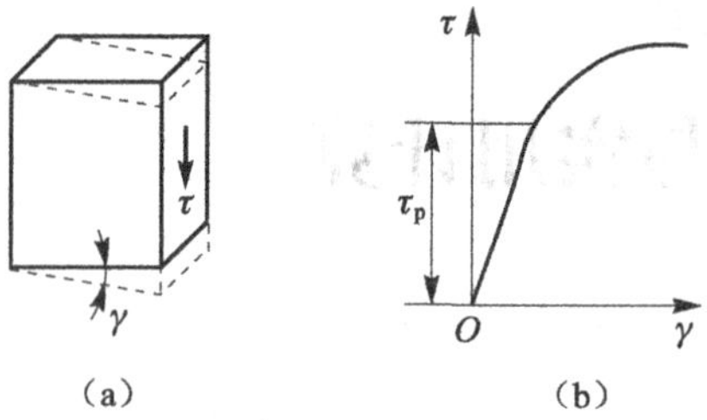

图 6-3

在剪切面切应力 τ 的作用下，单元体的右面相对左面发生错动，使原来的直角改变了一个微小的角度 γ ，γ 就称为切应变。实验指出：当切应力 τ 不超过材料的剪切比例极限 τ_p 时，切应力 τ 与切应变 γ 成正比（图 6-3b），即

$$\tau = G\gamma \tag{6-1}$$

式（6-1）就是材料的**剪切胡克定律**。式中，比例常数 G 与材料有关，称为材料的**切变模量**，量纲与应力相同，常用单位是 GPa，其数值可由实验测得。一般钢材的切变模量 G 约为 80 GPa，铸铁约为 45 GPa。

6.1.3 剪切的实用计算

如图 6-4 所示，构件受剪切作用时，其剪切面上将产生内力，应用截面法假想沿剪切面将铆钉分成两段，任取一段为研究对象。由平衡条件可知，剪切面 $m-m$ 上必然有一个与该截面平行的内力存在，这个平行于截面的内力称为**剪力**，常用符号 $\boldsymbol{F}_Q$ 表示。

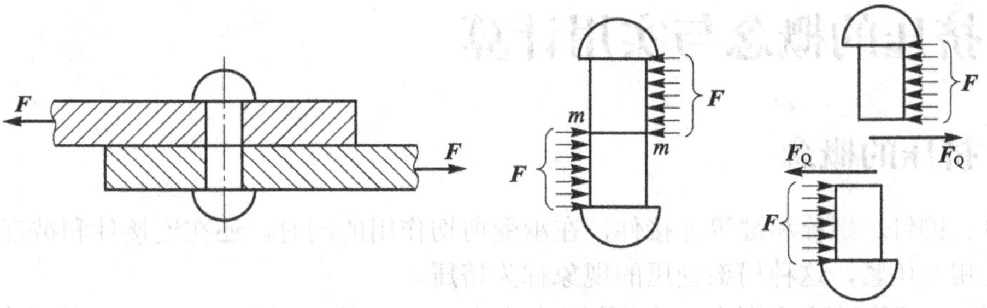

图 6-4

与剪力 F_Q 相对应，剪切面上有切应力 τ 存在。切应力 τ 在剪切面上的分布规律较复杂。工程上常采用以实际经验为基础的“**工程实用计算法**”来计算：一是假定应力是均匀分布的，由此计算出各部分的“名义应力”；二是在与实际构件受力极其类似的情况下进行实验，并用假设应力均匀分布的公式计算，得到连接件材料失效的极限应力；最后，由以上两个假定建立设计准则，作为连接件强度计算的依据。

剪切“工程实用计算法”假设切应力 τ 均匀地分布在剪切面上。设剪切面的面积为 A，剪力为 F_Q，则切应力 τ 的计算公式为

$$\tau = \frac{F_Q}{A} \tag{6-2}$$

用“工程实用计算法”求解剪切变形的切应力，从理论来讲，与切应力的实际分布规律有差异，但经工程实践已经证明，这种计算方法完全能够满足工程实践的要求。

为了保证构件工作时不发生剪切破坏，要求构件产生的切应力 τ 不得超过材料的许用切应力，因此剪切的强度条件为

$$\tau = \frac{F_Q}{A} \leqslant [\tau] \tag{6-3}$$

式中，$[\tau]$ 为材料的许用切应力。

许用切应力 $[\tau]$ 可以通过与构件实际受力情况相似的剪切实验测出试件的破坏载荷，然后计算出剪切强度极限，再除以安全因数 n 而得到。

对于材料的许用切应力 $[\tau]$，工程中通常采用对照法取值（$[\sigma]$ 为材料的许用拉应力）：

对塑性材料：　　　$[\tau] = (0.6 \sim 0.8)[\sigma]$

对脆性材料：　　　$[\tau] = (0.8 \sim 1.0)[\sigma]$

剪切强度条件同样可以解决三类强度问题：

（1）校核剪切强度；

（2）计算剪切面面积；

（3）确定剪切许用载荷。

在计算中，要注意确定存在几个剪切面、剪切面的位置和大小，以及每个剪切面上的剪力和切应力。

6.2 挤压的概念与实用计算

6.2.1 挤压的概念

销钉、铆钉、螺栓和键等连接件，在承受剪切作用的同时，还在连接件和被连接构件的接触面上相互压紧，这种局部受压的现象称为**挤压**。

如图 6-5a 所示的铆钉连接，在钢板和铆钉相互接触的表面上将承受一定的压力，当压力足够大时，钢板上的圆孔可能被压成如图 6-5b 所示的椭圆孔，或者铆钉的侧表面被压陷。这种作用在接触面上的压力称为**挤压力**，用符号 $\boldsymbol{F}_{jy}$ 表示。在接触处产生的变形称为**挤压变形**。挤压力的作用面称为**挤压面**。由挤压力引起的应力称为**挤压应力**，用 σ_{jy} 表示。

应该注意：挤压与压缩之间有本质的区别，挤压力只作用在构件的表面，挤压应力只分布在挤压面附近区域，挤压应力较大时，挤压面附近区域将发生显著的塑性变形而被压溃。

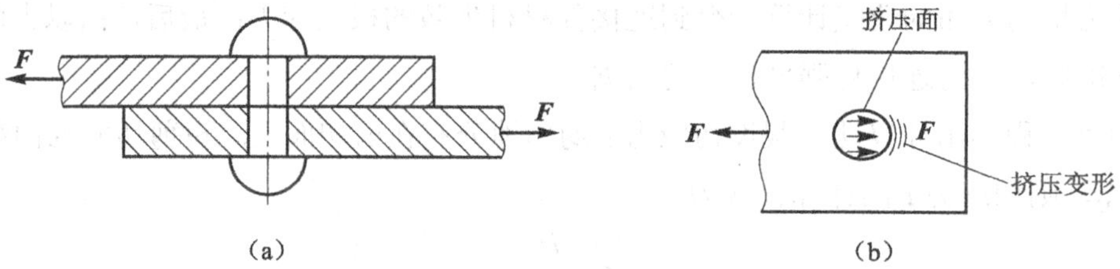

图 6-5

6.2.2 挤压的实用计算

由图 6-5 可见，在受挤压的区域，其变形是不均匀的，在过钉孔轴线且与外力作用线平行的部位，变形量较大，两侧的变形在逐渐地减小，这表明挤压应力在挤压面上的分布也不均匀，而且情况较复杂。为了便于计算，工程中也采用实用计算方法，即认为挤压应力 σ_{jy} 在挤压面上假设均匀分布，则有

$$\sigma_{jy}=\frac{F_{jy}}{A_{jy}} \tag{6-4}$$

式中，F_{jy} 为挤压面上的挤压力，A_{jy} 为有效挤压面面积。

确定有效挤压面积时，要看具体挤压面的情况而定：若接触面为平面，则有效挤压面的面积为实际接触面的面积，如图 6-6a 所示，即 $A_{jy}=lh/2$；若接触面为曲面，则有效挤压面积为曲面在挤压力方向上的正投影面的面积，如图 6-6b 所示，即 $A_{jy}=td$。

连接件要保证具有足够的挤压强度而不因挤压而破坏，就应满足挤压强度条件

$$\sigma_{jy}=\frac{F_{jy}}{A_{jy}}\leqslant[\sigma_{jy}] \tag{6-5}$$

式中，$[\sigma_{jy}]$ 为材料的许用挤压应力。

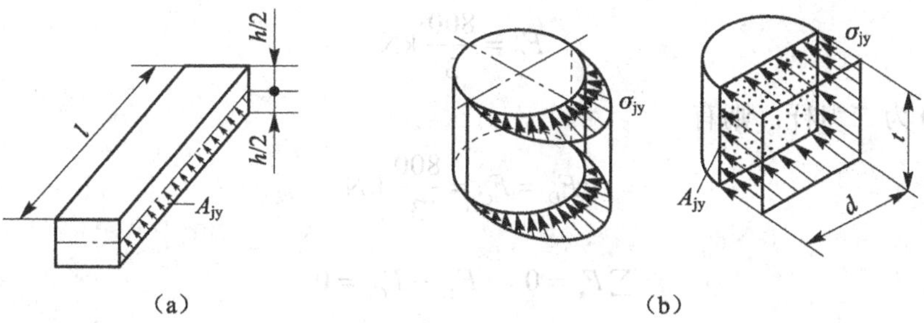

图 6-6

许用挤压应力通常对照许用拉应力$[\sigma]$的大小进行取值：

对塑性材料：　　$[\sigma_{jy}]=(1.5\sim2.5)[\sigma]$

对脆性材料：　　$[\sigma_{jy}]=(0.9\sim1.5)[\sigma]$

必须指出，如果相互挤压的两构件材料不同，则只对许用挤压应力$[\sigma_{jy}]$值较小的材料进行挤压强度核算。挤压强度条件也可以解决三类强度问题，难点是有效挤压面积的确定。

例 6-1　如图 6-7a 所示悬壁梁吊车，已知 $AC=1.2\,\text{m}$，$BC=0.4\,\text{m}$，斜拉杆 CD 与横梁 AB 间的夹角 $\alpha=30°$，B 端的吊重 $G=100\,\text{kN}$。各杆的自重均不计。若横梁 AB、拉杆 CD 和墙壁之间用相同的螺栓 A、C、D 连接。已知螺栓的直径 $d=36\,\text{mm}$，材料的许用切应力 $[\tau]=140\,\text{MPa}$，许用挤压应力 $[\sigma_{jy}]_1=280\,\text{MPa}$。被连接材料的许用挤压应力 $[\sigma_{jy}]_2=200\,\text{MPa}$，耳片的厚度 $\delta=12\,\text{mm}$，试校核连接强度。

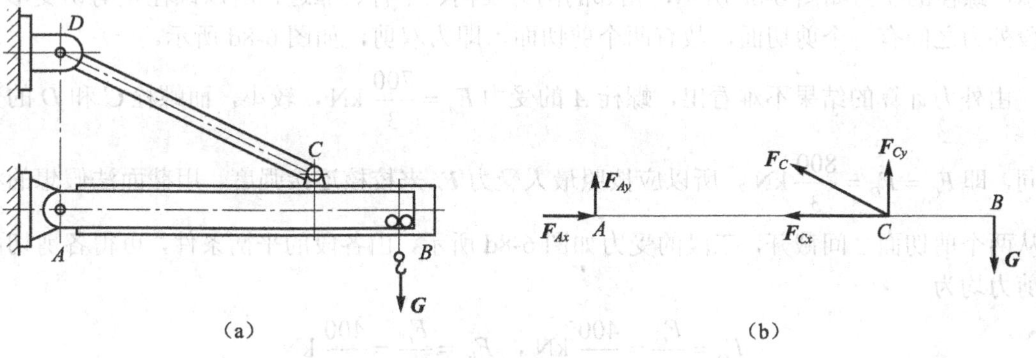

图 6-7

解　(1) 外力分析

由题意知，杆 CD 只在 C、D 两点受力，为二力杆。取横梁 AB 为研究对象，其受力如图 6-7b 所示。列平衡方程得

$$\sum M_A(F)=0\text{，}\quad F_C\sin\alpha\times AC-G\times AB=0$$

解得

$$F_C = \frac{800}{3}\ \text{kN}$$

由于 CD 为二力杆，则有

$$F_D = F_C = \frac{800}{3}\ \text{kN}$$

由 $\sum F_x = 0$， $F_{Ax} - F_{Cx} = 0$

解得

$$F_{Ax} = F_C \cos\alpha = \frac{400\sqrt{3}}{3}\ \text{kN}$$

由 $\sum F_y = 0$， $F_{Ay} + F_{Cy} - G = 0$

解得

$$F_{Ay} = G - F_C \sin\alpha = 100 - \frac{800}{3} \times \frac{1}{2} = -\frac{100}{3}\ \text{kN}$$ （$\boldsymbol{F}_{Ay}$ 的实际方向向下）

则

$$F_A = \sqrt{F_{Ax}^2 + F_{Ay}^2} = \sqrt{(\frac{400\sqrt{3}}{3})^2 + (-\frac{100}{3})^2} = \frac{700}{3}\ \text{kN}$$

（2）内力分析

悬壁吊车的三个螺栓连接的局部图如图 6-8a 所示。三个螺栓的受力虽然各有不同，但作用线都和螺栓的轴线垂直。在外力作用线和螺栓轴线所组成的剖面内，连接结构如图 6-8b 所示，螺栓的受力如图 6-8c 所示，相邻的两力反向、平行、靠近，所以螺栓是剪切变形，每两段外力之间有一个剪切面，故有两个剪切面，即为双剪，如图 6-8d 所示。

由外力计算的结果不难看出，螺栓 A 的受力 $F_A = \frac{700}{3}$ kN，较小，而螺栓 C 和 D 的受力相同，即 $F_C = F_D = \frac{800}{3}$ kN，所以应按照最大受力 $\boldsymbol{F}_C$ 来校核连接强度。用截面法假想的将螺栓从两个剪切面之间截开，三段的受力如图 6-8d 所示，由各段的平衡条件，可得各剪切面上的剪力均为

$$F_Q = \frac{F_C}{2} = \frac{400}{3}\ \text{kN}，\quad F_{jy} = \frac{F_C}{2} = \frac{400}{3}\ \text{kN}$$

（3）校核螺栓的剪切强度

剪切面积： $$A = \frac{\pi d^2}{4} = \frac{3.14 \times (36\ \text{mm})^2}{4} = 1017\ \text{mm}^2$$

由剪切强度条件得： $$\tau = \frac{F_Q}{A} = \frac{\frac{400}{3} \times 10^3\ \text{N}}{1017\ \text{mm}^2} = 130\ \text{MPa} < [\tau] = 140\ \text{MPa}$$

所以螺栓的剪切强度足够。

（4）校核螺栓的挤压强度

挤压面积：$A_{jy} = d\delta = 36\ \text{mm} \times 12\ \text{mm} = 432\ \text{mm}^2$

由挤压强度条件得：$\sigma_{jy} = \dfrac{F_{jy}}{A_{jy}} = \dfrac{\dfrac{400}{3} \times 10^3\ \text{N}}{432\ \text{mm}^2} = 309\ \text{MPa} > [\sigma_{jy}]_2 = 200\ \text{MPa}$

所以螺栓的挤压强度不足。

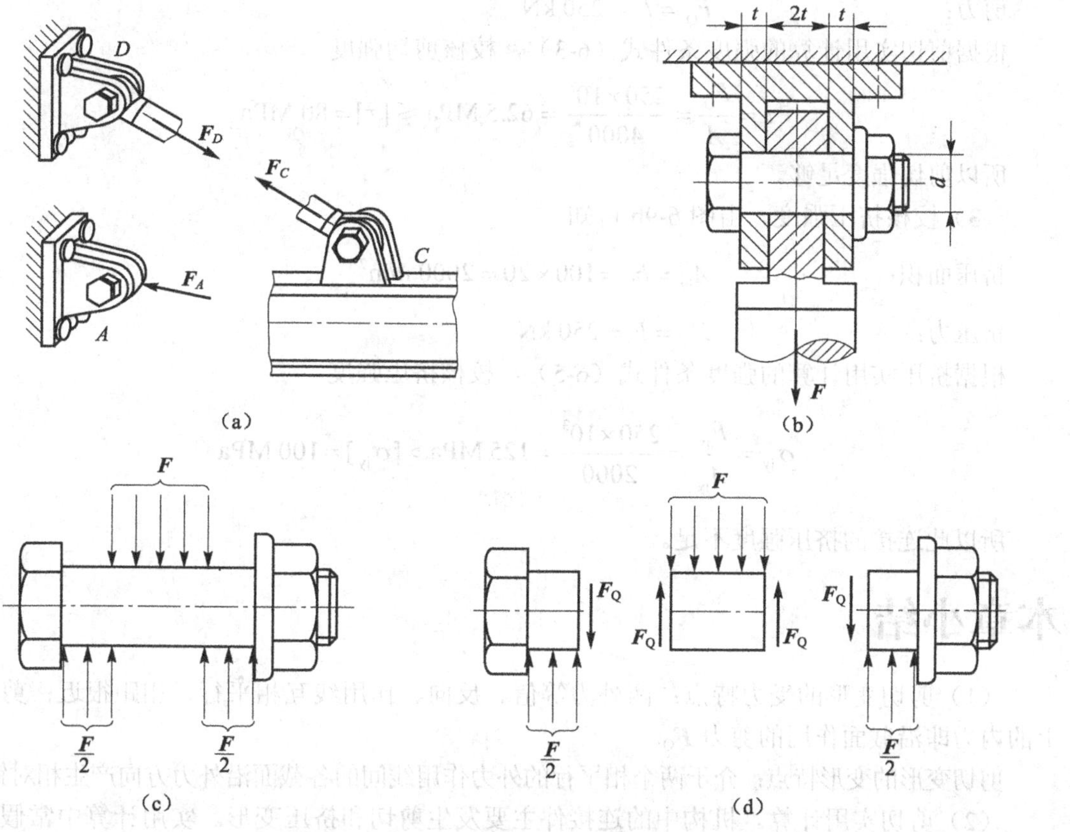

图 6-8　悬壁梁吊车

例 6-2　有一如图 6-9a 所示的连接，已知 $a = 40\ \text{mm}$，$b = 100\ \text{mm}$，$c = 20\ \text{mm}$，$F = 250\ \text{kN}$，许用切应力 $[\tau] = 80\ \text{MPa}$，许用挤压应力 $[\sigma_{jy}] = 100\ \text{MPa}$，试校核构件的剪切、挤压强度。

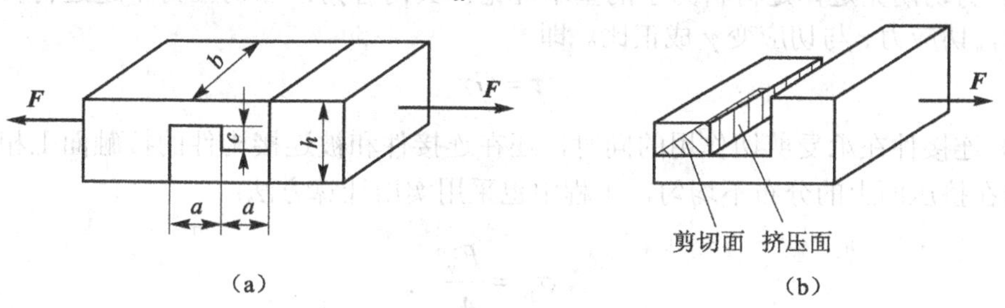

图 6-9

解 （1）分析物体的受力。由图 6-9a 可知，该连接由完全相同的两部分组成。当整体受图示两等值、反向外力作用时，组成连接的两部分就相互作用，产生剪切和挤压变形。由于构件两部分的受力情况相同，所以只需要研究其中一部分即可。现取右半部分为研究对象，剪切面、挤压面如图 6-9b 所示。

（2）校核剪切强度。由图 6-9b 可知

剪切面积：$A = ab = 40 \times 100 = 4000\ \text{mm}^2$

剪力：$F_Q = F = 250\ \text{kN}$

根据剪切实用计算的强度条件式（6-3），校核剪切强度

$$\tau = \frac{F_Q}{A} = \frac{250 \times 10^3}{4000} = 62.5\ \text{MPa} \leqslant [\tau] = 80\ \text{MPa}$$

所以剪切强度足够。

（3）校核挤压强度。由图 6-9b 可知

挤压面积：$A_{jy} = bc = 100 \times 20 = 2000\ \text{mm}^2$

挤压力：$F_{jy} = F = 250\ \text{kN}$

根据挤压实用计算的强度条件式（6-5），校核挤压强度

$$\sigma_{jy} = \frac{F_{jy}}{A_{jy}} = \frac{250 \times 10^3}{2000} = 125\ \text{MPa} > [\sigma_{jy}] = 100\ \text{MPa}$$

所以此连接的挤压强度不足。

本章小结

（1）剪切变形的受力特点：两外力等值、反向、作用线互相平行、相距很近；剪切面上的内力即沿截面作用的剪力 $\boldsymbol{F}_Q$。

剪切变形的变形特点：介于两个相平行的外力作用线间的各截面沿外力方向产生相对错动。

（2）剪切实用计算。机构中的连接件主要发生剪切和挤压变形。实用计算中常假设应力均匀分布，其剪切强度条件为

$$\tau = \frac{F_Q}{A} \leqslant [\tau]$$

（3）剪切胡克定律是材料力学的基本理论，其内容为：当切应力不超过材料的剪切比例极限时，切应力 τ 与切应变 γ 成正比。即

$$\tau = G\gamma$$

（4）连接件在承受剪切作用的同时，还在连接件和被连接构件的接触面上相互挤压。挤压应力在挤压面上的分布不均匀，工程中也采用实用计算方法：

$$\sigma_{jy} = \frac{F_{jy}}{A_{jy}}$$

挤压强度条件为：

$$\sigma_{jy}=\frac{F_{jy}}{A_{jy}}\leqslant[\sigma_{jy}]$$

（5）对构件进行剪切、挤压强度计算时，要正确判断剪切面和挤压面，并计算出它们的面积。剪切面平行于外力，且位于方向相反的两个外力之间。挤压面就是两构件传力的接触面。① 当接触面为平面时，挤压面积就是接触面面积。② 当接触面为半圆柱面时，挤压面积为半圆柱的正投影面积。

思考题

6-1　剪切变形在哪个截面上容易产生破坏？

6-2　挤压应力为什么是正应力？

6-3　切应变是什么的改变量？

6-4　实际挤压面与计算挤压面是否相同？试举例说明。

6-5　指出如图 6-10 所示构件的剪切面和挤压面。

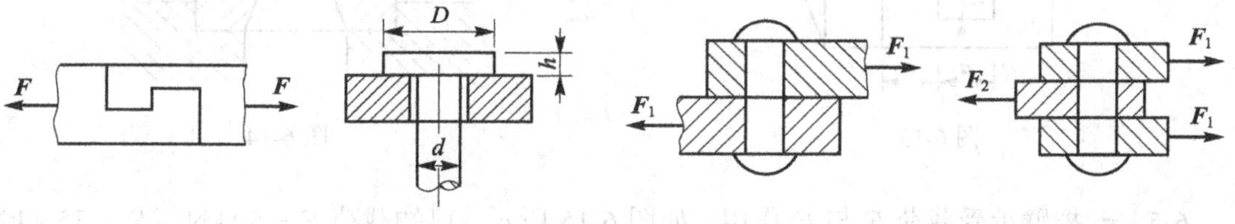

图 6-10

习　题

6-1　试对图 6-11 所示的两块钢板的连接螺栓作强度校核。已知：螺栓的许用切应力为 $[\tau]=60\,\text{MPa}$，许用挤压应力 $[\sigma_{jy}]=120\,\text{MPa}$，螺栓直径 $d=24\,\text{mm}$，每块板的厚度 $t=12\,\text{mm}$，拉力 $F=27\,\text{kN}$。

6-2　如图 6-12 所示，钢板厚度 $t=1.5\,\text{mm}$，材料剪切强度极限 $\tau_b=360\,\text{MPa}$。试求冲一矩形孔需要多大的冲剪力 $\boldsymbol{F}$？已知矩形孔的尺寸 $b\times h=30\times20(\text{mm})$。

6-3　如图 6-13 所示，宽度 $b=0.1\,\text{m}$ 的两矩形木杆互相连接。若载荷 $F=50\,\text{kN}$，木杆的许用切应力 $[\tau]=1.5\,\text{MPa}$，许用挤压应力 $[\sigma_{jy}]=12\,\text{MPa}$，试求 a 和 l 的大小。

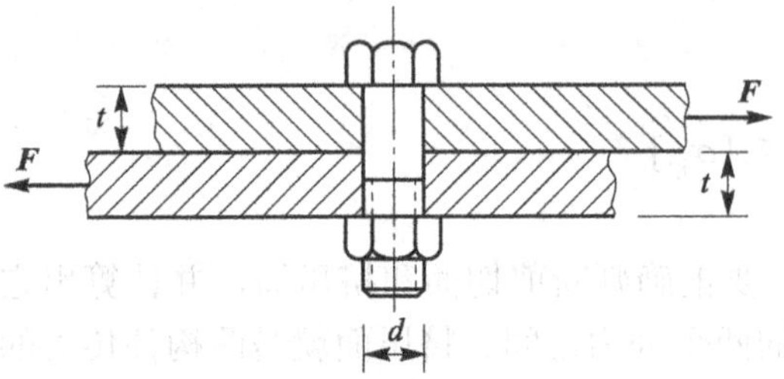

图 6-11

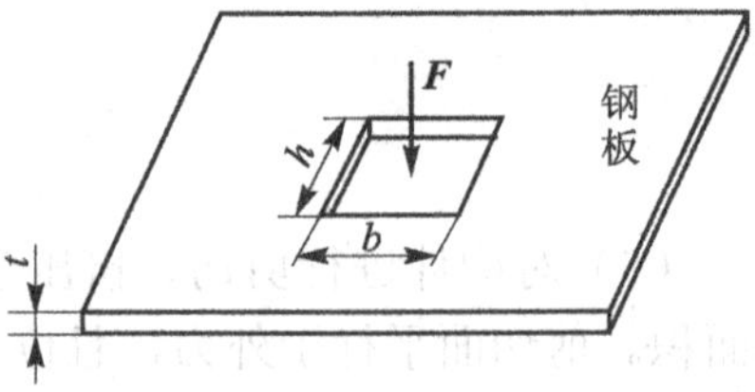

图 6-12

6-4　冲床的最大冲力 $F = 400\,\text{kN}$，冲头材料的许用压应力为 $[\sigma] = 440\,\text{MPa}$，钢板的剪切强度极限 $\tau_b = 360\,\text{MPa}$，如图 6-14 所示。试确定：

（1）该冲床能冲剪的最小孔径 d；

（2）该冲床能冲剪的钢板最大厚度 t。

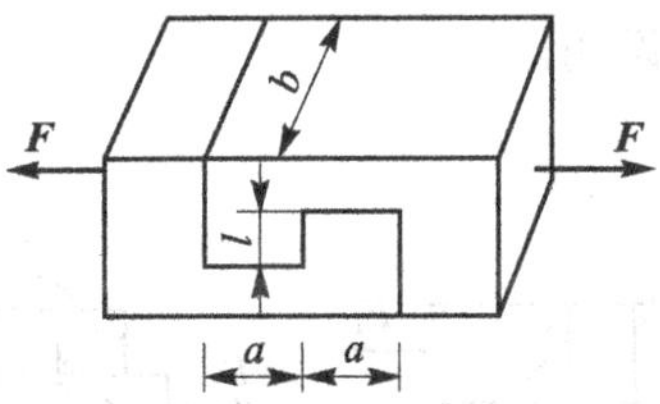

图 6-13

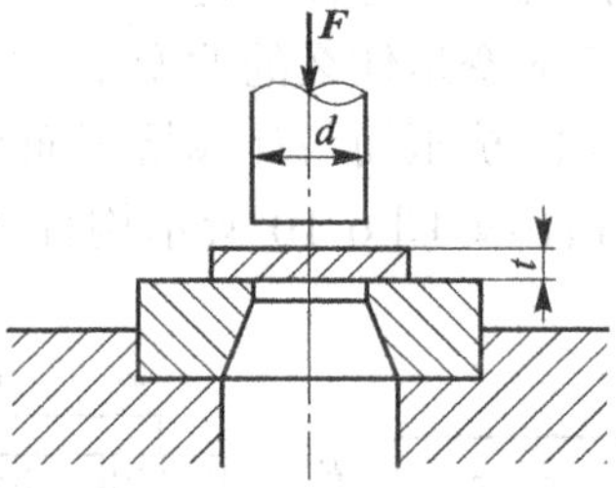

图 6-14

6-5　一摇臂承受载荷 F_1 与 F_2 作用，如图 6-15 所示。已知载荷 $F_1 = 50\,\text{kN}$，$F_2 = 35.4\,\text{kN}$，许用切应力 $[\tau] = 100\,\text{MPa}$，许用挤压应力 $[\sigma_{jy}] = 240\,\text{MPa}$。试确定轴销 B 的直径 d。

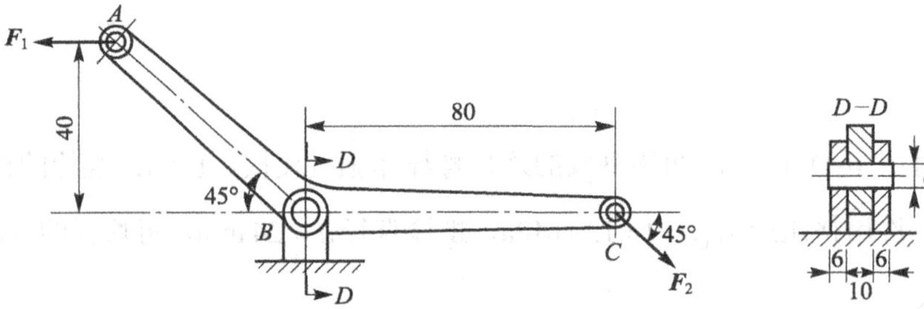

图 6-15

6-6　如图 6-16 所示接头，承受轴向载荷 $\boldsymbol{F}$ 作用，试校核接头的强度。已知：载荷 $F = 80\,\text{kN}$，板宽 $b = 80\,\text{mm}$，板厚 $t = 10\,\text{mm}$，铆钉直径 $d = 16\,\text{mm}$，许用应力 $[\sigma] = 160\,\text{MPa}$，许用切应力 $[\tau] = 120\,\text{MPa}$，许用挤压应力 $[\sigma_{jy}] = 340\,\text{MPa}$，且板件与铆钉的材料相等。

6-7　如图 6-17 所示木榫接头，$F = 50\,\text{kN}$，试求接头的剪切与挤压应力。

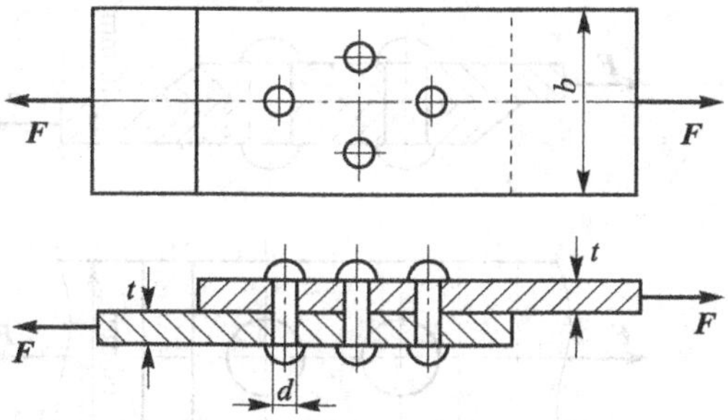

图 6-16

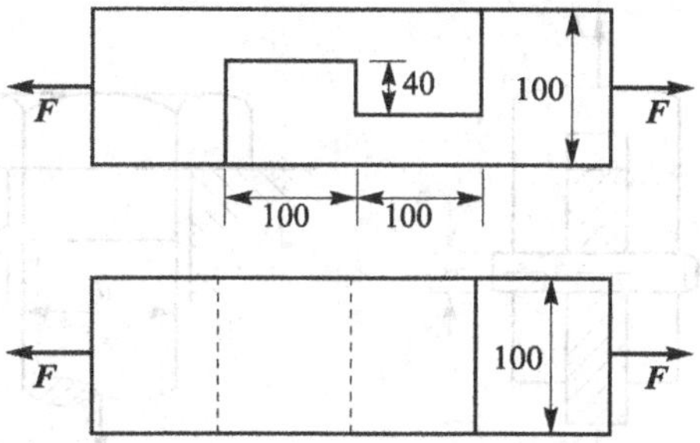

图 6-17

6-8 两块厚度为 10 mm 的钢板，若用直径为 17 mm 的铆钉搭接在一起，如图 6-18 所示。已知钢板拉力 $F = 60$ kN，铆钉的$[\tau] = 40$ MPa，$[\sigma] = 280$ MPa，试确定所需的铆钉数（假设每只铆钉的受力相等）。

6-9 测定材料剪切强度的剪切器的示意图如图 6-19 所示。设圆试件的直径 $d = 15$ mm。当压力 $F = 31.5$ kN 时，试件被剪断，试求材料的名义剪切极限应力。若许用切应力为$[\tau] = 80$ MPa，试问安全因数等于多大？

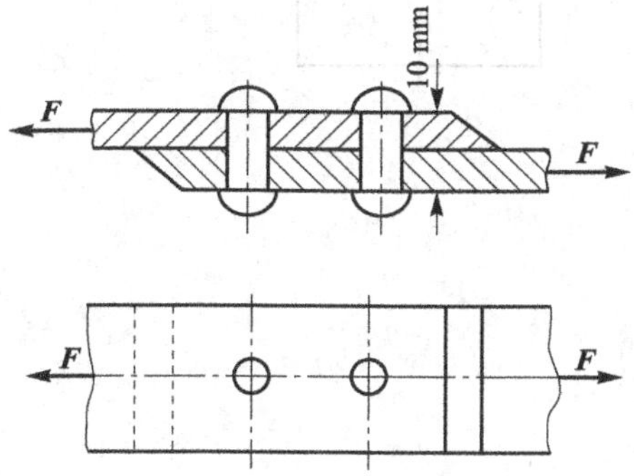

图 6-18

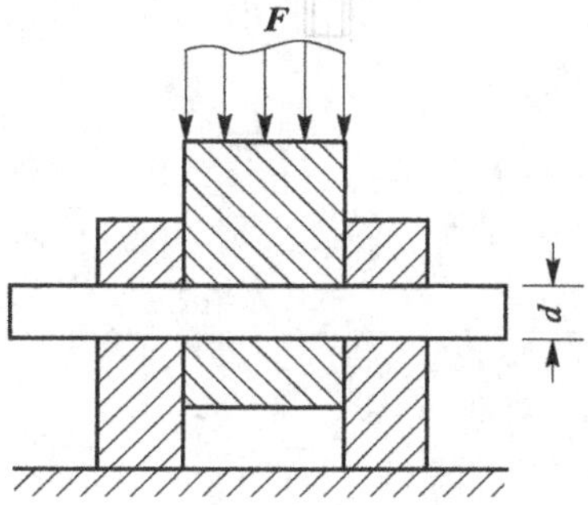

图 6-19

6-10 试校核如图 6-20 所示销钉的剪切强度。已知 $F = 120$ kN，销钉直径 $d = 30$ mm，材料的许用切应力$[\tau] = 70$ MPa。若强度不够，应改用多大直径的销钉？

6-11 如图 6-21 所示，一直径 $d = 40$ mm 的螺栓受拉力 $F = 100$ kN，已知$[\tau] = 60$ MPa，求螺母所需的高度 h。

6-12 如图 6-22 所示，两块厚度为 10 mm 的钢板，用两个直径为 17 mm 的铆钉搭接在一起，钢板受拉力 $F = 60$ kN。已知$[\tau] = 140$ MPa，$[\sigma_{jy}] = 280$ MPa，$[\sigma] = 160$ MPa。试校核该铆接件的强度（假定每个铆钉的受力相等）。

6-13 如图 6-23 所示，一螺栓将拉杆与厚度为 8 mm 的两块盖板相连接。各构件材料相同，其许用应力均为$[\sigma] = 80$ MPa，$[\tau] = 60$ MPa，$[\sigma_{jy}] = 160$ MPa。若拉杆的厚度 $t = 15$ mm，拉力 $F = 120$ kN。试设计螺栓直径 d 和拉杆宽度 b。

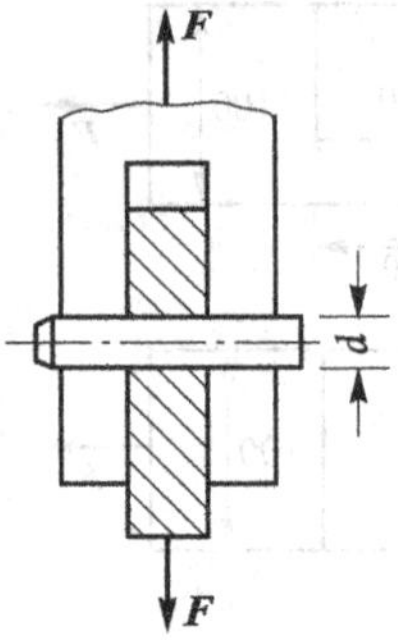

图 6-20

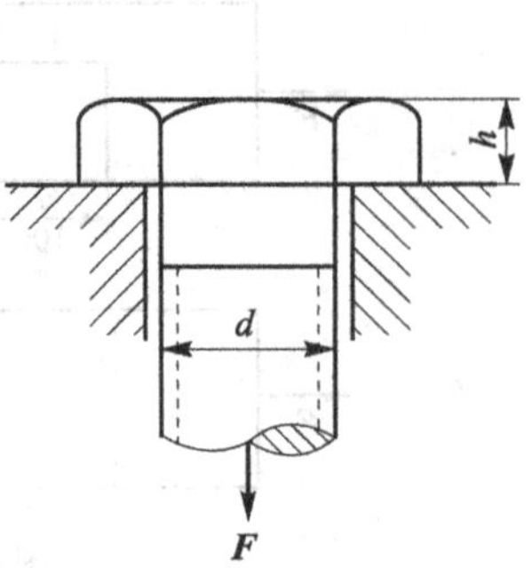

图 6-21

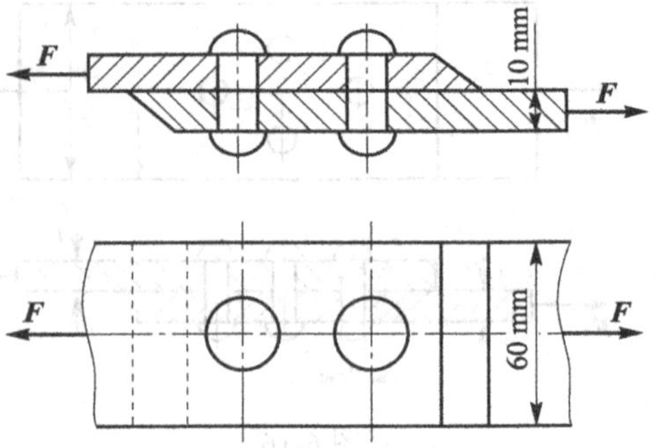

图 6-22

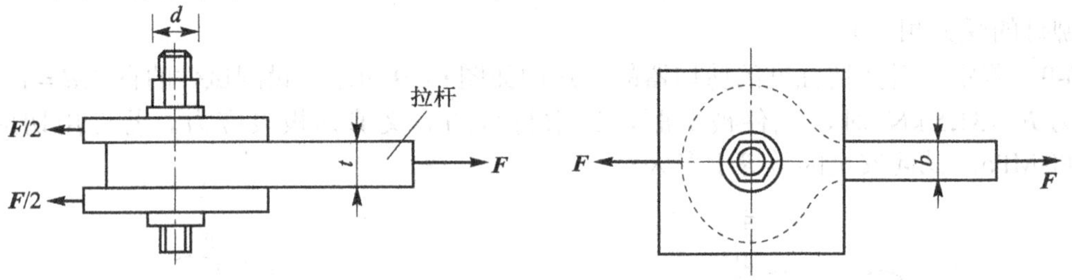

图 6-23

第 7 章　扭转变形

【学习目标与要求】

◈ 了解圆轴扭转变形的概念。
◈ 能够计算外力偶矩及圆轴横截面上的内力——扭矩，并绘制扭矩图。
◈ 掌握扭转变形构件横截面上切应力的分布规律及切应力的计算方法。
◈ 掌握扭转变形的强度和刚度条件并能用其解决工程实际中的相关问题。

7.1　扭转的概念、外力偶矩和扭矩

7.1.1　扭转的概念

在日常生活和工程实际中，有很多承受扭转变形的构件。例如图 7-1 所示的汽车转向轴，当汽车转向时，驾驶员在方向盘上施加主动力偶的作用，转向器则在转向轴的下端施加一阻力偶的作用，使转向轴产生扭转变形。再如图 7-2 所示的汽车传动轴 *AB*，在汽车运动过程中，发动机给传动轴施加一个主动力偶的作用，而后桥则给传动轴施加一个阻力偶的作用，从而使传动轴产生扭转变形。此外，还有如两手拧毛巾、用钥匙开门等等。

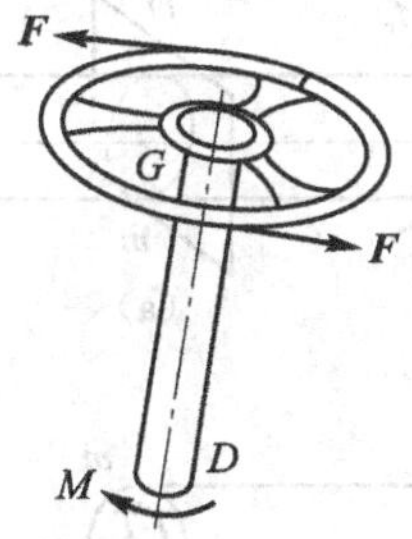

图 7-1

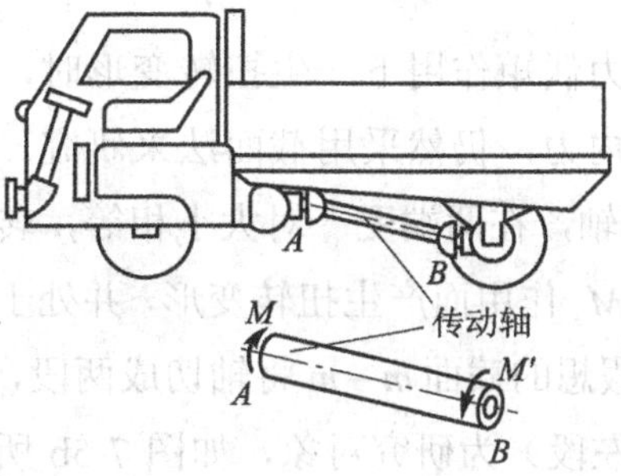

图 7-2

上述杆件的受力情况，可以简化为如图 7-3 所示的计算简图。

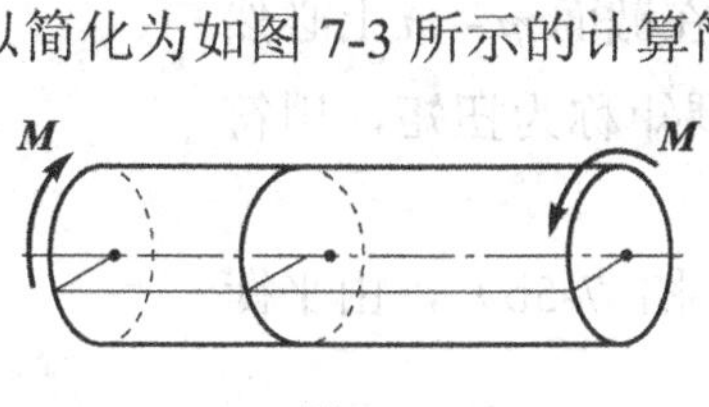

图 7-3

由图 7-3 可以看出：受扭转变形的杆件，其受力特点为杆件受到一对力偶矩大小相等、

转向相反、作用面与轴线垂直的外力偶的作用，其变形特点为介于两外力偶作用面之间的杆的各横截面都绕轴线发生了相对转动，这种变形称为**扭转变形**。以扭转变形为主的构件统称为**轴**。圆轴（横截面为圆形或圆环形）被广泛地应用在工程实践中，其变形也较复杂，在本章中我们只讨论圆轴的扭转变形问题。

7.1.2 外力偶矩的计算

在研究圆轴扭转变形的诸多问题时，首先要明确作用在轴上的外力偶矩的大小。在工程实际中，通常并不直接给出作用在轴上的外力偶矩的大小。例如图 7-4 所示的轴 AB，通常是已知轴所传递的功率 P 和轴的转速 n。由此我们可以推出作用于轴上的外力偶矩 M_e 的计算公式

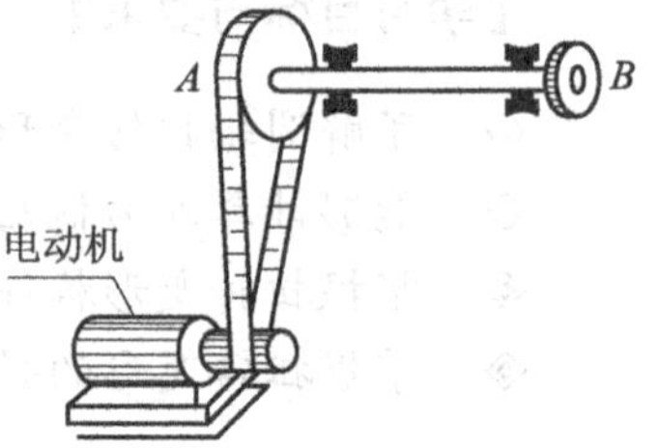

图 7-4

$$M_e = 9550\frac{P}{n} \qquad (7\text{-}1)$$

式中：M_e——外力偶矩，单位为牛顿·米（N·m）。

P——轴传递的功率，单位为千瓦（kW）。

n——轴的转速，单位为转/分（r/min）。

可以看出，轴所承受的外力偶矩与所传递的功率成正比。因此，在传递同样大的功率时，低速轴所受的外力偶矩比高速轴大，所以在传动系统中，低速轴的直径要比高速轴的直径大一些。

7.1.3 扭矩

圆轴在外力偶矩作用下产生扭转变形时，横截面上必将产生内力，仍然采用截面法来研究。如图 7-5a 所示的圆轴，在两端受一对大小相等，转向相反的外力偶矩 M_e 作用而产生扭转变形，并处于平衡状态。现用一假想的截面 $m-m$ 将轴切成两段，取其中任一段（如左段）为研究对象，如图 7-5b 所示。因为原来的轴是处于平衡状态的，所以切开后的任意一段也应处于平衡状态。所以在截面 $m-m$ 上必然存在一个内力偶矩。这个内力偶矩称为**扭矩**，用符号 T 表示，单位为 N·m。

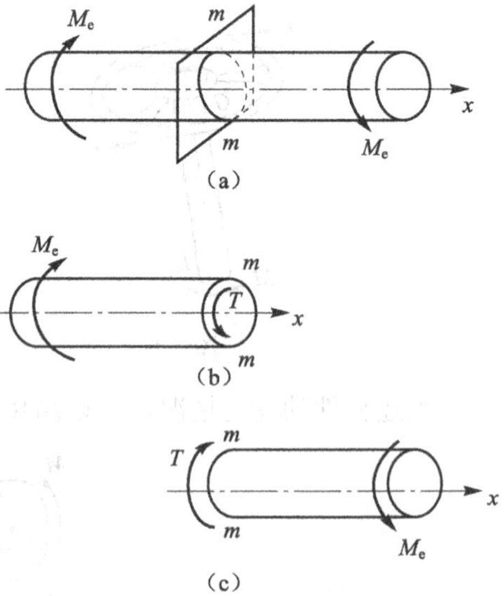

图 7-5

若取截面左段为研究对象（图 7-5b），由平衡条件 $\sum M = 0$ 得

$$T - M_e = 0$$

则 $$T = M_e$$

取截面右侧一段为研究对象（图 7-5c），所求得的扭矩数值应与取左段时相等，而转向相反，它们是作用与反作用的关系。当有多个外力偶同时作用时，由截面法分析不难发现：**某一所求截面上的扭矩 T 等于所求截面任一侧（左侧或右侧）所有外力偶的力偶矩的代数和。**

为了使从左、右两部分求得的同一截面上的扭矩正负号也相同，对扭矩的正负号规定如下：按右手螺旋法则，使右手的拇指与其余四指垂直，四指弯曲的方向与扭矩的转向一致，握住轴线，则大拇指的指向背离所求截面的扭矩取正值，指向所求截面的扭矩取负值，简称“背离截面取正，指向截面取负”。

例 7-1 一传动系统的主轴如图 7-6 所示。已知其转速 $n=600\ \text{r/min}$，输入功率 $P_C=18\ \text{kW}$，输出功率 $P_A=6\ \text{kW}$，$P_B=12\ \text{kW}$。不计轴承摩擦等因素造成的功率损耗，试求该圆轴各段的扭矩。

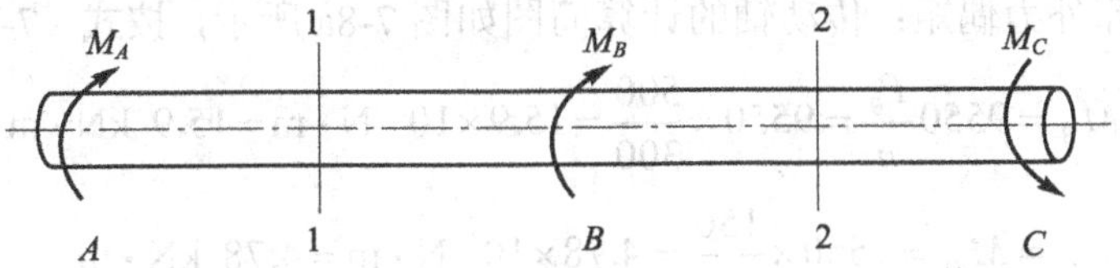

图 7-6

解 （1）求外力偶的力偶矩，由式（7-1）得

$$M_A=9550\frac{P_A}{n}=9550\times\frac{6\ \text{kW}}{600\ \text{r/min}}=95.5\ \ \text{N}\cdot\text{m}$$

$$M_B=9550\frac{P_B}{n}=9550\times\frac{12\ \text{kW}}{600\ \text{r/min}}=191\ \ \text{N}\cdot\text{m}$$

$$M_C=9550\frac{P_C}{n}=9550\times\frac{18\ \text{kW}}{600\ \text{r/min}}=286.5\ \ \text{N}\cdot\text{m}$$

（2）求圆轴各截面的扭矩：圆轴受三个外力偶的作用，将轴在每两个外力偶的作用面之间用一个截面截开，则得到$1-1$、$2-2$两截面，如图 7-6 所示。将这两个截面上的扭矩分别用 T_1、T_2 表示，则

截面$1-1$的扭矩 T_1 取截面左侧为研究对象，计算得

$$T_1=M_A=95.5\ \ \text{N}\cdot\text{m}$$

截面$2-2$的扭矩 T_2 取截面右侧为研究对象，计算得

$$T_2=M_C=286.5\ \ \text{N}\cdot\text{m}$$

7.1.4 扭矩图

若圆轴上同时受几个外力偶作用时，则各段轴截面上的扭矩就不完全相等，这时必须分段来求。为了确定最大扭矩及其所在截面的位置，通常是将扭矩随截面位置变化的规律用图形表示出来，即以横坐标表示截面位置，以纵坐标表示扭矩的大小，将扭矩按比例画到这个坐标系上而形成的图形称为**扭矩图**。下面以实例来说明扭矩图的画法。

例 7-2 如图 7-7 所示的传动轴，主动轮 B 的输入功率为 $P_B = 500\text{ kW}$，三个从动轮 A、C、D 的输出功率分别为 $P_C = P_D = 150\text{ kW}$，$P_A = 200\text{ kW}$，轴的转速为 $n = 300\text{ r/min}$，试画出传动轴的扭矩图。

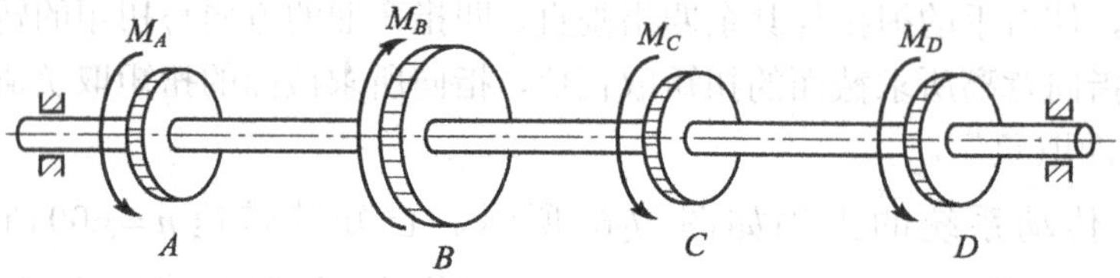

图 7-7

解 （1）计算外力偶矩：传动轴的计算简图如图 7-8a 所示，按式（7-1）计算外力偶矩：

$$M_B = 9550\frac{P_B}{n} = 9550\times\frac{500}{300} = 15.9\times10^3\ \text{N}\cdot\text{m} = 15.9\ \text{kN}\cdot\text{m}$$

$$M_C = M_D = 9550\times\frac{150}{300} = 4.78\times10^3\ \text{N}\cdot\text{m} = 4.78\ \text{kN}\cdot\text{m}$$

$$M_A = 9550\times\frac{200}{300} = 6.37\times10^3\ \text{N}\cdot\text{m} = 6.37\ \text{kN}\cdot\text{m}$$

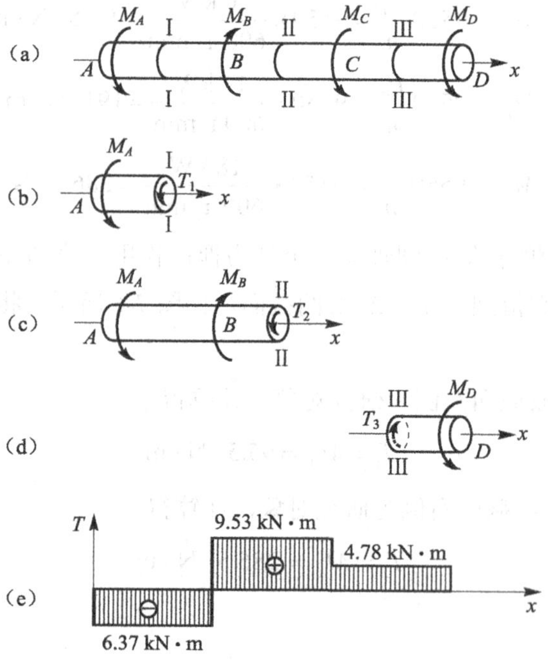

图 7-8

（2）计算各段的扭矩：将传动轴分为 AB、BC、CD 三段，将每段分别用一个截面截开，即截面 I－I、II－II、III－III，如图 7-8a 所示。

① AB 段的扭矩：取截面 I－I 的左段为研究对象，如图 7-8b 所示，则其扭矩为

$$T_1 = -M_A = -6.37 \text{ kN} \cdot \text{m}$$

② BC 段的扭矩：取截面Ⅱ－Ⅱ的左段为研究对象，如图 7-8c 所示，则其扭矩为

$$T_2 = -M_A + M_B = -6.37 + 15.9 = 9.53 \text{ kN} \cdot \text{m}$$

③ CD 段的扭矩：取截面Ⅲ－Ⅲ的右段为研究对象，如图 7-8d 所示，则其扭矩为

$$T_3 = M_D = 4.78 \text{ kN} \cdot \text{m}$$

（3）画扭矩图：根据所求得的各段的扭矩对应地画出其扭矩图如图 7-8e 所示，由图可知，最大扭矩在 BC 段内，其值等于 $9.53 \text{ kN} \cdot \text{m}$。

7.2 圆轴扭转时的应力与强度计算

7.2.1 圆轴扭转时的应力

进行圆轴扭转强度计算时，当求出横截面上的扭矩后，还应进一步研究横截面上的应力分布规律，以便求出最大应力。和杆件拉伸与压缩变形的正应力分析过程类似，也要从三方面考虑。

首先，要根据实验结果，分析出圆轴扭转变形时，其横截面上的应力是正应力还是切应力；其次，由应变规律找出应力的分布规律，也就是建立应力和应变间的物理关系；最后，根据扭矩和应力之间的静力学关系，分析出扭转变形应力的计算公式。

为了观察圆轴的扭转变形，在圆轴表面上画出许多间距很小且相等的纵向线和垂直于杆轴线的圆周线，如图 7-9 所示。

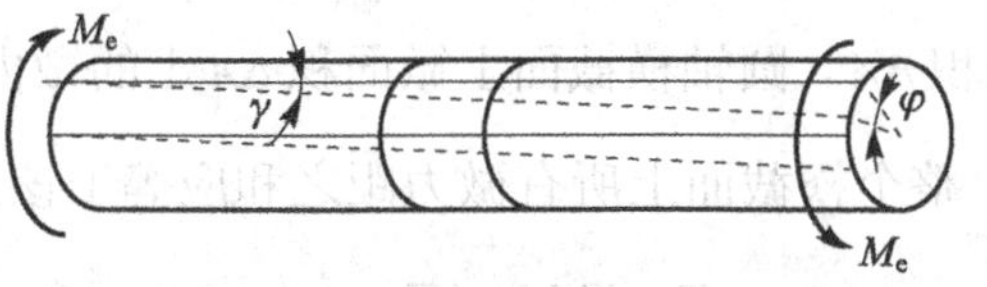

图 7-9

在两端外力偶矩 M_e 作用下，使轴产生扭转变形。可以观察到下列现象：

（1）各圆周线均绕轴线相对旋转过一个角度，但形状、大小及相邻两圆周线之间的距离均无变化。

（2）所有纵向线仍保持为直线，但都倾斜了一个微小角度 γ，使圆轴表面的小矩形变为平行四边形。

根据上述现象，可得出关于圆轴扭转的平面假设：圆轴扭转变形后，轴的横截面仍保持为平面，形状和大小均不变，半径也保持为直线。这就是圆轴扭转时的平面假设。按照这一假设，在扭转变形中，圆轴的横截面就像刚性圆盘一样，绕轴线旋转了一个角度。

由此可见：

（1）横截面上各点都无轴向变形，故横截面上没有正应力 σ。

（2）由于各圆周线均绕轴线相对旋转过一个角度，故横截面上存在切应力 τ。各横截面

半径不变，所以切应力方向与截面半径垂直。且沿着截面直径的不同位置上，各点绕轴线转过的弧线长度是不同的。如图 7-10a 所示，试在横截面上任取一点 p，则弧线长度与 p 点到圆心 O 的距离 ρ 成正比例关系，则 p 点的切应力 τ_ρ 的大小也与该点到圆心的距离 ρ 成正比，故扭转切应力分布规律如图 7-10 所示。

（3）纵向线倾斜的角度 γ 表达了轴变形的剧烈程度。

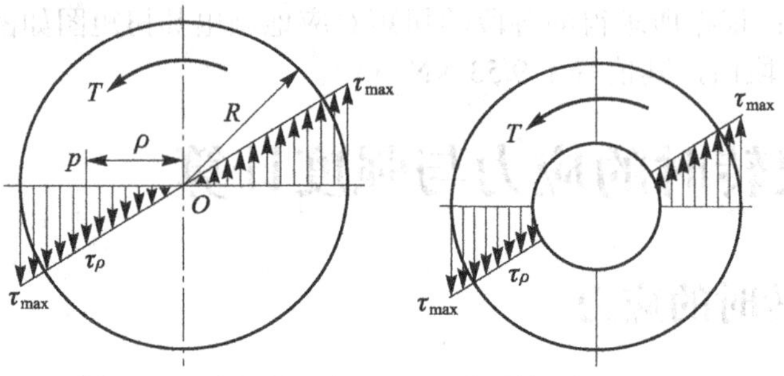

（a）实心圆截面　　（b）空心圆截面

图 7-10

从图 7-10 可知，被扭转的圆轴横截面上切应力分布规律为：圆心处的切应力为零，离圆心越远处，切应力越大，在圆周处达到最大值 $\tau_{\max}$，沿截面直径呈线性分布，有

$$\frac{\tau_\rho}{\tau_{\max}}=\frac{\rho}{R} \quad 或 \quad \tau_\rho=\frac{\tau_{\max}}{R}\rho$$

若在 p 点取一个微面积 ΔA，圆轴横截面上微面积 ΔA 上的微内力 $T_i=\tau_\rho\Delta A$，它对截面中心的微力距 $M_i=\tau_\rho\Delta A\rho$。整个横截面上所有微力距之和应等于该截面上的扭矩 T，即有

$$T=\sum M_i=\sum\tau_\rho\Delta A\rho$$

则

$$\tau_\rho=\frac{T}{\sum\Delta A\rho}$$

令 $I_{\mathrm{p}}=\sum\Delta A\rho^2$，则

$$\tau_\rho=\frac{T\rho}{I_{\mathrm{p}}}$$

因 $\rho_{\max}=R$，故

$$\tau_{\max}=\frac{TR}{I_{\mathrm{p}}}$$

现再令$W_p=\dfrac{I_p}{R}$，则

$$\tau_{\max}=\frac{T}{W_p} \tag{7-2}$$

I_p称为横截面对截面形心C的**极惯性矩**；W_p称为**扭转截面系数**。它们的计算公式见表7-1。

表7-1 圆截面对截面形心的极惯性矩和扭转截面系数计算公式

截面形状	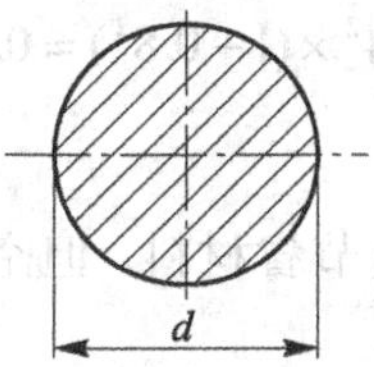 实心圆截面	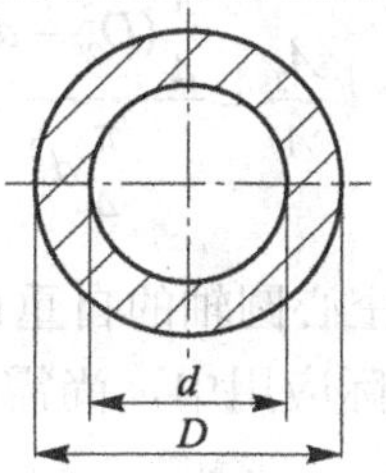 空心圆截面
极惯性矩 I_p	$I_p=\dfrac{\pi d^4}{32}$	$I_p=\dfrac{\pi}{32}(D^4-d^4)=\dfrac{\pi D^4}{32}(1-\alpha^4)$， 式中：$\alpha=\dfrac{d}{D}$
扭转截面系数 W_p	$W_p=\dfrac{\pi d^3}{16}$	$W_p=\dfrac{\pi D^3}{16}(1-\alpha^4)$， 式中：$\alpha=\dfrac{d}{D}$

例7-3 实心圆截面轴Ⅰ（图7-11a）和空心圆截面轴Ⅱ（图7-11b）除横截面不同外，其他均相同。已知空心圆截面的内外直径之比$\alpha=d_2/D_2=0.8$，试求两种圆轴在横截面上最大切应力相等的情况下，D_2与d_1之比以及两轴的重量比。

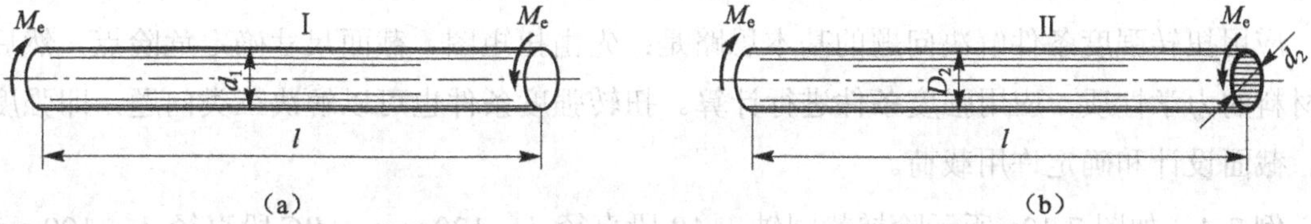

图7-11

解 （1）求实心圆截面轴的扭转截面系数W_{p1}与空心圆截面轴的扭转截面系数W_{p2}：

$$W_{p1}=\frac{\pi d_1^3}{16},\qquad W_{p2}=\frac{\pi D_2^3}{16}(1-\alpha^4)$$

（2）求实心圆截面轴的最大扭转切应力$\tau_{1\max}$和空心圆截面轴的最大扭转切应力$\tau_{2\max}$：

$$\tau_{1\max}=\frac{T_1}{W_{p1}}=\frac{M_e}{W_{p1}}=\frac{16M_e}{\pi d_1^3},\qquad \tau_{2\max}=\frac{T_2}{W_{p2}}=\frac{M_e}{W_{p2}}=\frac{16M_e}{\pi D_2^3(1-\alpha^4)}$$

由 $\tau_{1\max}=\tau_{2\max}$，并将 $\alpha=0.8$ 代入，得

$$\frac{D_2}{d_1}=\sqrt[3]{\frac{1}{1-0.8^4}}=1.194$$

由于两轴仅横截面不同，所以其重量之比即为其横截面面积之比：

$$\frac{A_2}{A_1}=\frac{\frac{\pi}{4}(D_2^2-d_2^2)}{\frac{\pi}{4}d_1^2}=\frac{D_2^2(1-\alpha^2)}{d_1^2}=1.194^2\times(1-0.8^2)=0.513$$

由此可见，空心圆轴的自重比实心圆轴轻，所以更节省材料。但空心圆轴的加工难度大，成本也较高，实际应用中，尚需考虑加工等因素。

7.2.2　圆轴扭转时的强度计算

圆轴扭转时，产生最大切应力的横截面称为**扭转危险截面**。考虑轴横截面上切应力的分布情况，可知危险截面上的应力大小和该点到圆心的距离成正比。所以在横截面上存在危险点，即应力值最大的点。为保证圆轴具有足够的扭转强度，轴的危险点的工作应力就不能超过材料的许用切应力$[\tau]$，故等直圆轴扭转的强度条件为

$$\tau_{\max}=\frac{T_{\max}}{W_p}\leqslant[\tau] \tag{7-3}$$

对于阶梯轴，由于 W_p 各处不相等，所以最大的工作切应力 $\tau_{\max}$ 不一定发生在最大扭矩所在的截面上，因此需综合考虑扭矩 T 和 W_p 两个因素来确定。

应用扭转强度条件解决问题的基本思路是：先由扭矩图、截面尺寸确定危险点，然后考虑材料的力学性质，应用强度条件进行计算。扭转强度条件也可以解决三类问题，即强度校核、截面设计和确定许用载荷。

例 7-4　如图 7-12a 所示阶梯状圆轴，AB 段直径 $d_1=120$ mm，BC 段直径 $d_2=100$ mm。扭转力偶矩 $M_A=22$ kN·m，$M_B=36$ kN·m，$M_C=14$ kN·m，材料的许用切应力 $[\tau]=80$ MPa。试校核该轴的强度。

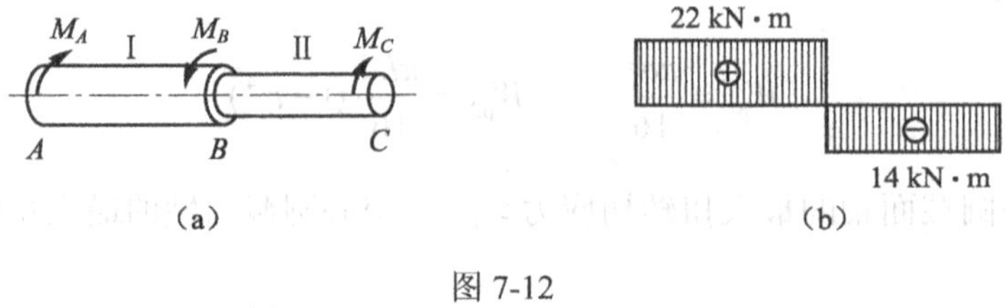

图 7-12

解　（1）求轴受到的扭矩，画扭矩图。

将轴从位置Ⅰ与位置Ⅱ处假想地截开，则截面Ⅰ的扭矩 $T_1=M_A=22\ \text{kN}\cdot\text{m}$，截面Ⅱ的扭矩 $T_2=-M_C=-14\ \text{kN}\cdot\text{m}$，绘制扭矩图如图 7-12b 所示。

（2）求每段轴横截面上的最大切应力。

AB 段内：
$$\tau_{1\max}=\frac{T_1}{W_{p1}}=\frac{22\times10^3\ \text{N}\cdot\text{m}}{\dfrac{\pi}{16}(120\times10^{-3}\ \text{m})^3}=64.8\times10^6\ \text{Pa}=64.8\ \text{MPa}$$

BC 段内：
$$\tau_{2\max}=\frac{T_2}{W_{p2}}=\frac{14\times10^3\ \text{N}\cdot\text{m}}{\dfrac{\pi}{16}(100\times10^{-3}\ \text{m})^3}=71.3\times10^6\ \text{Pa}=71.3\ \text{MPa}$$

（3）校核强度。由计算结果知，$\tau_{2\max}>\tau_{1\max}$，但由于 $\tau_{2\max}<[\tau]=80\ \text{MPa}$，故该轴的扭转强度足够。

需要指出的是，阶梯状圆轴在两段的连接处仍有应力集中现象，在以上计算中对此并未考虑，在实际生产中要注意适当考虑。

7.3　圆轴扭转时的变形与刚度计算

7.3.1　圆轴扭转时的变形

如图 7-13 所示，在圆轴扭转时，若我们事先在轴的右端面圆周上做一个记号点 *A*，则在图示的受力情况下，*A* 点将绕轴线转到 *B* 点，若把 *AB* 弧所对应的圆心角记作 φ，那么 φ 角即表示圆轴的右端面在变形前后转过的角度，同时 φ 角也可表示右端面相对于左端面所转过的角度的大小（左端面在变形前后转过的角度为 0）。所以扭转变形的变形量大小是用扭转变形后两个横截面间绕轴线的**相对扭转角** φ 来度量的。

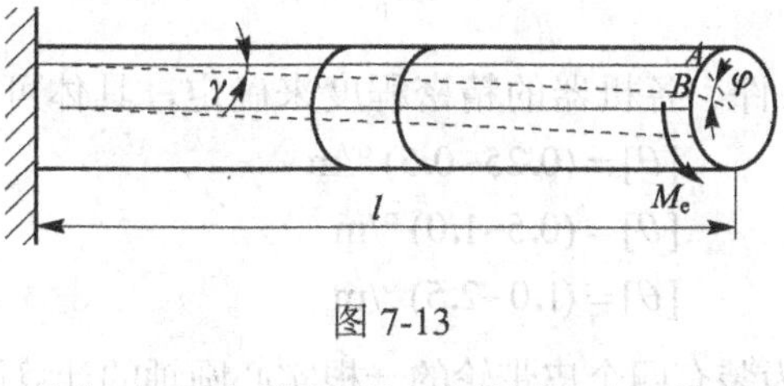

图 7-13

圆轴扭转时，相距为 l 的任意两个横截面之间的相对扭转角 φ 可用下式来计算（推导过程从略）

$$\varphi=\frac{Tl}{GI_p} \tag{7-4}$$

式中：T——所求段圆轴横截面上的扭矩；

I_p——所求段圆轴横截面上的极惯性矩；

G——材料的切变模量。

相对扭转角 φ 的单位为弧度（rad）。

由此可见扭转角 φ 与扭矩 T 和轴的长度 l 成正比，与 GI_p 成反比。GI_p 反映了圆轴抵抗扭转变形的能力，称为圆轴的**抗扭刚度**。

如果两截面之间的扭矩 T 值有变化，或轴的直径或材料不同，那么应该分段计算各段的扭转角，然后叠加。

7.3.2 圆轴扭转时的刚度计算

轴类零件除应满足强度要求外，还应满足刚度要求，即不允许轴有过大的扭转变形。例如车床的丝杠若扭转角过大，会影响车刀进给，从而降低加工精度；发动机的凸轮轴扭转角过大，会影响气门开关的时间；镗床的主轴或磨床的传动轴若扭转角过大，将引起扭转振动，影响工件的加工精度和表面粗糙度。所以轴还应满足刚度要求。工程中常采用**单位长度的相对扭转角** θ 来限制轴的扭转变形的程度，从而使扭转变形量的表达式中消除长度 l 的影响，即

$$\theta=\frac{\varphi}{l}=\frac{T}{GI_p}$$

这样求得的 θ 的单位为弧度/米（rad/m）。在工程中，θ 的单位习惯上用度/米（°/m）表示，所以把公式中的弧度换算为度，得

$$\theta=\frac{\varphi}{l}=\frac{T}{GI_p}\times\frac{180}{\pi} \tag{7-5}$$

工程机械中，为了保证轴的刚度，通常规定单位长度相对扭转角的最大值 θ_{max} 不超过轴单位长度的许用扭转角 $[\theta]$，于是得扭转变形的刚度条件为

$$\theta=\frac{\varphi}{l}=\frac{T}{GI_p}\times\frac{180}{\pi}\leqslant[\theta] \tag{7-6}$$

$[\theta]$ 的值按轴的工作条件、各机器的精密程度来确定，具体可查阅工程手册。一般规定：

精密机器的轴：　　$[\theta]=(0.25\sim0.5)$ °/m

一般的传动轴：　　$[\theta]=(0.5\sim1.0)$ °/m

精度较低的轴：　　$[\theta]=(1.0\sim2.5)$ °/m

例 7-5　图 7-14a 所示为装有四个皮带轮的一根实心圆轴的计算简图。已知 $M_{e1}=1.5$ kN·m，$M_{e2}=3$ kN·m，$M_{e3}=9$ kN·m，$M_{e4}=4.5$ kN·m；材料的切变模量 $G=80$ GPa，许用切应力 $[\tau]=80$ MPa，单位长度许用扭转角 $[\theta]=0.005$ rad/m。

（1）设计轴的直径 D；

（2）若轴的直径 $D_0=105$ mm，试计算全轴的相对扭转角。

解　画轴的扭矩图，如图 7-14b 所示。由扭矩图可知，圆轴中的最大扭矩发生在 AB 和 BC 段，其绝对值为 4.5 kN·m。

（1）设计轴的直径 D，根据强度条件

$$\tau_{max}=\frac{T_{max}}{W_p}=\frac{T_{max}}{\pi D^3/16}\leqslant[\tau]$$

可以得到轴的直径为

$$D\geqslant\sqrt[3]{\frac{16T_{max}}{\pi[\tau]}}=\sqrt[3]{\frac{16\times4.5\times10^3}{\pi\times80\times10^6}}=0.066\ \text{m}=66\ \text{mm}$$

根据刚度条件式（7-6）得

$$\theta=\frac{T_{max}}{GI_p}=\frac{T_{max}}{G\pi D^4/32}\leqslant[\theta]$$

可以得到轴的直径为

$$D\geqslant\sqrt[4]{\frac{32T_{max}}{\pi G[\theta]}}=\sqrt[4]{\frac{32\times4.5\times10^3}{\pi\times80\times10^9\times0.005}}=0.103\ \text{m}=103\ \text{mm}$$

根据上述强度计算和刚度计算的结果可知，该轴的直径应选用 $D=103\ \text{mm}$。

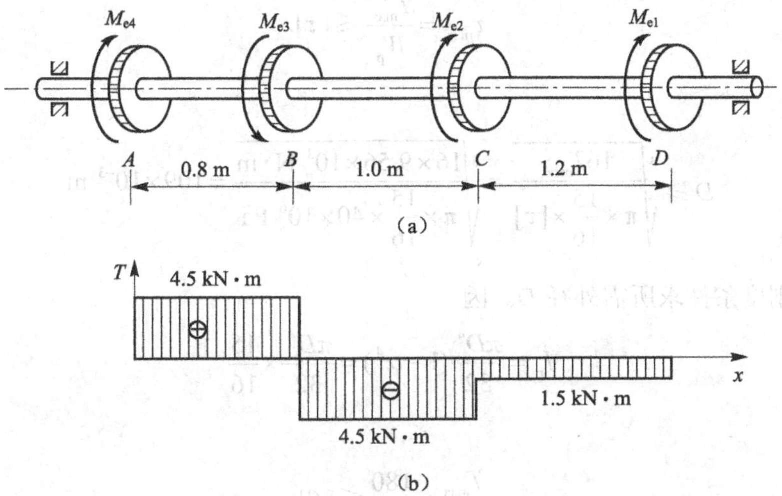

图 7-14

（2）全轴的相对扭转角的计算，若选用轴的直径 $D_0=105\,\text{mm}$，其极惯性矩为

$$I_p=\frac{\pi D_0^4}{32}=\frac{\pi\times0.105^4}{32}=1190\times10^{-8}\ \text{m}^4$$

$$\varphi_{CD}=\frac{T_{CD}l_{CD}}{GI_p}=\frac{-1.5\times10^3\times1.2}{80\times10^9\times1190\times10^{-8}}=-1.89\times10^{-3}\ \text{rad}$$

$$\varphi_{BC}=\frac{T_{BC}l_{BC}}{GI_p}=\frac{-4.5\times10^3\times1}{80\times10^9\times1190\times10^{-8}}=-4.73\times10^{-3}\text{ rad}$$

$$\varphi_{AB}=\frac{T_{AB}l_{AB}}{GI_p}=\frac{4.5\times10^3\times0.8}{80\times10^9\times1190\times10^{-8}}=3.78\times10^{-3}\text{ rad}$$

全轴的相对扭转角为

$$\varphi_{AD}=-1.89\times10^{-3}-4.73\times10^{-3}+3.78\times10^{-3}=-2.84\times10^{-3}\text{ rad}$$

例 7-6 由 45 号钢制成的某空心圆截面轴，已知内、外直径之比 $\alpha=0.5$ 。材料的许用切应力 $[\tau]=40\text{ MPa}$ ，切变模量 $G=80\text{ GPa}$ 。轴的横截面上扭矩的最大值为 $T_{\max}=9.56\ \text{kN}\cdot\text{m}$，轴的许用单位长度扭转角 $[\theta]=0.3\ °/\text{m}$ 。试选择轴的直径。

解 （1）按强度条件求所需外径 D，因

$$W_p=\frac{\pi D^3}{16}(1-\alpha^4)=\frac{\pi D^3}{16}\times\frac{15}{16}$$

由

$$\tau_{\max}=\frac{T_{\max}}{W_p}\leqslant[\tau]$$

得

$$D\geqslant\sqrt[3]{\frac{16T_{\max}}{\pi\times\frac{15}{16}\times[\tau]}}=\sqrt[3]{\frac{16\times9.56\times10^3\ \text{N}\cdot\text{m}}{\pi\times\frac{15}{16}\times40\times10^6\ \text{Pa}}}=109\times10^{-3}\text{ m}$$

（2）按刚度条件求所需外径 D。因

$$I_p=\frac{\pi D^4}{32}(1-\alpha^4)=\frac{\pi D^4}{32}\times\frac{15}{16}$$

由

$$\frac{T_{\max}}{GI_p}\times\frac{180}{\pi}\leqslant[\theta]$$

得

$$D\geqslant\sqrt[4]{\frac{32T_{\max}}{G\pi\times\frac{15}{16}}\times\frac{180}{\pi}\times\frac{1}{[\theta]}}=\sqrt[4]{\frac{32\times9.56\times10^3\ \text{N}\cdot\text{m}}{80\times10^9\ \text{Pa}\times\pi\times\frac{15}{16}}\times\frac{180}{\pi}\times\frac{1}{0.3\ °/\text{m}}}=125.5\times10^{-3}\text{ m}$$

（3）故空心圆截面轴所需外径为 $D\geqslant125.5\text{ mm}$（由刚度条件控制），由 $\alpha=d/D=0.5$ 得内径为 $d\geqslant62.75\text{ mm}$ 。

由以上分析不难看出，要提高圆轴扭转时的强度和刚度，可以从降低扭矩和增大极惯性矩或扭转截面系数等方面来考虑。为了降低扭矩，当轴传递的外力偶矩一定时，可以通过合

理地布置主动轮与从动轮的位置来实现。

为了增大极惯性矩或扭转截面系数，工程上常采用空心轴，这样既可节约原材料，又能使轴的强度和刚度有较大的提高。但是，空心轴价格昂贵，一般情况下不采用。

工程上还可能遇到非圆截面杆的扭转，如正多边形截面和方形截面的传动轴。非圆截面杆扭转时，横截面不再保持平面，即横截面要发生翘曲。因此，上述平面假设导出的扭转圆轴的应力、变形公式，对非圆截面杆均不适用。

本章小结

（1）外力偶矩的计算公式：$M_e = 9550\dfrac{P}{n}$

其中，力偶矩 M_e 单位是 N·m，功率 P 单位是 kW，转速 n 单位是 r/min。

（2）某一所求截面上的扭矩 T 等于所求截面任一侧（左侧或右侧）所有外力偶的力偶矩的代数和。

正负号规定如下：按右手螺旋法则，以右手四指表示扭矩的转向，则大拇指的指向背离所求截面时的扭矩为正，大拇指指向截面时的扭矩为负，简称“背离截面取正，指向截面取负”。

（3）扭矩图是扭矩随截面位置变化的规律的图形，通常以横坐标表示截面位置，以纵坐标表示扭矩的大小。

（4）扭转切应力的分布规律：圆轴横截面上圆心处的切应力为零，离圆心越远处，切应力越大，在圆周处达到最大值 τ_{max}，沿截面直径呈线性分布。

（5）等直圆轴扭转的强度条件为

$$\tau_{max} = \frac{T_{max}}{W_p} \leqslant [\tau]$$

对于阶梯轴，由于 W_p 各处不相等，所以最大的工作切应力 τ_{max} 不一定发生在最大扭矩所在的截面上，因此需综合考虑扭矩 T 和 W_p 两个因素来确定。

（6）扭转变形的刚度条件为

$$\theta = \frac{\varphi}{l} = \frac{T}{GI_p} \times \frac{180}{\pi} \leqslant [\theta]$$

思考题

7-1　若直径和长度相同，而材料不同的两根轴，在相同的扭矩作用下，它们的最大切应力是否相同？扭转角是否相同？

7-2　横截面面积相同的空心圆轴与实心圆轴，哪一个的强度、刚度较好？工程中为什么使用实心轴较多？

7-3　试分析如图 7-15 所示扭转切应力分布是否正确？为什么？

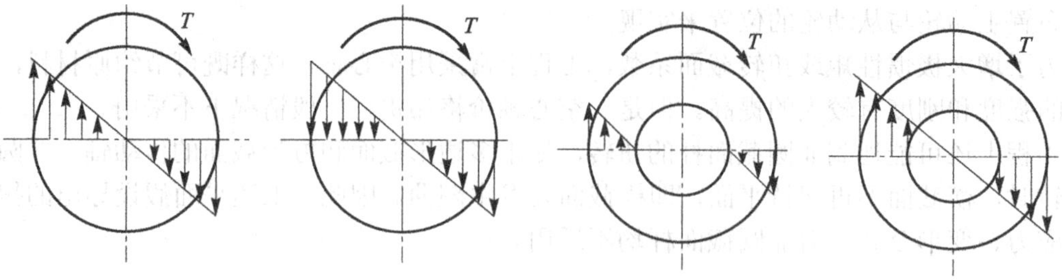

(a) (b) (c) (d)

图 7-15

7-4 图 7-16a 中轴 *AD* 所对应的扭矩图如图 7-16b 所示，如果将主动轮 *A* 与从动轮 *B* 的位置对调（图 7-16c），则扭矩图如图 7-16d 所示。试判断哪种布置更合理？

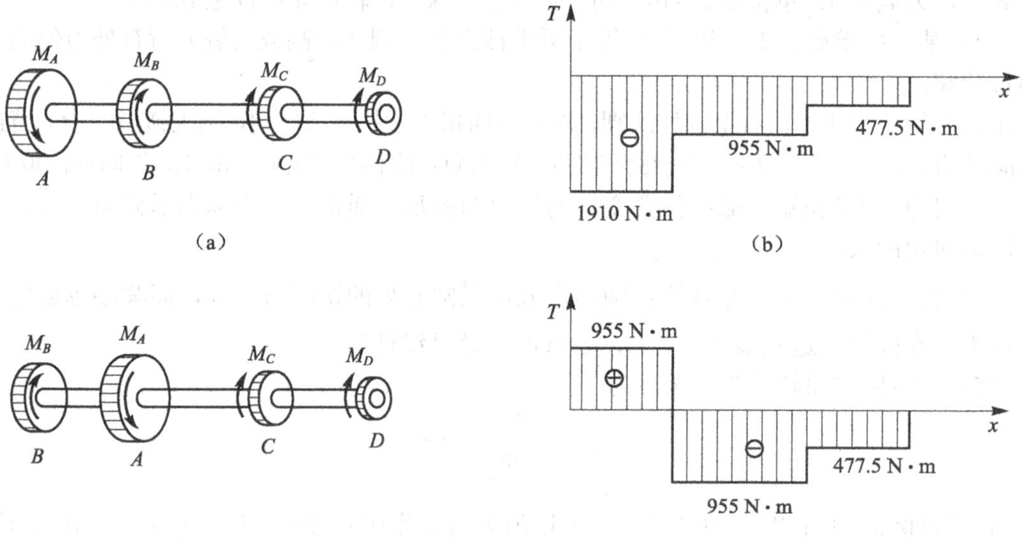

(a) (b)
(c) (d)

图 7-16

7-5 两直径不同的钢轴和铜轴，若两轴上的外力偶矩相同，其扭矩图是否相同？

7-6 阶梯轴的最大扭转切应力是否一定发生在最大扭矩所在的截面上，为什么？

7-7 空心圆杆截面如图 7-17 所示，其极惯性矩和扭转截面系数是否可按下式计算？为什么？

$$I_p=\frac{\pi D^4}{32}-\frac{\pi d^4}{32}, \qquad W_p=\frac{\pi D^3}{16}-\frac{\pi d^3}{16}$$

7-8 轴线与木纹平行的木质圆杆试样进行扭转试验时，试样最先出现什么样的破坏？为什么？

7-9 利用弯曲内力知识说明为什么标准双杠的尺寸设计为 $a=l/4$，如图 7-18 所示。

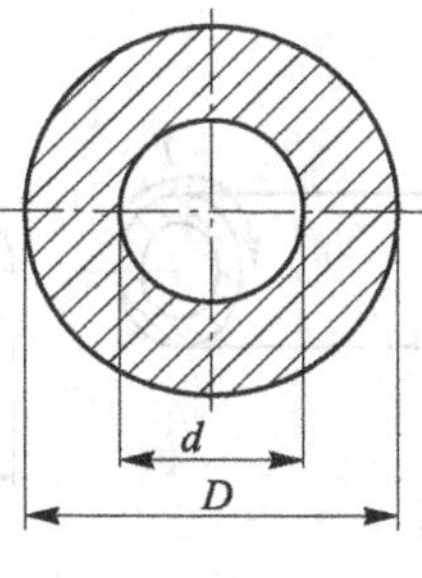

图 7-17

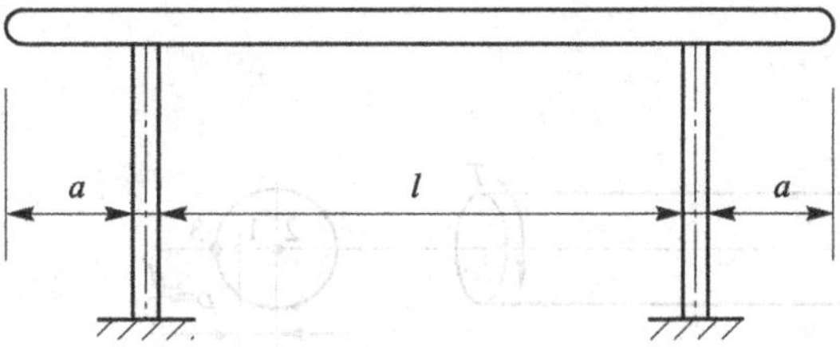

图 7-18

习　题

7-1　一传动轴如图 7-19 所示，转速 $n=300\ \text{r/min}$，主动轮输入的功率 $P_1=500\ \text{kW}$，三个从动轮输出的功率分别为：$P_2=150\ \text{kW}$，$P_3=150\ \text{kW}$，$P_4=200\ \text{kW}$，试作轴的扭矩图。

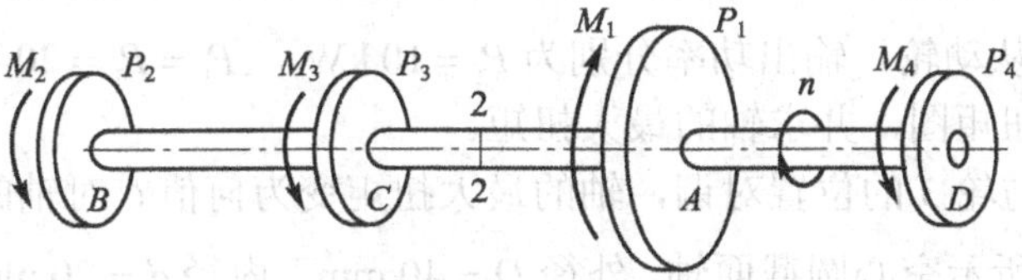

图 7-19

7-2　试求图 7-20 所示各轴的扭矩，画出扭矩图。

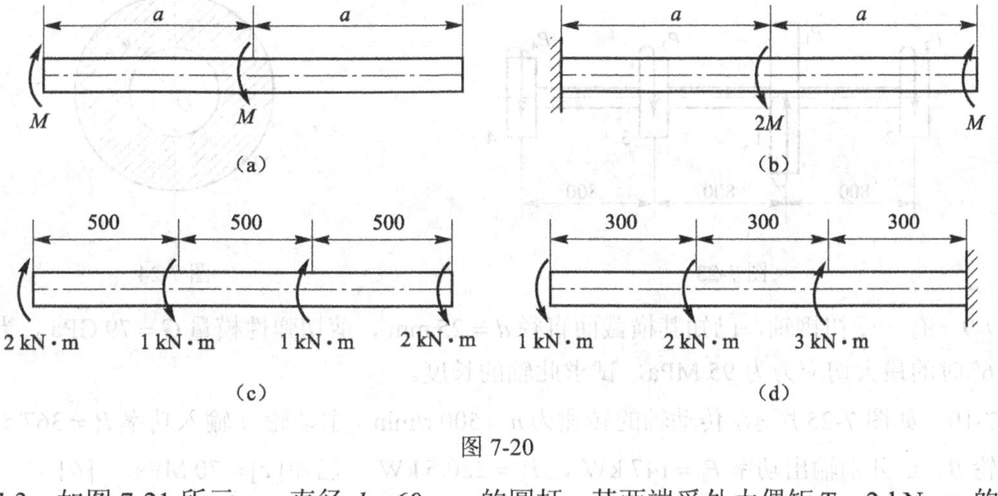

图 7-20

7-3　如图 7-21 所示，一直径 $d=60\ \text{mm}$ 的圆杆，其两端受外力偶矩 $T=2\ \text{kN}\cdot\text{m}$ 的作用而发生扭转。试求横截面上 1、2、3 点处的切应力和最大切应变，并在此三点处画出切应力的方向（$G=80\ \text{GPa}$）。

7-4　如图 7-22 所示，空心圆轴外径 $D=80\ \text{mm}$，内径 $d=62\ \text{mm}$，两端承受扭矩 $T=1\ \text{kN}\cdot\text{m}$ 的作用，试求：（1）最大切应力和最小切应力；（2）在图 7-22b 所示横截面上

绘制切应力的分布图。

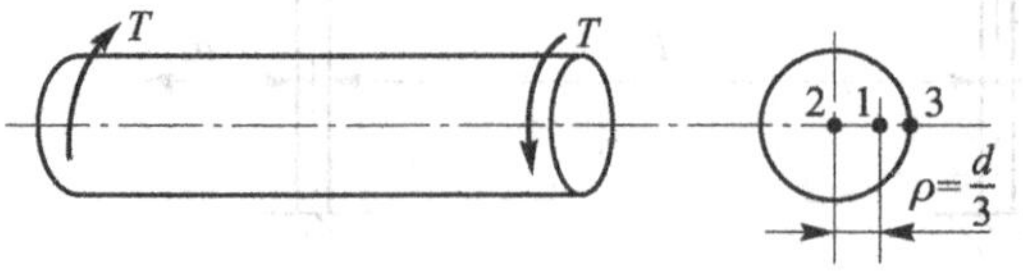

图 7-21

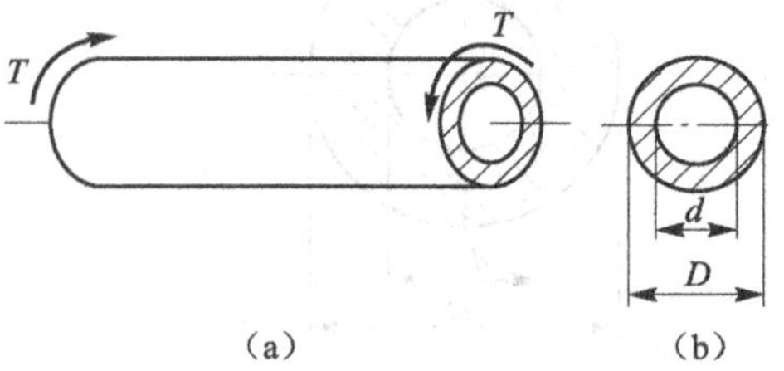

图 7-22

7-5　一钢轴长 $l=1\text{ m}$，承受扭矩 $T=18\text{ kN}\cdot\text{m}$ 的作用，材料的许用切应力 $[\tau]=40\text{ MPa}$，试按强度条件确定圆轴的直径 d。

7-6　为了使实心圆轴的重量减轻 20%，用外径为内径两倍的空心圆轴代替。如实心圆轴内最大切应力等于 60 MPa，则在空心圆轴内最大切应力等于多少？

7-7　某传动轴如图 7-23 所示，转速 $n=300\text{ r/min}$，轮 1 为主动轮，输入的功率 $P_1=50\text{ kW}$，轮 2、轮 3 与轮 4 为从动轮，输出功率分别为 $P_2=10\text{ kW}$，$P_3=P_4=20\text{ kW}$。

（1）试画轴的扭矩图，并求轴的最大扭矩。

（2）若将轮 1 与轮 3 的位置对调，轴的最大扭矩变为何值？对轴的受力是否有利？

7-8　如图 7-24 所示空心圆截面轴，外径 $D=40\text{ mm}$，内径 $d=20\text{ mm}$，扭矩 $T=1\text{ kN}\cdot\text{m}$，试计算 A 点处（$\rho_A=15\text{ mm}$）的扭转切应力 τ_A，以及横截面上的最大与最小扭转切应力。

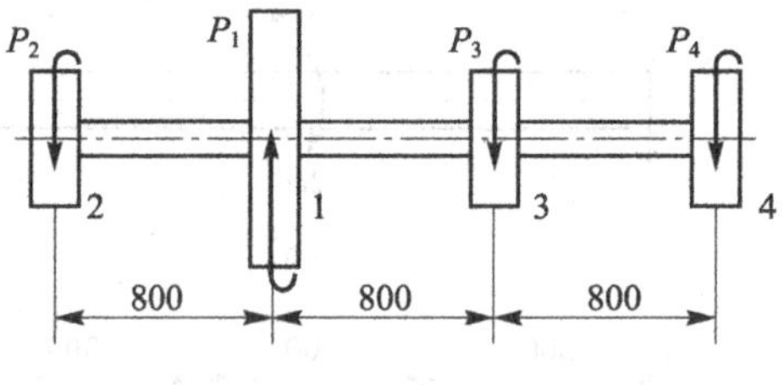

图 7-23

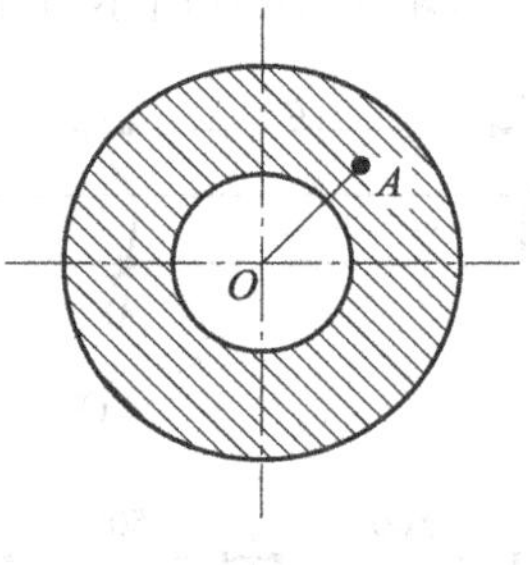

图 7-24

7-9　有一受扭钢轴，已知其横截面直径 $d=25\text{ mm}$，剪切弹性模量 $G=79\text{ GPa}$，当扭转角为 6° 时的最大切应力为 95 MPa，试求此轴的长度。

7-10　如图 7-25 所示，传动轴的转速为 $n=500\text{ r/min}$，主动轮 A 输入功率 $P_1=367.5\text{ kW}$，从动轮 B、C 分别输出功率 $P_2=147\text{ kW}$，$P_3=220.5\text{ kW}$。已知 $[\tau]=70\text{ MPa}$，$[\theta]=1\ ^\circ/\text{m}$，$G=8\times10^4\text{ MPa}$。

（1）确定 AB 段的直径 d_1 和 BC 段的直径 d_2。

（2）若 AB 和 BC 两段选用同一直径，试确定直径 d。

7-11　如图 7-26 所示圆轴 AC。AB 段为实心，直径为 50 mm；BC 段为空心，外径为 50 mm，内径为 35 mm。要使杆的总扭转角为 0.12°，试确定 BC 段的长度 a。设 $G=80\text{ GPa}$。

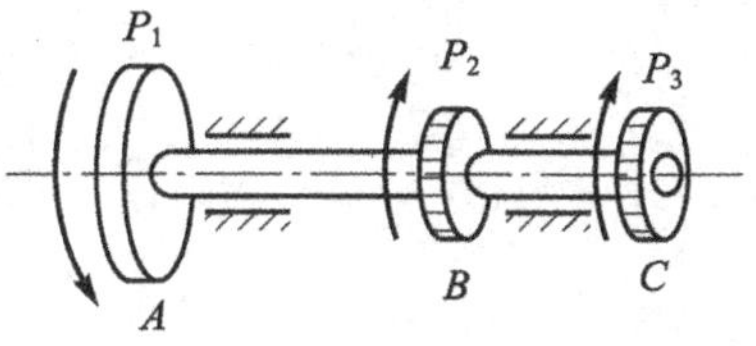

图 7-25

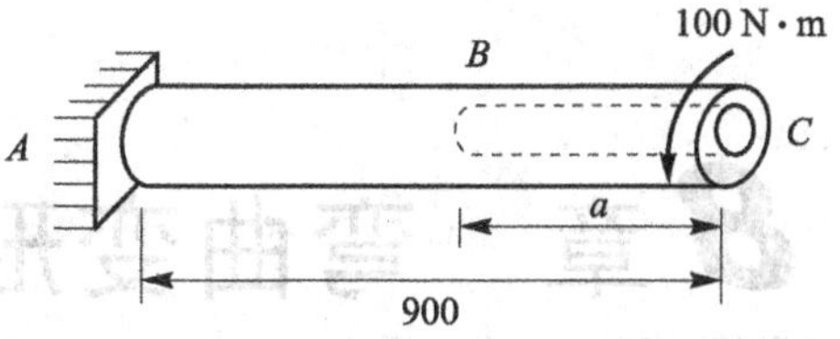

图 7-26

7-12　如图 7-27 所示圆截面轴，AB 与 BC 段的直径分别为 d_1 与 d_2，且 $d_1 = 4d_2/3$，试求轴内的最大切应力与截面 C 的转角，并画出轴表面母线的位移情况（材料的切变模量为 G）。

7-13　图 7-28 所示为两端固定的圆截面轴，直径为 d，材料的切变模量为 G，截面 B 的转角为 φ_B，试求所加外力偶矩 M 的值。

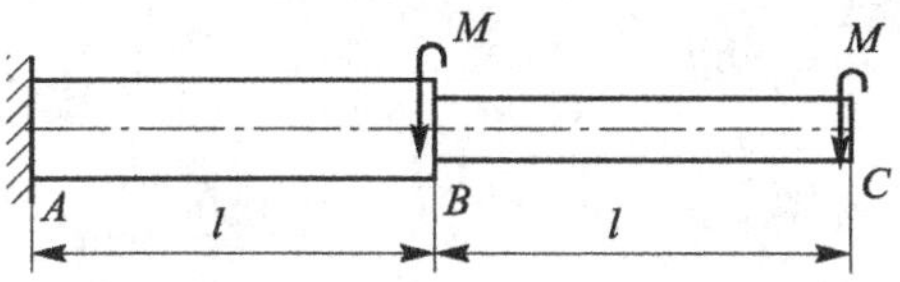

图 7-27

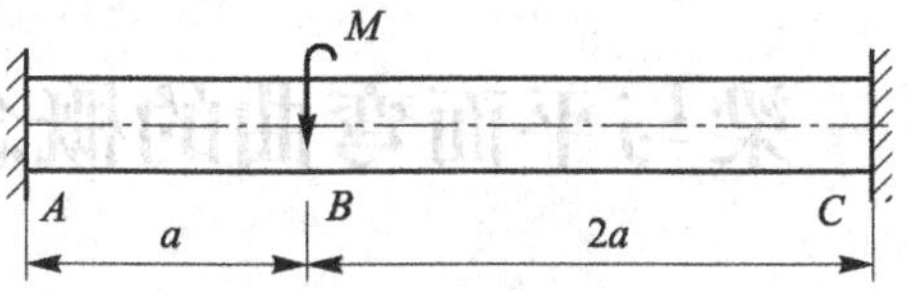

图 7-28

第 8 章 弯曲变形

【学习目标与要求】

- ◈ 了解梁弯曲变形的概念及工程实际中的弯曲变形问题。
- ◈ 掌握平面弯曲时梁正应力计算公式中各项的意义。
- ◈ 掌握梁弯曲时横截面上正应力的分布规律。
- ◈ 掌握梁弯曲时正应力强度的计算方法。
- ◈ 熟悉提高梁弯曲强度的措施。

8.1 梁与平面弯曲的概念

8.1.1 梁的概念

工程实际中存在大量的受弯曲杆件，如桥式起重机大梁（图 8-1）、车刀（图 8-2）、火车轮轴（图 8-3）等。所谓的**弯曲变形**，是指在外载荷作用下杆的轴线由直线变成曲线。以弯曲变形为主要变形的杆件统称为**梁**。

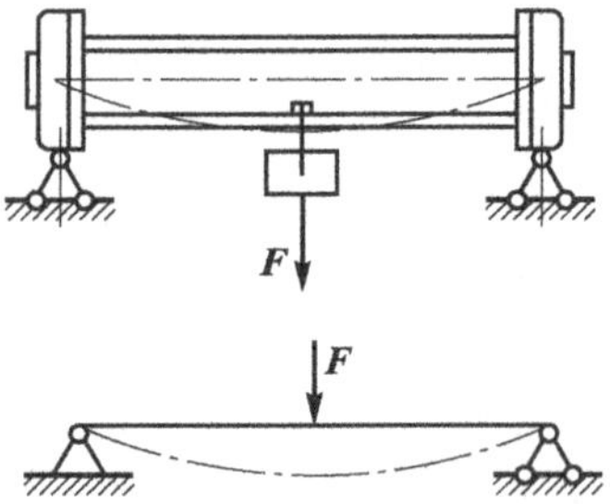

图 8-1

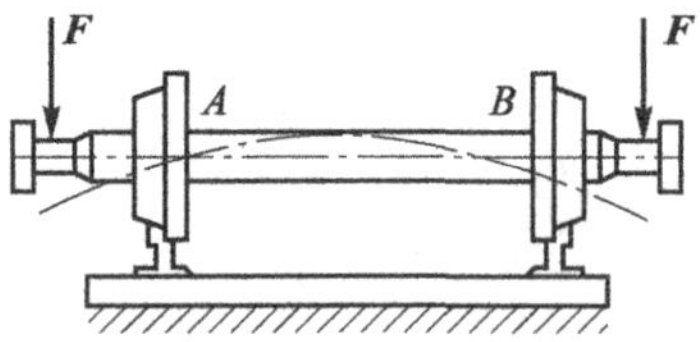

图 8-2

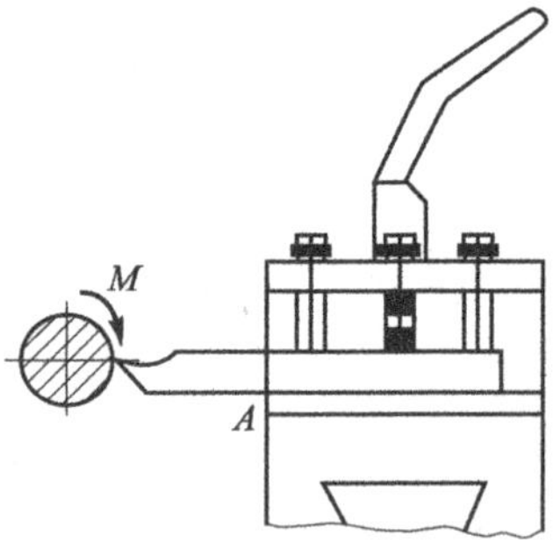

图 8-3

1. 梁的简化

为了研究和绘图的方便，首先对梁本身进行简化，就是用梁的轴线来代替实际的梁。根据梁的支承情况，一般可把梁简化为图 8-4 所示的三种基本形式。

（1）**简支梁** 一端为固定铰链支座，另一端为活动铰链支座的梁称为简支梁（图 8-4a）。

（2）**外伸梁** 外伸梁的支座与简支梁一样，不同点是梁的一端或两端伸出支座以外，所以称为外伸梁（图 8-4b）。

（3）**悬臂梁** 一端固定，另一端自由的梁称为悬臂梁（图 8-4c）。

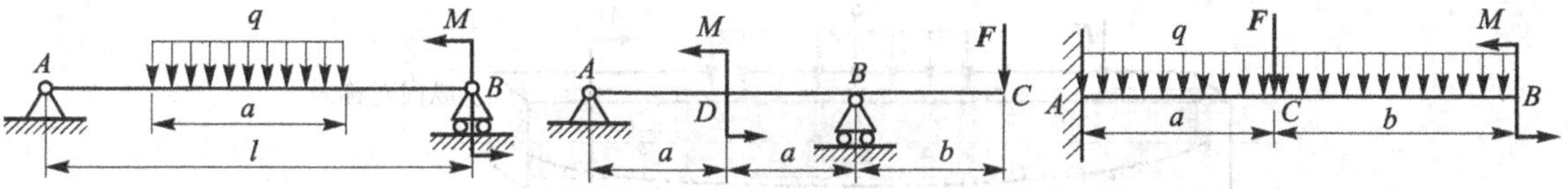

（a）简支梁　（b）外伸梁　（c）悬臂梁

图 8-4

以上三种梁的未知约束力最多只有三个，应用静力学平衡条件就可以确定这三种形式梁的约束力。故这三种梁都是“静定梁”；凡约束力的求得不仅需要考虑静力学平衡方程，还需考虑其变形的梁称为“静不定梁”或“超静定梁”。

2. 梁所受的载荷分类

作用在梁上的载荷通常可以简化为以下三种类型：

（1）**集中载荷**　当载荷的作用范围和梁的长度相比较很小时，可以简化为作用于一点的力，称为集中载荷或集中力。如车刀所受的切削力便可视为集中力 F，其单位为牛（N）或千牛（kN），如图 8-5a 所示。

（2）**集中力偶**　当梁的某一小段内（其长度远远小于梁的长度）受到力偶的作用，可简化为作用在某一截面上的力偶，称为集中力偶。如图 8-5b 所示，在梁的纵向对称面内受到外力偶矩为 M 的集中力偶的作用。它的单位为牛·米（N·m）或千牛·米（kN·m）。

（3）**分布载荷**　即梁的全长或部分长度上连续分布的载荷，如图 8-5c 所示梁上的载荷。如梁的自重，水坝受水的侧向压力等，均可视为分布载荷。分布载荷的大小用载荷集度 q 表示，其单位为牛/米（N/m）或千牛/米（kN/m）。沿梁的长度均匀分布的载荷称为**均布载荷**，其均布集度 q 为常数。

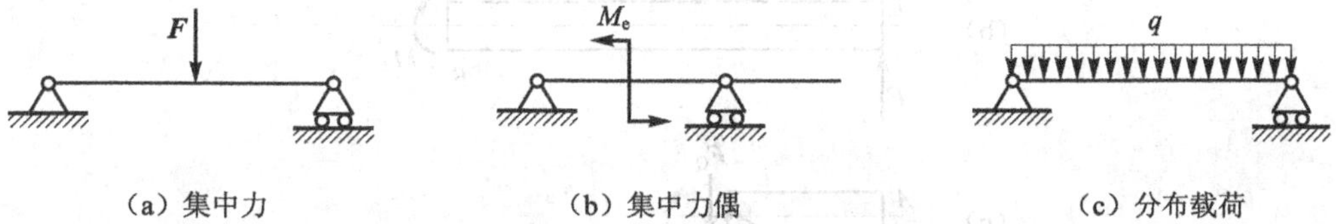

（a）集中力　（b）集中力偶　（c）分布载荷

图 8-5

8.1.2　平面弯曲的概念

梁的受力特点是：在轴线所在的平面内受到外力偶矩或在垂直于梁轴线的方向受到外力的作用。

如图 8-6 所示，如果梁的横截面具有对称轴（y 轴），则梁的对称轴（y 轴）与梁的纵轴线所构成的平面称为梁的**纵向对称面**。

如果梁上所有的外力都作用于梁的纵向对称平面内，则变形后的轴线将弯曲成一条在纵向对称平面内的平面曲线，这种弯曲称为**平面弯曲**。

平面弯曲是最常见、最简单的弯曲变形。梁上的载荷和支承情况一般比较复杂，为了便于分析和计算，在保证足够精度的前提下，需要对梁进行力学简化。

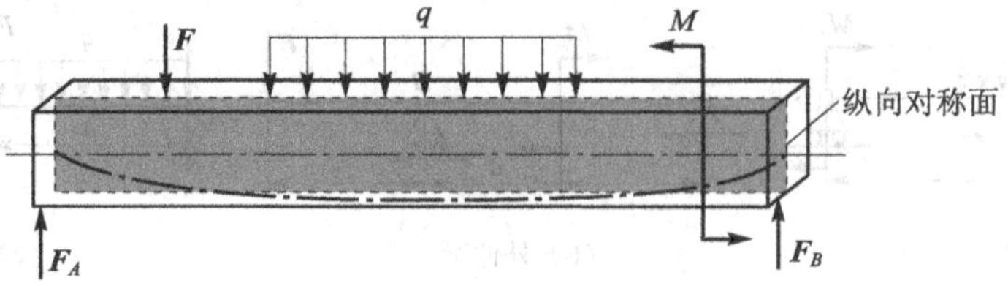

图 8-6

8.2 梁的内力——剪力与弯矩

为了对梁进行强度和刚度计算，必须首先确定梁在载荷作用下任一横截面上的内力。弯曲的梁在指定截面的内力也采用截面法求解。

如图 8-7 所示，假想将梁在截面 $m-m$ 处截开，保留它的任一段（如左段）为研究对象，如图 8-7c 所示，由于整个梁是平衡的，所以左段梁也应是平衡的。左段梁受向上的集中力 $\boldsymbol{F}$ 的作用，要使左段梁平衡，在截面 $m-m$ 上必定有一个作用线与外力 $\boldsymbol{F}$ 平行、等值、反向的内力 $\boldsymbol{F}_Q$ 存在。同时，集中力 $\boldsymbol{F}$ 对截面形心 C 的矩使左段梁有顺时针转动的趋势，因而截面 $m-m$ 上必定有一个在梁的纵向对称平面内的内力偶 M 与之保持平衡。

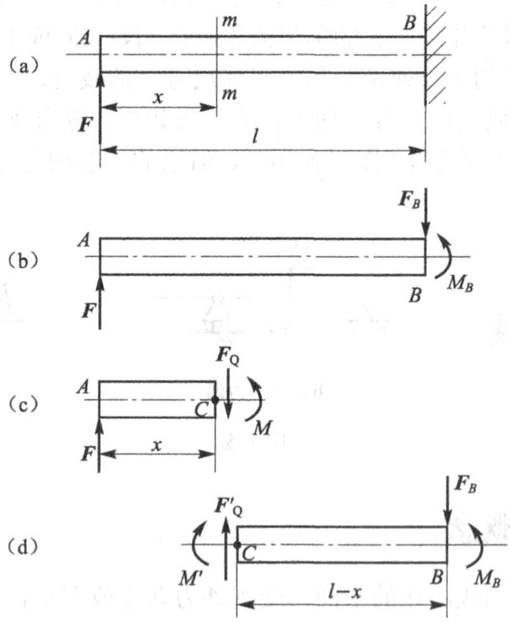

图 8-7

由力的平衡方程得

$$\sum F_y = 0, \qquad F - F_Q = 0$$

解得

$$F_Q = F \qquad (8\text{-}1)$$

由力偶的平衡方程得

$$\sum M_C(F)=0, \quad M-Fx=0$$

求得

$$M=Fx \tag{8-2}$$

以上在截面 $m-m$ 上求得的作用线平行于横截面的内力称为**剪力**，用符号 $\boldsymbol{F}_{\mathrm{Q}}$ 表示；作用面垂直于横截面的内力偶的力偶矩称为**弯矩**，用符号 M 表示。

如果取右段梁作为研究对象，如图 8-7d 所示，按作用力与反作用力的关系，所得 $m-m$ 截面上的剪力 $\boldsymbol{F}_{\mathrm{Q}}$ 和弯矩 M，必定与用左段梁求得的结果大小相等、方向相反。

式（8-1）和式（8-2）表明：梁任一截面上的剪力大小等于截面 $m-m$ 左侧所有外力在 y 轴上投影的代数和，向上的外力投影取正，向下的外力投影取负，简记为**“左上为正，左下为负”**。截面 $m-m$ 的弯矩 M 等于截面 $m-m$ 以左梁上所有外力对横截面形心 C 点之矩的代数和。求代数和时，绕横截面形心 C 顺时针旋转的外力偶矩取正，逆时针旋转的外力偶矩取负，简记为**“左顺为正，左逆为负”**。

同理，当取截面 $m-m$ 右侧部分为研究对象时（图 8-7d），由力的平衡条件得

$$\sum F_y=0, \quad F_{\mathrm{Q}}'-F_B=0$$

则

$$F_{\mathrm{Q}}'=F_B$$

由力偶平衡条件得

$$\sum M_C(F)=0, \quad -M'+M_B-F_B(l-x)=0$$

则

$$M'=M_B-F_B(l-x)$$

可见：当取截面 $m-m$ 右侧部分为研究对象时，截面 $m-m$ 的剪力 F_{Q} 等于截面 $m-m$ 以右梁上所有外力在 y 轴上投影的代数和。取代数和时，向下的外力投影取正，向上的外力投影取负，简记为**“右下为正，右上为负”**。截面 $m-m$ 的弯矩 M 等于截面 $m-m$ 以右梁上所有外力对横截面形心 C 点之矩的代数和。取代数和时，绕截面形心 C 逆时针旋转的外力偶矩取正，顺时针旋转的外力偶矩取负，简记为**“右逆为正，右顺为负”**。

综合上述两种情况可得：平面弯曲的梁，其横截面上的内力有两个分量——使梁产生剪切变形的剪力 $\boldsymbol{F}_{\mathrm{Q}}$ 和产生弯曲变形的弯矩 M。具体计算如图 8-8a、b 所示。

（1）剪力 F_{Q} 等于所求截面任一侧（左侧或右侧）所有外力的代数和，即

$$F_{\mathrm{Q}}=\sum F_{yi}$$

剪力正负号选取：**左上右下为正，左下右上为负**。

（2）弯矩 M 等于所求截面任一侧（左侧或右侧）所有外力对截面形心 C 点之矩的代数和，即

$$M=\sum M_C(F_i)$$

弯矩正负号选取：**左顺右逆为正，左逆右顺为负**。

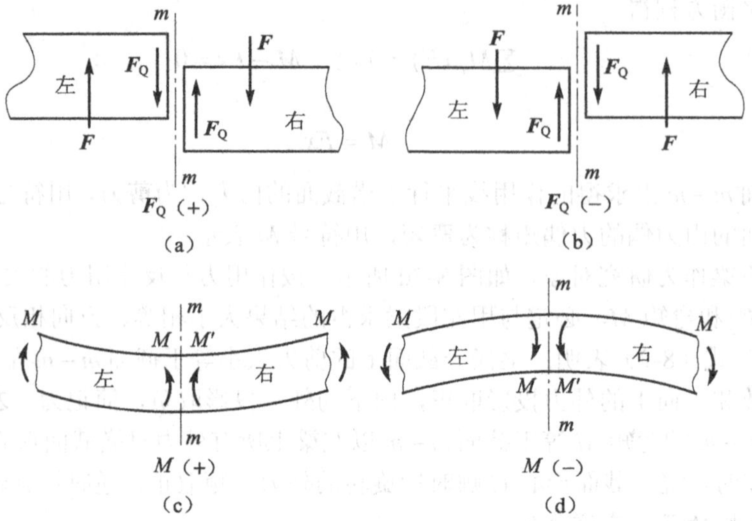

图 8-8

也可以从内力引起梁的变形来确定正负号：使梁发生左侧截面向上、右侧截面向下的相对错动的外力产生正剪力，反之产生负剪力，如图 8-8a、b 所示；使弯曲变形呈上凹下凸的外力偶矩产生正弯矩，反之产生负弯矩，如图 8-8c、d 所示。

按此规定，对于一个横截面上的剪力和弯矩，无论是以截面左段还是右段上的外力来计算，其结果不但数值相等，符号也是一样的，正负号具体选取如表 8-1 所示。

表 8-1 剪力和弯矩的正负号规定

外力	剪力	外力偶矩	弯矩
左上右下	F_Q（+）	左顺右逆	M（+）
左下右上	F_Q（−）	左逆右顺	M（−）

例 8-1 已知图 8-9a 所示简支梁受均布载荷 q 作用，梁的跨度为 l，求梁的1−1、2−2截面的内力。

解 （1）求外力（约束力）

取梁 AB 为研究对象，受力如图 8-9b 所示。由于载荷支座均对称，所以

$$F_A = F_B = \frac{ql}{2}$$

（2）求内力（剪力和弯矩）

如图 8-9c 所示，取截面1−1的左侧为研究对象，得

$$F_{Q1} = F_A - q\times\frac{l}{4} = \frac{ql}{4}$$

$$M_1 = F_A\times\frac{l}{4} - q\times\frac{l}{4}\times\frac{l}{8} = \frac{3ql^2}{32}$$

如图 8-9d 所示，取截面 2−2 的左侧为研究对象，得

$$F_{Q2}=F_A-q\times\frac{l}{2}=0$$

$$M_2=F_A\times\frac{l}{2}-q\times\frac{l}{2}\times\frac{l}{4}=\frac{ql^2}{8}$$

例 8-2 有一简支梁如图 8-10a 所示，已知 a、q、M_e，且 $M_e=qa^2$，求梁上指定截面1-1、2-2、3-3的内力。

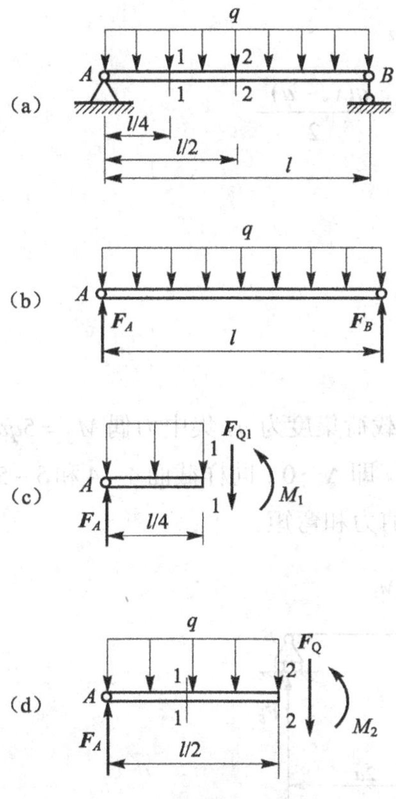

图 8-9

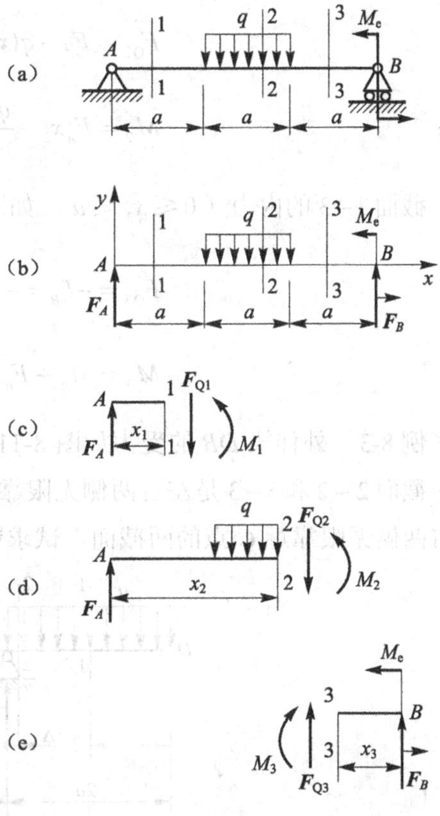

图 8-10

解 (1)求解外力(A、B 处的约束力)

取梁 AB 为研究对象，画出其受力图，建立直角坐标系 xAy，如图 8-10b 所示，由平衡条件得

$$\sum F_y=0,\quad F_A-qa+F_B=0$$

$$\sum M_A=0,\quad -qa\times\frac{3a}{2}+F_B\times 3a+M_e=0$$

解上述方程组得

$$F_A=\frac{5}{6}qa,\quad F_B=\frac{qa}{6}$$

（2）求内力

截面1−1的内力（$0 \leqslant x_1 \leqslant a$，如图 8-10c 所示）：

$$F_{Q1} = F_A = \frac{5qa}{6}, \qquad M_1 = F_A x_1 = \frac{5qax_1}{6}$$

截面2−2的内力（$a \leqslant x_2 \leqslant 2a$，如图 8-10d 所示）：

$$F_{Q2} = F_A - q(x_2 - a) = \frac{11qa}{6} - qx_2$$

$$M_2 = F_A x_2 - \frac{q(x_2 - a)^2}{2} = \frac{5qax_2}{6} - \frac{q(x_2 - a)^2}{2}$$

截面3−3的内力（$0 \leqslant x_3 \leqslant a$，如图 8-10e 所示）：

$$F_{Q3} = -F_B = -\frac{qa}{6}$$

$$M_3 = M_e + F_B x_3 = qa^2 + \frac{qax_3}{6}$$

例 8-3 外伸梁 DB 的受力如图 8-11 所示，其中均布载荷集度为 q，集中力偶 $M_e = 5qa^2$。图中截面2−2和3−3是左右两侧无限靠近 A 点的两截面，即 $\Delta \to 0$；同样截面4−4和5−5是左右两侧无限靠近 C 点的两截面。试求梁各指定截面的剪力和弯矩。

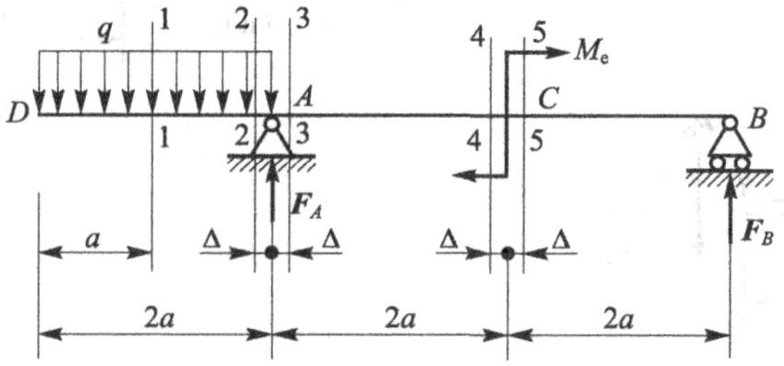

图 8-11

解 （1）求梁支座的约束力

取整个梁为研究对象，根据受力图，列平衡方程

$$\sum M_B(F) = 0, \qquad -F_A \times 4a - M_e + q \times 2a \times 5a = 0$$

$$\sum F_y = 0, \qquad F_A + F_B - q \times 2a = 0$$

求解，得

$$F_A = \frac{5qa}{4}, \qquad F_B = \frac{3qa}{4}$$

（2）求各指定截面上的剪力和弯矩

截面1−1：由截面1−1左段梁上外力的代数和求得该截面的剪力为 $F_{Q1} = -qa$，由截面

1–1 左段梁上外力对截面形心之矩的代数和求得该截面的弯矩为

$$M_1 = -qa \times \frac{a}{2} = -\frac{qa^2}{2}$$

截面 2–2：取截面 2–2 左段梁为研究对象，计算得

$$F_{Q2} = -q \times 2a = -2qa$$

$$M_2 = -q \times 2a \times a = -2qa^2$$

截面 3–3：取截面 3–3 左段梁为研究对象，计算得

$$F_{Q3} = -q \times 2a + F_A = -2qa + \frac{5qa}{4} = -\frac{3qa}{4}$$

$$M_3 = -q \times 2a \times a = -2qa^2$$

截面 4–4：取截面 4–4 右段梁为研究对象，计算得

$$F_{Q4} = -F_B = -\frac{3qa}{4}$$

$$M_4 = F_B \times 2a - M_e = \frac{3qa}{4} \times 2a - 5qa^2 = -\frac{7qa^2}{2}$$

截面 5–5：取截面 5–5 右段梁为研究对象，计算得

$$F_{Q5} = -F_B = -\frac{3qa}{4}$$

$$M_5 = F_B \times 2a = \frac{3qa}{4} \times 2a = \frac{3qa^2}{2}$$

8.3 剪力图与弯矩图

8.3.1 剪力方程和弯矩方程

一般情况下，梁横截面上的剪力 $\boldsymbol{F}_Q$ 和弯矩 M 随横截面位置的变化而变化。设横截面沿梁轴线的位置用坐标 x 表示，则各个截面上的剪力和弯矩可以表示为坐标 x 的函数，即

$$F_Q = F_Q(x) \tag{8-3}$$

$$M = M(x) \tag{8-4}$$

上述两式分别称为梁的**剪力方程和弯矩方程**。

8.3.2 剪力图和弯矩图

绘制剪力图和弯矩图的目的是形象地表示出剪力和弯矩沿梁长的变化情况，从而可确定梁上最大剪力和最大弯矩的数值及其作用的横截面位置，以便对梁进行强度等方面的计算。

一般以梁的左端为原点建立直角坐标系，以横坐标轴 x 轴表示梁的横截面位置，以纵坐

标表示相应截面上的剪力或弯矩的数值，按一定的比例将正的剪力或弯矩画在 x 轴上方，负的剪力或弯矩画在 x 轴下方，这样得出的曲线图分别称为**剪力图**和**弯矩图**。

在绘制剪力图和弯矩图时，常根据剪力方程和弯矩方程。利用剪力方程和弯矩方程画剪力图和弯矩图的基本思路如下：

（1）求约束力。

（2）分段建立剪力方程和弯矩方程。分段的原则是：剪力图以相邻外力的作用点来分；弯矩图以相邻外力的作用点、力偶的作用面和均布载荷的两端点来分。

（3）画剪力图和弯矩图。

（4）其他注意事项与绘制轴力图相同。

例 8-4　绘制图 8-12a 所示梁的内力图。

解　（1）悬臂梁作用均布载荷 q，由于悬臂梁的特殊性可避免求解约束力。

（2）根据图 8-12b 写出 x 截面的剪力方程和弯矩方程：

$$F_{Q}=-qx\,,\qquad M=-\frac{q}{2}x^{2}$$

按方程绘制剪力图和弯矩图，如图 8-12c、d 所示。显然最大剪力、弯矩均发生在 B 点：

$$F_{Q\max}=ql\,,\qquad M_{\max}=\frac{ql^{2}}{2}$$

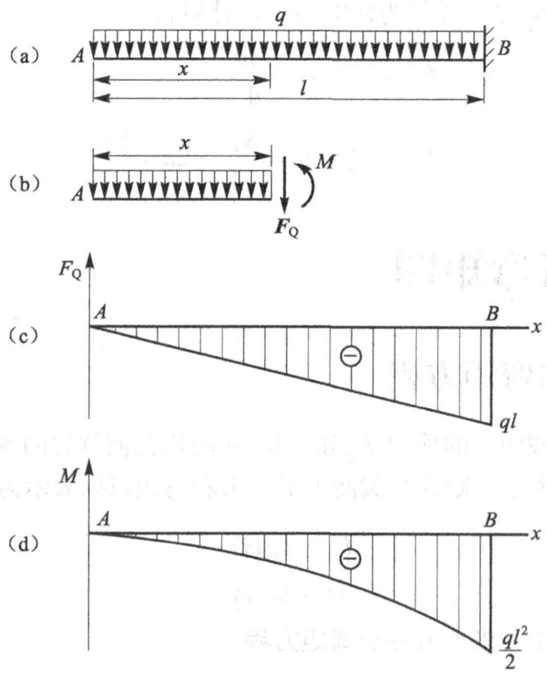

图 8-12

例 8-5　如图 8-13 所示简支梁，在全梁上受到集度为 q 的均布载荷的作用，试作出此梁的剪力图和弯矩图。

解　（1）计算约束力

取梁 AB 为研究对象，画受力图，如图 8-13b 所示。建立直角坐标系 xAy，由平衡条件得

$$\sum F_y = 0, \quad F_A - ql + F_B = 0$$

解得

$$F_A = F_B = \frac{ql}{2}$$

（2）建立剪力方程和弯矩方程

$$F_Q(x) = F_A - qx = \frac{ql}{2} - qx \qquad (0 \leqslant x \leqslant l)$$

$$M(x) = F_A x - \frac{qx^2}{2} = \frac{qlx}{2} - \frac{qx^2}{2} \qquad (0 \leqslant x \leqslant l)$$

由剪力方程 $F_Q(x) = \frac{ql}{2} - qx$ 可知，剪力图为一条直线，所以只需要找到首尾两个截面的剪力即可；由弯矩方程 $M(x) = \frac{qlx}{2} - \frac{qx^2}{2}$ 可知，弯矩图为一条抛物线，不仅要确定两个控制截面的弯矩值，还要确定抛物线的顶点，即极值。剪力图和弯矩图分别如图 8-13c、d 所示，弯矩在 $F_Q = 0$（即 $x = \frac{l}{2}$）处达到最大值 $M_{max} = \frac{ql^2}{8}$。

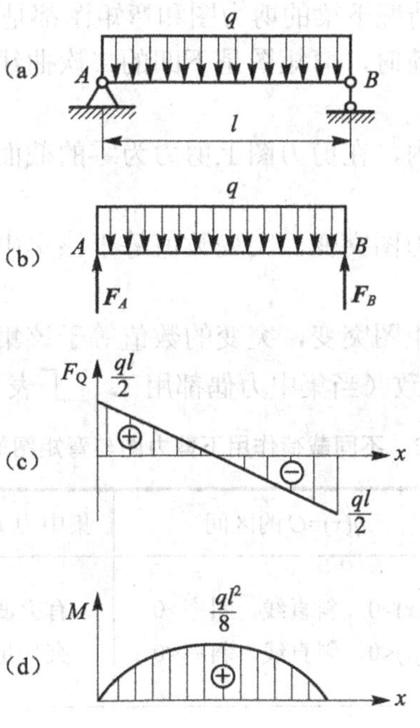

图 8-13

在不同的载荷作用下，梁的剪力方程和弯矩方程的形式不同，所以剪力图和弯矩图的形状也不同。简支梁在均布载荷 q、集中力 $\boldsymbol{F}$ 和集中力偶 M_e 作用下的剪力图、弯矩图分别如图 8-14a、b、c 所示。

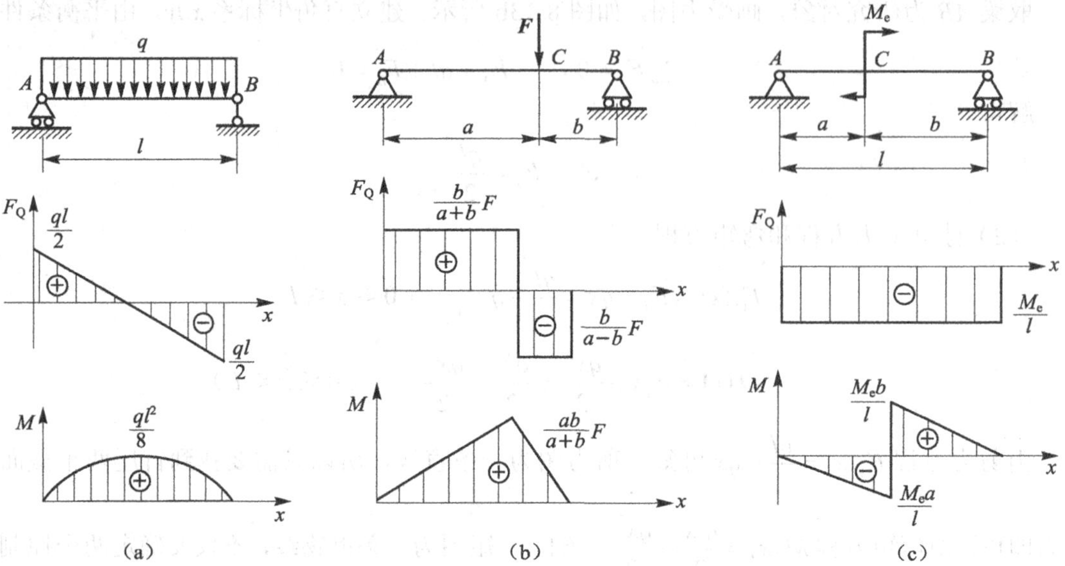

图 8-14

由图 8-14 可知，梁在上述几种载荷作用下，其内力图有如下规律：

（1）除在均布载荷作用下梁的弯矩图是二次曲线或二次曲线的一部分（悬臂梁作用均布载荷，如例 8-3）外，其他情况下梁的剪力图和弯矩图都是直线。

（2）作用向上的均布载荷时，弯矩图是下凹的二次曲线；作用向下的均布载荷时，弯矩图是上凸的二次曲线。

（3）在均布载荷分布段内，在剪力图上剪力为零的截面上，弯矩达到极值——最大值或最小值。

（4）集中力作用点处剪力图突变，突变数值等于该集中力的大小，突变方向与该集中力方向一致。

（5）集中力偶作用处弯矩图突变，突变的数值等于该集中力偶的力偶矩，突变的方向也和该集中力偶的符号方向一致（当集中力偶都用↳、↱表示）。具体如表 8-2 所示。

表 8-2　不同载荷作用下剪力图与弯矩图的特点

	$q(x)=0$ 的区间	$q(x)=C$ 的区间	集中力 **F** 作用处	集中力偶 M_e 作用处
剪力图	水平线	$q(x)>0$，斜直线，斜率>0 $q(x)<0$，斜直线，斜率<0	有突变； 突变量=F	无影响
弯矩图	$F_Q>0$，斜直线，斜率>0 $F_Q<0$，斜直线，斜率<0 $F_Q=0$，水平线，斜率=0	$q(x)>0$，抛物线，上凹 $q(x)<0$，抛物线，下凹 在 $F_Q=0$ 处，抛物线有极值	斜率有突变； 图形成折线	有突变； 突变量=M_e

根据上述特点，可将剪力图和弯矩图的画法归纳为以下三种：

- **两点连直线法**：所有的剪力图和除均布载荷作用下的弯矩图都是直线构成的，都可以用求得两个关键点的坐标，从而两点连直线作图。
- **两点连曲线法**：当悬臂梁作用均布载荷（如例 8-4）时，其弯矩图是抛物线的一部分（上升部分或下降部分），故可用先找到首尾两点后，将这两点连成光滑曲线的方法作图。
- **三点连曲线法**：如图 8-14a 所示的简支梁作用均布载荷时，其弯矩图为二次抛物线。这时必须先画梁的剪力图，找到剪力为零的点的位置，并求出该点的弯矩值——极值，再找到均布载荷作用的始末两点对应的弯矩值，从而将这三点用光滑的曲线连接起来。

8.4 梁弯曲时的正应力

8.4.1 纯弯曲与横力弯曲的概念

如图 8-15a 所示为火车轮轴力学模型的外伸梁。作出剪力图和弯矩图，如图 8-15b、c 所示。可以看出，在 *AC*、*DB* 段的各横截面上既有剪力 F_Q 又有弯矩 *M*，梁在这些段内发生弯曲变形的同时还会发生剪切变形，这种变形称为**剪切弯曲**，又称**横力弯曲**。但在 *CD* 段内的各横截面上，只有弯矩 *M* 而无剪力 F_Q，梁在这段的弯曲称为**纯弯曲**。

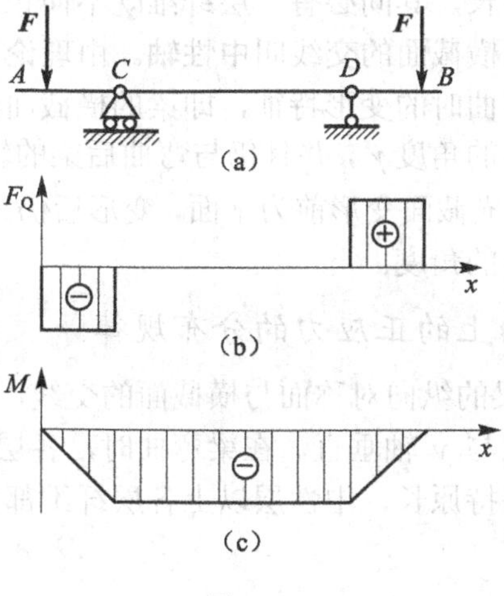

图 8-15

8.4.2 梁纯弯曲时横截面上的正应力

在平面弯曲时，工程上近似地认为梁横截面上的弯矩是由截面上的正应力形成的，而剪力则由截面上的切应力所形成。

1. 实验观察

为了研究梁横截面上的正应力分布规律，取一矩形截面等直梁，在表面画些平行于梁轴线的纵向线和垂直于梁轴线的横向线，如图 8-16a 所示。在梁的两端施加一对位于梁纵向对称面内的力偶，梁则发生弯曲。这时，由于没有作用外力，所以梁任意横截面上的内力只有弯矩而无剪力，为纯弯曲梁。

梁发生弯曲变形后，变为图 8-16b 所示，我们可以观察到以下现象：

（1）纵向线（包括轴线）都变成了弧线。且轴线以上的纵向线都缩短了，轴线以下的纵向线都伸长了，最中间的纵向线保持原长度不变。

（2）横向线仍是直线且仍与梁的轴线正交，只是相互倾斜了一个角度γ。

（3）梁横截面的宽度发生了微小变形，在压缩区变宽了些，在拉伸区则变窄了些。

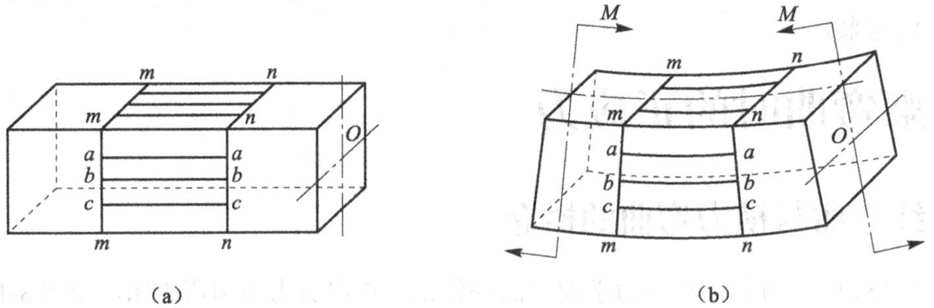

图 8-16

由以上现象可以设想：梁是由许多纵向纤维组成的，上面的纵向纤维因单向受压而缩短，下面的纤维由于单向受拉而伸长，其间必有一层纤维既不伸长也不缩短，保持原有的长度，这一层称为**中性层**。中性层与横截面的交线叫**中性轴**。由理论可以证明：中性轴必通过截面的形心。由此可得出梁在纯弯曲时的变形特征，即梁的横截面在弯曲之后仍然保持为平面，只是绕中性轴旋转了一个很小的角度γ，并且仍与弯曲后梁的轴线垂直。根据观察到的现象，可得出梁弯曲时的**平面假设**：横截面变形前为平面，变形后仍为平面，且仍垂直于梁的轴线，只是绕中性轴旋转了一个很小的角度。

2. 梁纯弯曲时横截面上的正应力的分布规律

如图 8-17 所示，y 轴是梁的纵向对称面与横截面的交线，是截面的对称轴。z 轴为中性轴，它通过截面的形心，并且与 y 轴垂直。在梁弯曲时，各层纵向纤维的原长为 l；变形之后，只有中性层的纵向纤维保持原长，中性层以上各层纤维都要缩短，中性层以下各纤维都要伸长。

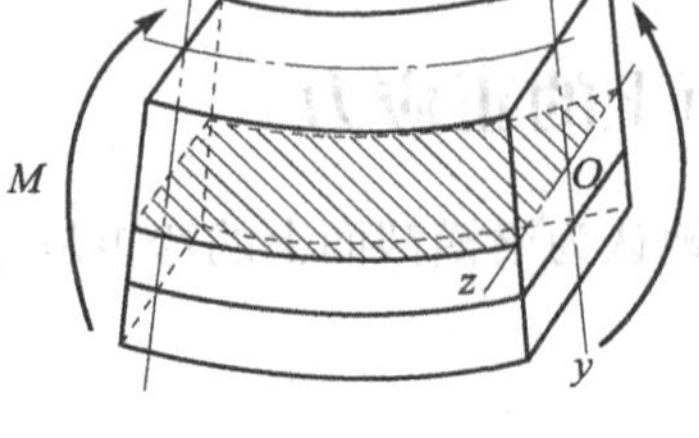

图 8-17

由上述分析可知，矩形截面梁在纯弯曲时，横截面上正应力的分布有以下特点：

（1）中性轴上的线应变为零，所以其正应力也为零。

（2）与中性轴距离相等的各点，其线应变相等。根据胡克定律，它们的正应力也必相等。

（3）如图 8-18 所示的受力情况下，中性轴上部各点正应力为压应力（即负值），中性轴下部各点正应力为拉应力（即正值）。弯曲变形时，横截面上中性轴上下部分，正应力的方向相反。

（4）横截面上的正应力沿 y 轴呈线性分布，即 $\sigma = Ky$，K 为待定常数，如图 8-18 所示。最大正应力（绝对值）在离中性轴最远的上下边缘处。正、负弯矩对应的应力分布规律如图 8-19a、b 所示。

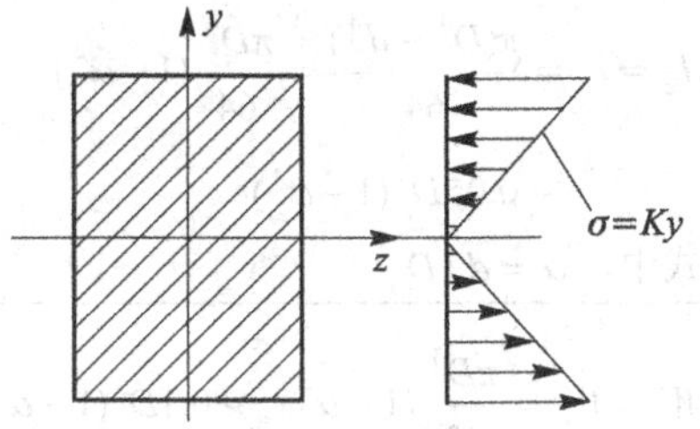

图 8-18

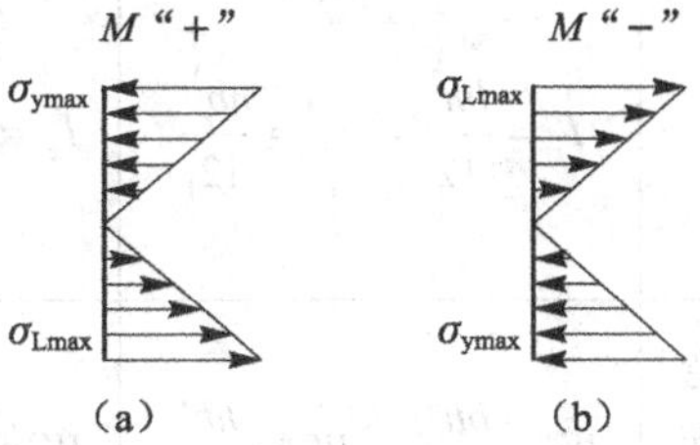

图 8-19

3. 梁纯弯曲时横截面上的正应力计算

由横截面上正应力的分布特点可知，距中性轴越远的截面处，正应力越大，距中性轴越近的截面处，正应力越小，中性轴上正应力为零，即弯曲梁的横截面正应力与横截面上各点到中性轴的距离 y 成正比，与横截面上受到的弯矩 M 成正比，另外还与横截面的形状和尺寸有关系。有理论可证明，梁纯弯曲时横截面上正应力的计算公式可用下式表示

$$\sigma = \frac{My}{I_z} \tag{8-5}$$

式中，σ——横截面上距中性轴为 y 的各点的正应力；

M——横截面上的弯矩；

y——所求点到中性轴的距离；

I_z——横截面对中性轴 z 的**惯性矩**，它表示截面的几何性质，是一个仅与截面形状和尺寸有关的几何量，反映了截面的抗弯能力，常用单位有 m^4、mm^4。

现令 $W_z = \dfrac{I_z}{y_{max}}$，$W_z$ 称为**抗弯截面系数**，则式（8-5）可写为

$$\sigma_{max} = \frac{M}{W_z} \tag{8-6}$$

式（8-5）和式（8-6）虽说是纯弯曲变形条件下推导而来，但对于具有纵向对称面的梁，只要载荷作用在其纵向对称面内，梁的跨度又较大时，横截面上的最大正应力按纯弯曲时的公式计算，其误差不超过 1%。由此，对于工程实践中常用的梁，式（8-5）和式（8-6）可以足够精确地用来计算梁在弯曲时横截面上的正应力和最大正应力。

表 8-3 所示为几种常用截面梁的惯性矩和抗弯截面系数计算公式。

表 8-3　常用截面梁的惯性矩和抗弯截面系数计算公式

截面形状	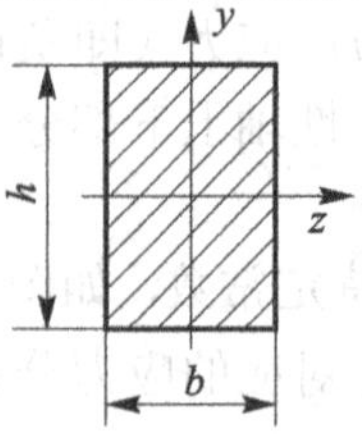 矩形截面	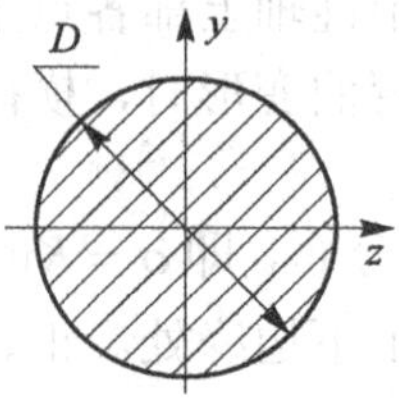 圆形截面	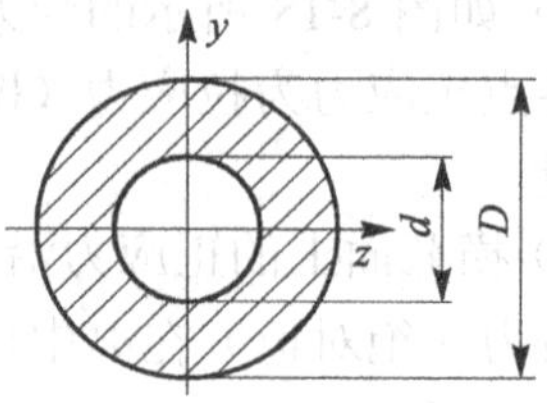 圆环形截面
惯性矩	$I_z=\frac{bh^3}{12}$，$I_y=\frac{hb^3}{12}$	$I_z=I_y=\frac{\pi D^4}{64}\approx 0.05D^4$	$I_z=I_y=\frac{\pi(D^4-d^4)}{64}=\frac{\pi D^4}{64}(1-\alpha^4)$ $\approx 0.05D^4(1-\alpha^4)$ 式中，$\alpha=d/D$
抗弯截面系数	$W_z=\frac{bh^2}{6}$，$W_y=\frac{hb^2}{6}$	$W_z=W_y=\frac{\pi D^3}{32}\approx 0.1D^3$	$W_z=W_y=\frac{\pi D^3}{32}(1-\alpha^4)\approx 0.1D^3(1-\alpha^4)$ 式中，$\alpha=d/D$

8.5　梁弯曲时的正应力强度计算

由于塑性材料的抗拉和抗压性能相同，即$[\sigma_l]=[\sigma_y]$，工程实践中，为了充分发挥梁的抗弯能力，一般采用上、下对称于中性轴的截面形状，其强度条件为

$$\sigma_{max}=\frac{M_{max}}{W_z}\leqslant[\sigma] \tag{8-7}$$

但对于抗拉和抗压性能不同的脆性材料，即$[\sigma_l]<[\sigma_y]$，一般采用上、下不对称于中性轴的截面形状，其强度条件分别为

$$\left.\begin{aligned}\sigma_{lmax}&=\frac{M_{max}y_l}{I_z}\leqslant[\sigma_l]\\ \sigma_{ymax}&=\frac{M_{max}y_y}{I_z}\leqslant[\sigma_y]\end{aligned}\right\} \tag{8-8}$$

式中，y_l为受拉一侧的截面边缘到中性轴的距离；y_y为受压一侧的截面边缘到中性轴的距离。由于$[\sigma_l]<[\sigma_y]$，因此，应尽量使截面的$y_l<y_y$。

例 8-6　如图 8-20a 所示，已知外伸梁 AD，$M=3\,\text{kN}\cdot\text{m}$，$q=3\,\text{kN/m}$，$a=2\,\text{m}$，试画梁

的剪力图和弯矩图。

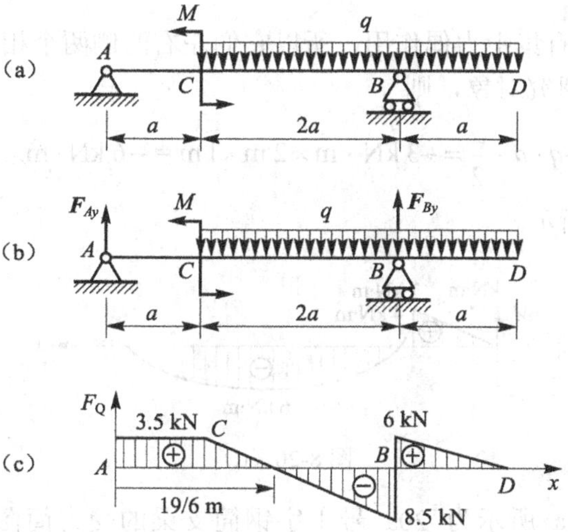

图 8-20

解 （1）求 A、B 处的支座约束力，如图 8-20b 所示。

$$\Sigma M_B(F)=0，\quad -F_{Ay}\times 3a+M+q\times 2a\times a-q\times a\times\frac{a}{2}=0$$

解得

$$F_{Ay}=3.5\text{ kN}$$

由

$$\Sigma F_y=0，\quad F_{Ay}+F_{By}-q\times 3a=0$$

解得

$$F_{By}=14.5\text{ kN}$$

（2）画剪力图，如图 8-20c 所示，将梁分为三段

AC：$q=0$，$F_{QC}=F_{Ay}=3.5\text{ kN}$

CB：$q<0$，$F_{QB}=-8.5\text{ kN}$

BD：$q<0$，$F_{QB}=6\text{ kN}$

（3）画弯矩图

由图 8-20b 可知，梁在点 A 只受集中力的作用，所以 A 截面上的弯矩 M_A=0，梁在点 C 因受到集中力偶 M 的作用，所以 C 截面左右两侧两个相邻截面上的弯矩值 M_C^- 和 M_C^+ 不相等，取 C 截面左侧部分的梁计算，则

$$M_C^-=F_{Ay}\cdot a=3.5\text{kN}\cdot\text{m}\times 2\text{ m}=7\text{kN}\cdot\text{m}$$

$$M_C^+ = F_{Ay} \cdot a - M = 3.5\,\text{kN}\cdot\text{m}\times 2\,\text{m} - 3\,\text{kN}\cdot\text{m} = 4\,\text{kN}\cdot\text{m}$$

点 B 和点 D 处均没有集中力偶作用，所以它们左右两侧两个相邻截面上的弯矩值相等，取它们截面右侧的梁为研究对象，则

$$M_B = -q\cdot a\cdot\frac{a}{2} = -3\,\text{kN}\cdot\text{m}\times 2\,\text{m}\times 1\,\text{m} = -6\,\text{kN}\cdot\text{m},\ M_D = 0$$

弯矩图如图 8-20d 所示。

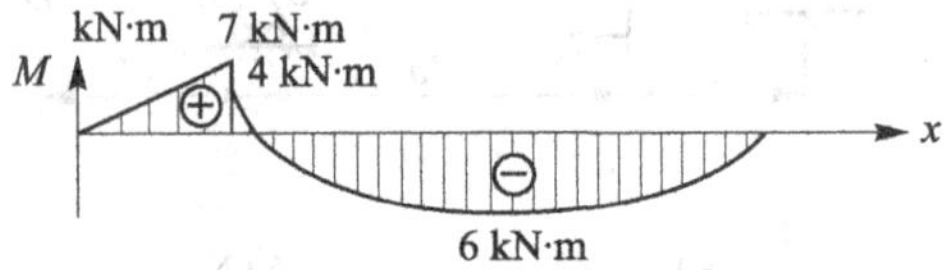

图 8-20（d）

例 8-7 如图 8-21a 所示为 20a 号工字钢简支梁的受力简图。已知材料的许用应力 $[\sigma]=160\ \text{MPa}$。试确定此梁的许可载荷。

解 根据梁的受力情况，可认为梁受集中力偶 $M=2F$ 的作用，故支座约束力为

$$F_A = F_B = \frac{M}{6} = \frac{2F}{6} = \frac{F}{3}$$

作出梁的弯矩图如图 8-21b 所示，由弯矩图可知，最大弯矩为 $M_{\max} = \dfrac{2F}{3}$。

由型钢表查得 20a 号工字钢，其 $W_z = 237\ \text{cm}^3 = 2.37\times10^5\ \text{mm}^3$。

由梁的强度条件得，钢梁的最大正应力 $\sigma_{\max} = \dfrac{M_{\max}}{W_z} \leqslant [\sigma]$

则

$$M_{\max} \leqslant [\sigma]W_z,\qquad \frac{2F}{3} \leqslant 160\times10^6\times2.37\times10^5\times10^{-9}$$

可得

$$F \leqslant 56.88\times10^3\ \text{N} = 56.88\ \text{kN}$$

所以梁的许可载荷为 56.88 kN。

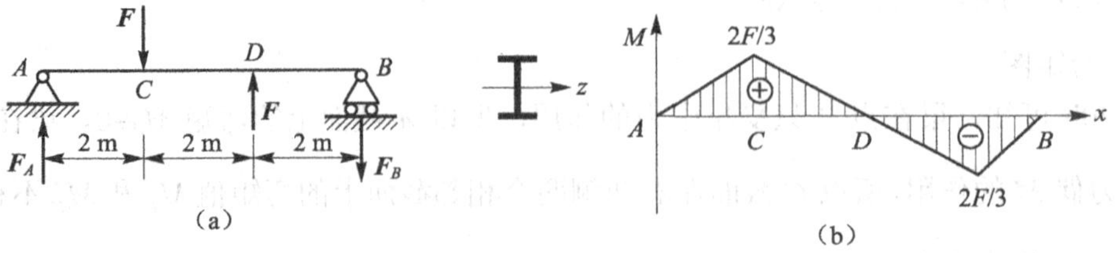

图 8-21

例 8-8 如图 8-22a 所示的简支梁，跨度 $l=4\ \text{m}$，弯曲许用应力 $[\sigma]=140\ \text{MPa}$，梁上承

受的均布载荷 $q=10$ kN/m，试设计截面的尺寸：

（1）若截面为圆形，请设计圆截面的直径 d；

（2）若截面为矩形，$b:h=1:2$，请设计矩形截面尺寸；

（3）若截面为工字钢，请选择合适的工字钢型号。并分析哪种截面最节省材料？

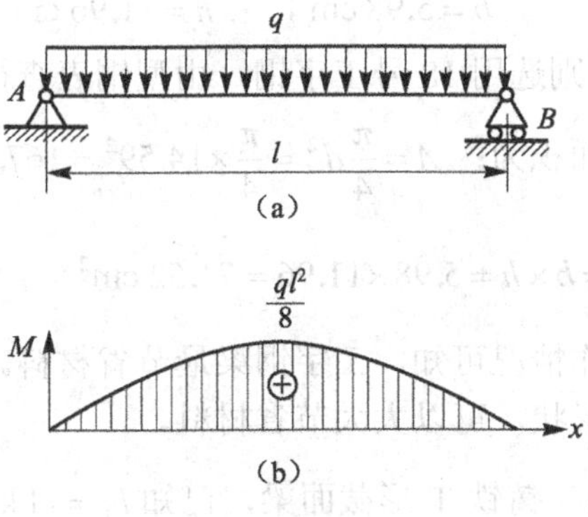

图 8-22

解　由图 8-22b 所示的弯矩图可知，梁的最大弯矩发生在梁跨度的中点 C 处，其值为

$$M_{\max}=\frac{1}{8}ql^2=\frac{10\times4^2}{8}=20\ \text{kN}\cdot\text{m}$$

（1）若截面为圆形时，设计圆截面的直径 d，当为圆形截面时，$W_z=\dfrac{\pi d^3}{32}$。

由强度条件

$$\frac{M_{\max}}{W_z}\leqslant[\sigma]$$

得

$$W_z\geqslant\frac{M_{\max}}{[\sigma]}$$

即

$$\frac{\pi d^3}{32}\geqslant\frac{M_{\max}}{[\sigma]}$$

可求得

$$d\geqslant\sqrt[3]{\frac{32M_{\max}}{\pi[\sigma]}}=\sqrt[3]{\frac{32\times20\times10^3}{\pi\times140\times10^6}}\approx0.1459\ \text{m}$$

故

$$d=14.59\ \text{cm}$$

（2）若截面为矩形时，设计矩形截面尺寸，由强度条件，则

$$W_z \geqslant \frac{M_{max}}{[\sigma]}$$

矩形截面的$W_z = \frac{bh^2}{6}$，因$b:h=1:2$，即$h=2b$，则有$W_z = \frac{2b^3}{3}$。代入上式，可解得

$$b = 5.98\ \text{cm}, \qquad h = 11.96\ \text{cm}$$

（3）若截面为工字钢，则选用18号工字钢，由型钢表查得其截面面积为30.6 cm²。

综上可知，圆形截面的面积为：$A = \frac{\pi}{4}d^2 = \frac{\pi}{4} \times 14.59^2 = 167.1\ \text{cm}^2$

矩形截面的面积为：$A = b \times h = 5.98 \times 11.96 = 71.52\ \text{cm}^2$

比较三种形状的截面工作情况可知，工字钢梁最节省材料。所以，在承受相同载荷的情况下，合理地选择梁的截面形状，可以大大节省材料。

例8-9 图8-23a所示为一铸铁T形截面梁，已知$F_1 = 11\ \text{kN}$，$F_2 = 4\ \text{kN}$，$a = 1\ \text{m}$，许用拉应力$[\sigma_l] = 30\ \text{MPa}$，许用压应力$[\sigma_y] = 60\ \text{MPa}$，截面对中性轴$z$的惯性矩$I_z = 764\ \text{cm}^4$，$y_1 = 52\ \text{mm}$，T形截面尺寸如图8-23b所示。试校核此梁的抗弯强度。

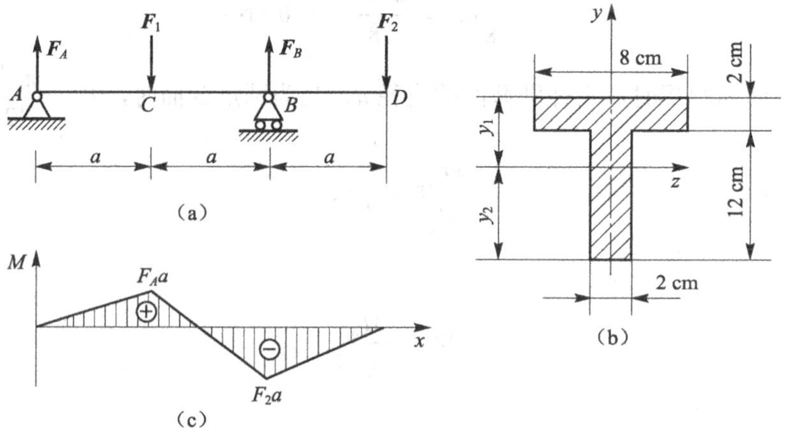

图8-23

解 根据静力平衡方程，得支座约束力为

$$F_A = 3.5\ \text{kN}, \qquad F_B = 11.5\ \text{kN}$$

作出梁的弯矩图，如图8-23c所示。由图可知，最大正弯矩在C截面处，$M_C = F_A a = 3.5\ \text{kN} \cdot \text{m}$；最大负弯矩在$B$截面处，$M_B = -F_2 a = -4\ \text{kN} \cdot \text{m}$。

从截面弯矩、截面上下边缘到中性轴的距离和铸铁的许用应力等三个方面考虑，该梁的危险点可能在B截面的上下边缘和C截面的下边缘，不会在C截面的上边缘。

B截面上边缘受拉，其最大拉应力为

$$\sigma_{B1} = \frac{M_B y_1}{I_z} = \frac{4 \times 10^6 \times 52}{764 \times 10^4} \approx 27.23\ \text{MPa}$$

B 截面下边缘受压，其最大压应力为

$$\sigma_{By} = \frac{M_B y_2}{I_z} = \frac{4\times10^6 \times(120+20-52)}{764\times10^4} \approx 46.07\ \text{MPa} < [\sigma_y] = 60\ \text{MPa}$$

C 截面下边缘受拉，其最大拉应力为

$$\sigma_{Cl} = \frac{M_C y_2}{I_z} = \frac{3.5\times10^6 \times(120+20-52)}{764\times10^4} \approx 40.31\ \text{MPa} > [\sigma_l] = 30\ \text{MPa}$$

所以此梁不符合强度条件。

8.6　提高梁强度的措施

在梁的强度设计中，常遇到如何根据工程实际情况来提高梁的抗弯强度的问题。根据梁的弯曲正应力强度条件可知，可以通过降低最大正应力 σ_{max} 来提高梁的抗弯承载能力。一是在同样载荷的作用下，设计降低梁的最大弯矩 M_{max}；二是在相同截面积的条件下，提高梁的抗弯截面系数 W_z。为此可采用以下一些措施。

8.6.1　合理布置梁的支座和载荷

在载荷不变的前提下，通过合理布置载荷和安排梁的支座位置，可以降低梁的最大弯矩。

（1）使集中力远离简支梁的中点。如图 8-24a 所示的简支梁受集中力 $\boldsymbol{F}$ 作用，由弯矩图可知，最大弯矩 $M_{max} = Fab/l$，若 $\boldsymbol{F}$ 作用于中点处，即 $a=b=l/2$ 时，最大弯矩 $M_{max} = Fl/4$；若 $\boldsymbol{F}$ 作用点偏离中点，当 $a=l/4$ 时，$M_{max} = 3Fl/16$；若 $a=l/6$ 时，$M_{max} = 5Fl/36$，由此可见，作用力离中点越远，最大弯矩越小。所以使集中力作用点远离简支梁的中点或靠近支座可降低最大弯矩，提高梁的抗弯强度。

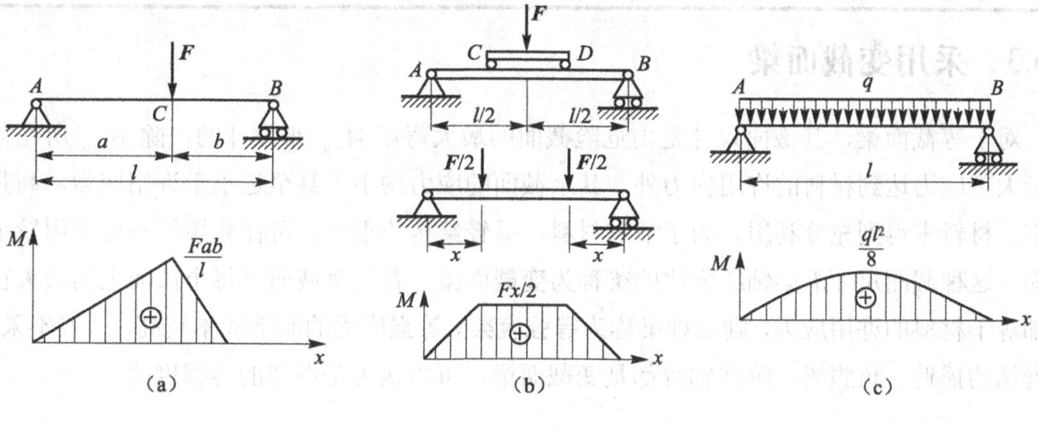

图 8-24

（2）将载荷分散作用。如图 8-24b 所示的简支梁，如果集中力必须在梁的中点处作用时，

如增加辅助梁 CD，可视为将力 $\boldsymbol{F}$ 分散为两个 $\boldsymbol{F}/2$ 作用于梁上，根据梁的弯矩图可知，如作用力集中于中点时，其最大弯矩是 $M_{max}=Fl/4$，增加辅助梁 CD 后，$M_{max}=Fx/2$，若使 $x=l/4$，则 $M_{max}=Fl/8$，明显小于集中作用时的最大弯矩。由此可知，选择合适长度的辅助梁，可以有效地提高梁的抗弯强度。

同理，如图 8-24c 所示，如将集中力 $\boldsymbol{F}$ 均匀分散于梁的跨长上，此时均匀载荷的集度 $q=F/l$，根据弯矩图，梁的最大弯矩 $M_{max}=ql^2/8=Fl/8$，有效地降低了最大弯矩，可以提高梁的抗弯强度。

（3）合理安排支座位置。如图 8-24c 所示为一受均布载荷的简支梁，由弯矩图可知，其最大弯矩为 $M_{max}=ql^2/8=0.125ql^2$；若将两支座分别向中间移动 $0.2l$，则最大弯矩值降低为 $M_{max}=0.025ql^2$。工程上常将许多受弯构件的支座向里移动一段距离，目的就是为了降低构件的最大弯矩，提高承载能力。如双杠的支杆、机械设备的底座等。

8.6.2 合理选择梁的截面

从梁的弯曲强度条件可知，梁的抗弯截面系数 W_z 越大，横截面上的最大正应力就越小，梁的抗弯承载能力就越大。W_z 的值与截面尺寸与截面形状有关，梁的截面面积 A 越大，W_z 就越大，但消耗的材料也会增加，在设计梁时，应采用合理的截面形状。因此合理的截面形状应是：用最小的截面面积（即用材料少），得到最大的抗弯截面系数 W_z。通常用比值 W_z/A 来衡量截面的合理性和经济性，该比值越大，截面就越经济合理。

几种常见截面的 W_z/A 列入表 8-4 中。

表 8-4　几种常用截面的 W_z/A 值

截面形状	矩形	圆形	槽形	工字形
W_z/A	$0.167h$	$0.125d$	$(0.27\sim0.31)h$	$(0.27\sim0.31)h$

8.6.3 采用变截面梁

对于等截面梁，其截面尺寸是由危险截面的最大弯矩 M_{max} 来设计的，除 M_{max} 所在截面的最大正应力达到材料的许用应力外，其余截面的应力均小于甚至远小于许用应力，高强度富裕，材料未得到充分利用。为了节省材料，减轻结构的重量，可在弯矩较小处采用较小的截面，这种截面尺寸沿梁轴线变化的梁称为**变截面梁**。若使变截面梁每个截面上的最大正应力都等于材料的许用应力，则这种梁称为**等强度梁**。等强度梁的制造成本较高，一般不采用。摇臂钻的摇臂、鱼腹梁、阶梯轴等都是变截面梁，可以认为是近似的等强度梁。

8.7 梁的弯曲变形及刚度条件

8.7.1 梁的挠度和转角

如图 8-25 所示，悬臂梁在集中载荷 $\boldsymbol{F}$ 的作用下，由于弯曲而变形，其轴线 AB 变形后弯成平面曲线 AB_1。轴线 AB 上的各点在 y 轴方向上产生了垂直位移，该位移量（由于是小变形，水平方向的位移忽略不计）称为**挠度**，用 y 表示，它的单位是 mm。如图 8-25 中的 CC_1 即为 C 点截面处的挠度。一般规定，向上的挠度为正，向下的挠度为负。在弯曲变形过程中，梁的横截面相对于原来位置绕中性轴转过的角度称为该截面的**转角**，用 θ 表示，它的单位是弧度（rad）。由于变形后截面仍垂直于曲线，所以截面的转角 θ 等于该截面处挠曲线的切线与梁的轴线 x 轴的夹角。

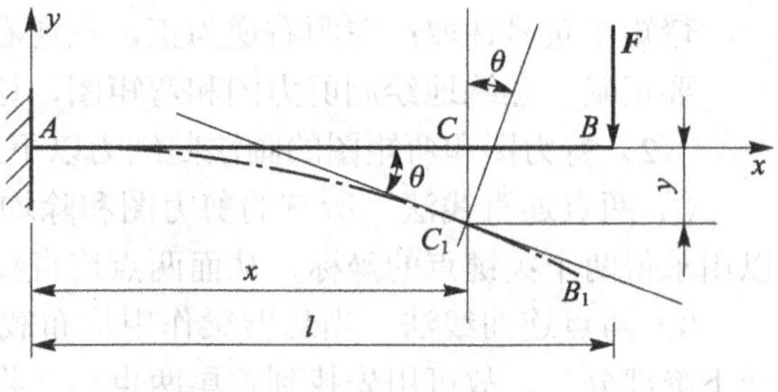

图 8-25

8.7.2 用查表法和叠加法求梁变形

由于确定梁的挠曲线方程 $y = f(x)$ 比较复杂，工程中将在常用简单载荷作用下的弯曲变形的挠曲线方程、挠度和转角的计算式列成表，以便引用。用时在相关机械手册中查取。

通过查表确定梁变形值的方法称为**查表法**。如果梁同时受到几种载荷联合作用而发生变形时，可先从表中查出每种载荷单独作用下的弯曲变形，然后将它们叠加，求出梁的实际弯曲变形量，这种方法称为**叠加法**。

8.7.3 梁的刚度条件

梁的变形计算，其目的主要是为了进行刚度计算。满足梁的刚度要求，就是指梁在外力作用下，应保证最大挠度小于许用挠度，最大转角小于许用转角，即

$$y_{\max} \leqslant [y] \tag{8-9}$$

$$\theta_{\max} \leqslant [\theta] \tag{8-10}$$

以上两式称为梁的**刚度条件**。其中，$[y]$ 为弯曲梁的**许用挠度**，$[\theta]$ 为弯曲梁的**许用转角**。其具体数值根据实际工作条件规定，可参照有关手册确定。

在设计梁时，一般应使其先满足强度条件，再进行刚度条件校核。如所选截面不能满足刚度条件时，再进行重新设计。

本章小结

（1）平面弯曲的梁，其横截面上的内力有两个分量——剪力和弯矩。

① 剪力 F_Q 等于所求截面任一侧（左侧或右侧）所有外力的代数和，即

$$F_Q = \sum F_{yi}$$

剪力正负号选取：左上右下为正，左下右上为负。

② 弯矩M等于所求截面任一侧（左侧或右侧）所有外力对截面形心C点之矩的代数和，即

$$M = \sum M_C(F_i)$$

弯矩正负号选取：左顺右逆为正，左逆右顺为负。

要正确、熟练地绘制剪力图和弯矩图，这是本章的重点，也是难点。

（2）剪力图和弯矩图的画法归纳为以下三种：

① 两点连直线法　所有的剪力图和除均布载荷作用下的弯矩图都是直线构成的，都可以用求得两个关键点的坐标，从而两点连直线作图。

② 两点连曲线法　当悬臂梁作用均布载荷时，其弯矩图是抛物线的一部分（上升部分或下降部分），故可用先找到首尾两点后，将这两点连成光滑曲线的方法作图。

③ 三点连曲线法　简支梁作用均布载荷时，其弯矩图为二次抛物线。要先画梁的剪力图，找到剪力为零的点的位置，并求出该点的弯矩值——极值，再找到均布载荷作用的始末两点对应的弯矩值，从而将这三点用光滑的曲线连接起来。

（3）梁纯弯曲时横截面上的正应力的计算公式为

$$\sigma = \frac{My}{I_z}$$

（4）对于对称于中性轴的截面形状的梁，以及抗拉和抗压性能相同的塑性材料的梁，其强度条件为$\sigma_{\max} = \dfrac{M_{\max}}{W_z} \leqslant [\sigma]$。

对于抗拉和抗压性能不同的脆性材料，即$[\sigma_l] < [\sigma_y]$，一般采用上、下不对称于中性轴的截面形状，其强度条件分别为

$$\left.\begin{aligned} \sigma_{l\max} &= \frac{M_{\max} y_l}{I_z} \leqslant [\sigma_l] \\ \sigma_{y\max} &= \frac{M_{\max} y_y}{I_z} \leqslant [\sigma_y] \end{aligned}\right\}$$

（5）提高梁强度的措施

① 合理布置梁的支座和载荷。1）使集中力远离简支梁的中点；2）将载荷分散作用；3）合理安排支座位置。

② 合理选择梁的截面。

③ 采用变截面梁。

（6）梁的刚度条件为：　　$y_{\max} \leqslant [y]$，　$\theta_{\max} \leqslant [\theta]$

思考题

8-1 弯曲正应力在横截面上是如何分布的？画出如图 8-26 所示各横截面中 $a-a$ 直线上的正应力分布图，并指出最大正应力点。设横截面上作用有正弯矩。

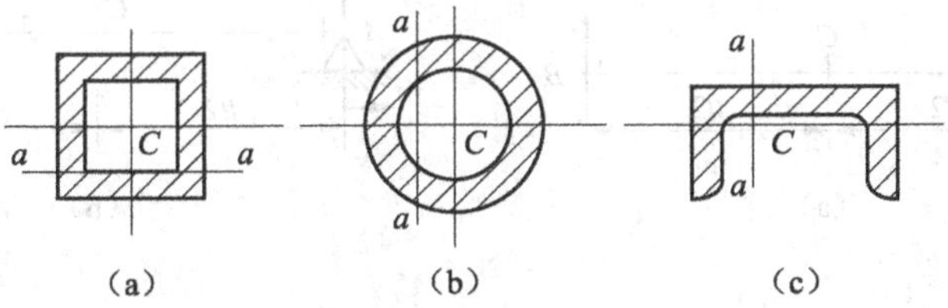

图 8-26

8-2 指出图 8-27 中各梁 $m-m$ 截面中性轴的位置，标出该截面的受拉区和受压区，并说明各梁的最大拉应力和最大压应力分别发生在何处？

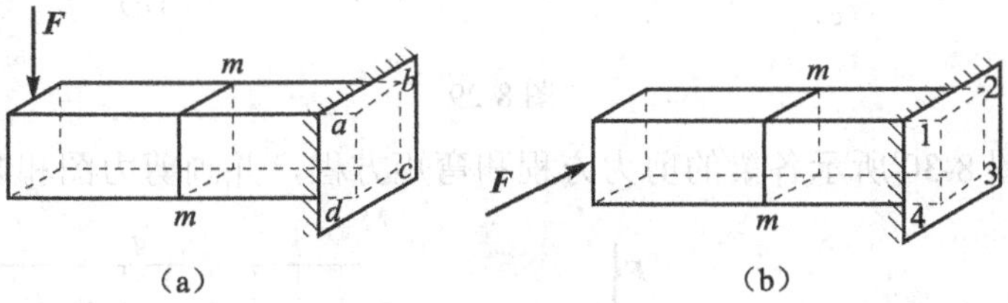

图 8-27

8-3 在何种情况下需要作梁的切应力强度校核？

8-4 梁截面合理设计的原则是什么？何谓变截面梁？何谓等强度梁？如何改变梁的受力情况？

8-5 铸铁梁的载荷及横截面形状如图 8-28 所示。若载荷不变，但将 T 形横截面倒置，问哪种放置方式下梁的强度更好？

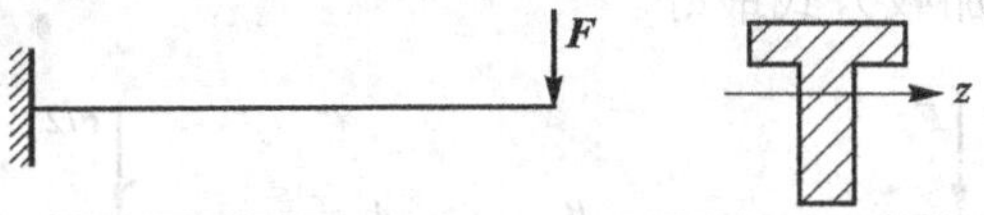

图 8-28

8-6 用塑性材料和脆性材料制成的梁，在强度校核和合理截面形式的选择上有何不同？

8-7 试判断下述说法是否正确：

（1）作用分布载荷的梁，求其内力时可用静力等效的集中力代替分布载荷。

（2）无集中力偶和分布载荷的简支梁上仅作用若干个集中力，则最大弯矩必发生在最大集中力作用处。

（3）梁内最大剪力作用面上亦必有最大弯矩。

习 题

8-1 试计算图 8-29 所示各梁指定截面（标有细线的截面）的剪力与弯矩。

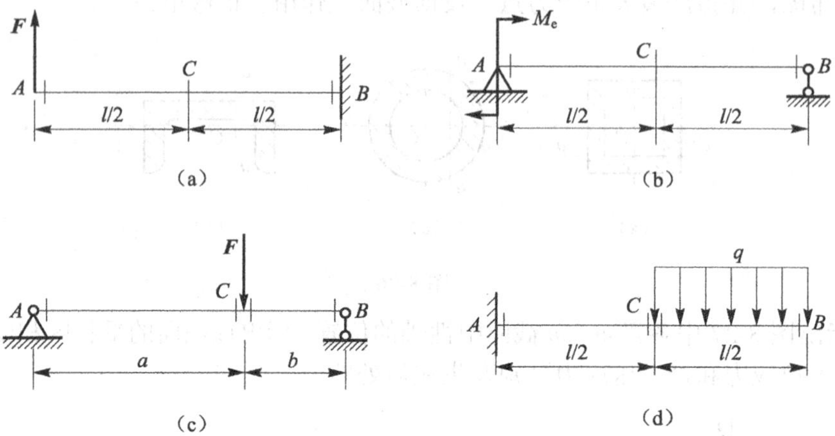

图 8-29

8-2 试建立图 8-30 所示各梁的剪力方程和弯矩方程，并画剪力图和弯矩图。

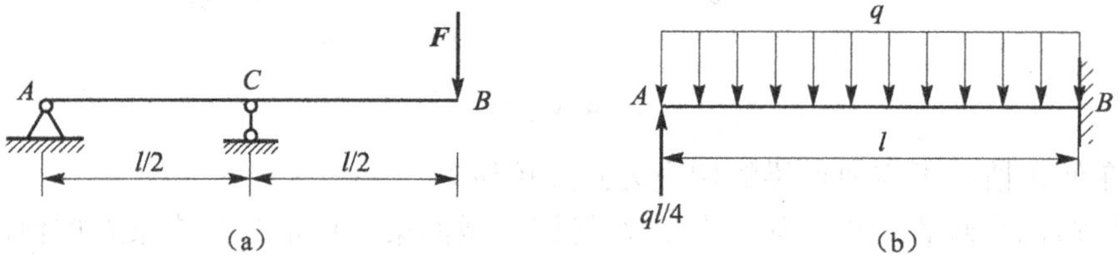

图 8-30

8-3 如图 8-31 所示简支梁，载荷 $\boldsymbol{F}$ 可按四种方式作用于梁上，试分别画弯矩图，并从强度方面考虑，指出何种加载方式最好。

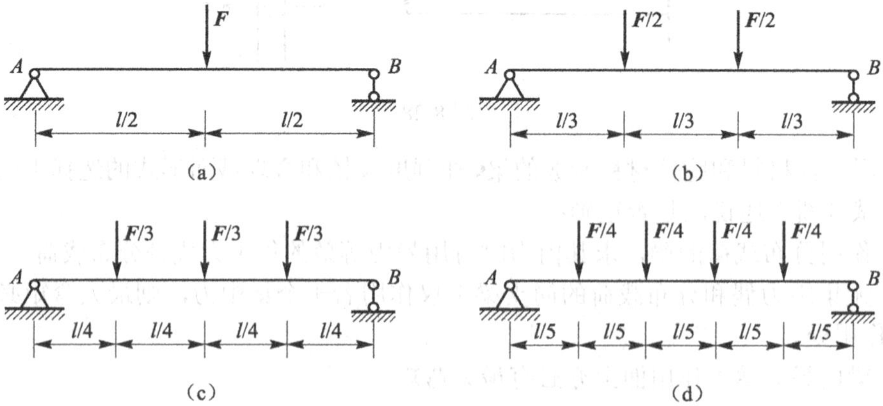

图 8-31

8-4　已知图 8-32 所示各梁，试利用剪力、弯矩与载荷集度的关系画剪力图与弯矩图。

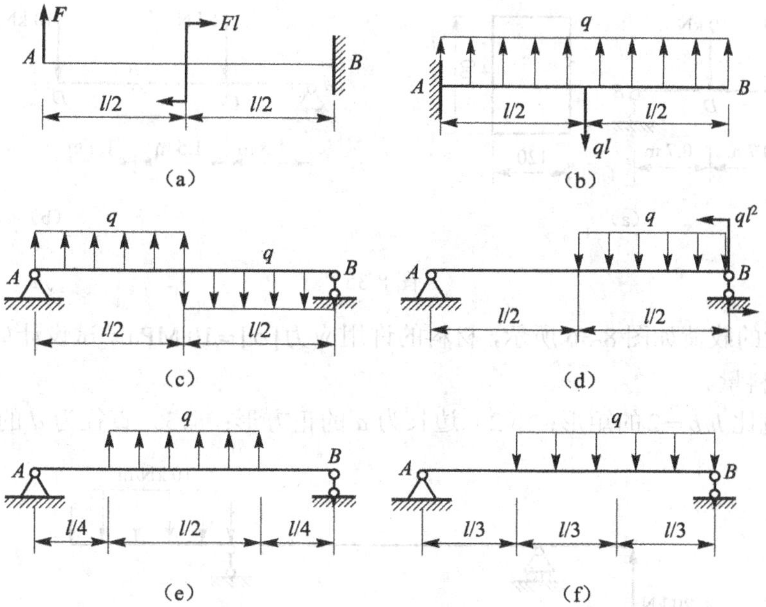

图 8-32

8-5　矩形截面简支梁如图 8-33 所示，试求 C 截面上 a、b、c、d 四点处的正应力，并画出该截面上的正应力分布图（截面尺寸单位：mm）。

8-6　如图 8-34 所示悬臂梁，横截面为矩形，承受载荷 $\boldsymbol{F}_1$ 与 $\boldsymbol{F}_2$ 作用，且 $F_1 = 2F_2 = 5\ \text{kN}$，试计算梁内的最大弯曲正应力，及该应力所在截面上 K 点处的弯曲正应力。

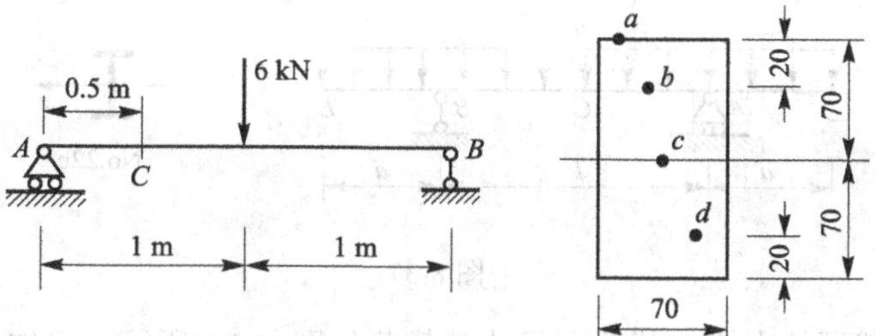

图 8-33

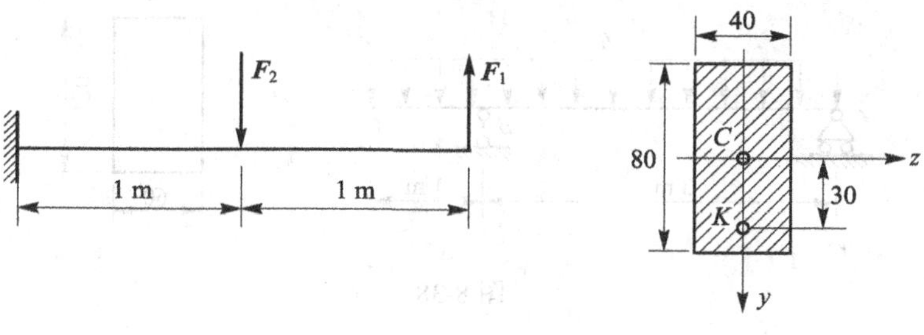

图 8-34

8-7　试求图 8-35 所示各梁的最大正应力及所在位置（截面尺寸单位：mm）。

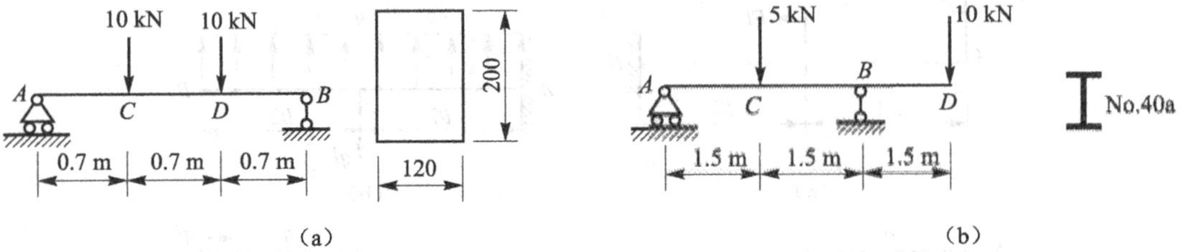

图 8-35

8-8　木梁的载荷如图 8-36 所示，材料的许用应力$[\sigma]=10$ MPa。试设计如下三种截面尺寸，并比较用料量。

（1）高宽比 $h/b=2$ 的矩形；（2）边长为 a 的正方形；（3）直径为 d 的圆形。

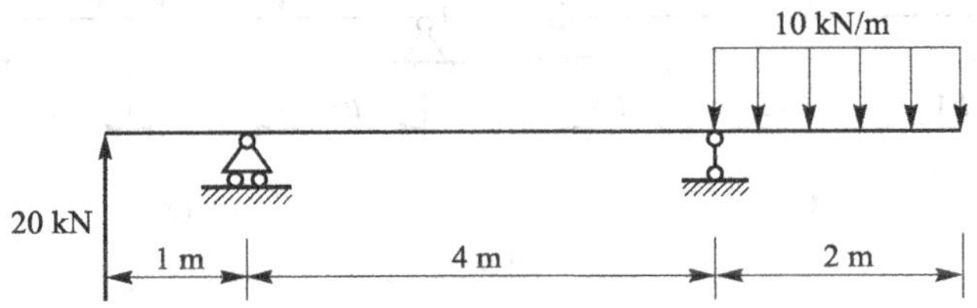

图 8-36

8-9　一根由 No.22b 工字钢制成的外伸梁，承受均布载荷如图 8-37 所示。已知$l=6$ m，若要使梁在支座 A、B 处和跨中 C 截面上的最大正应力都为$\sigma=170$ MPa，问悬臂的长度 a 和载荷的集度 q 各等于多少？

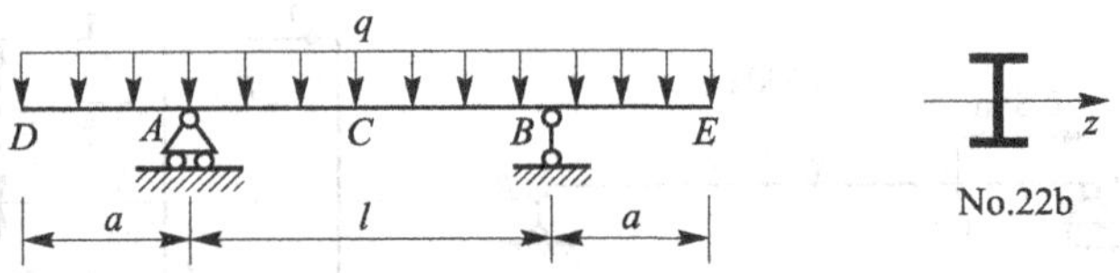

图 8-37

8-10　一矩形截面的木梁，其截面尺寸及载荷如图 8-38 所示，已知$q=1.5$ kN/m，许用应力$[\sigma]=10$ MPa，许用切应力$[\tau]=2$ MPa，试校核梁的正应力强度和切应力强度。

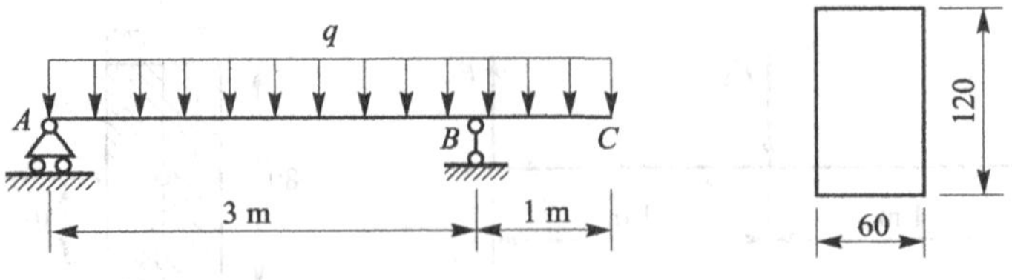

图 8-38

8-11　如图 8-39 所示，一简支梁用 No.20b 工字钢制成，已知$F=10$ kN，$q=4$ kN/m，

$l = 6\text{ m}$，材料的弹性模量 $E = 200\text{ GPa}$，$[f/l] = 1/400$，试校核梁的刚度。

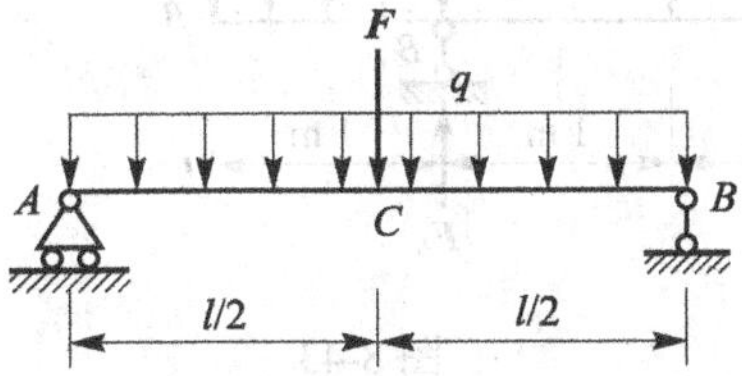

图 8-39

8-12 图 8-40 所示的梁由 No.22 槽钢制成，弯矩 $M = 80\text{ N·m}$，并位于纵向对称面（即 x-y 平面）内。试求梁内的最大弯曲拉应力与最大弯曲压应力。

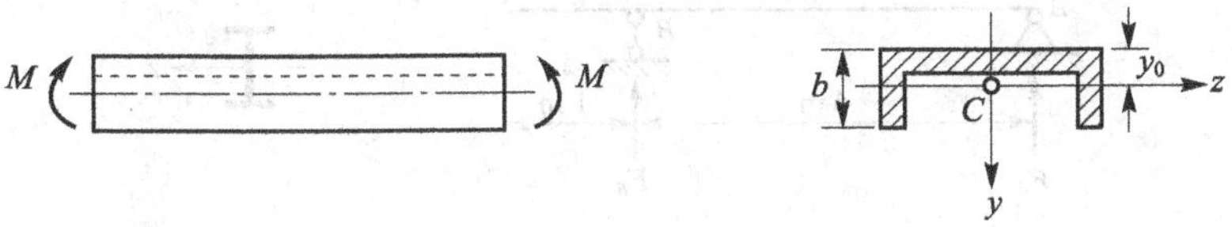

图 8-40

8-13 如图 8-41 所示简支梁，由 No.28 工字钢制成，在集度为 q 的均布载荷作用下，测得横截面 C 底边的纵向正应变 $\varepsilon = 3.0\times10^{-4}$，试计算梁内的最大弯曲正应力，已知钢的弹性模量 $E = 200\text{ GPa}$，$a = 1\text{ m}$。

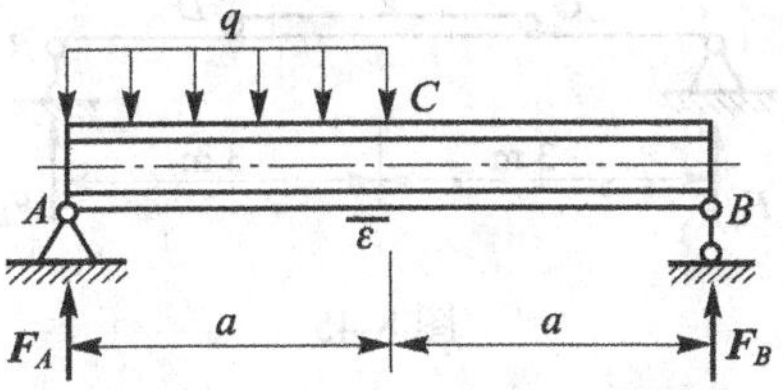

图 8-41

8-14 如图 8-42 所示槽形截面悬臂梁，$F = 10\text{ kN}$，$M_e = 70\text{ kN·m}$，许用拉应力 $[\sigma_1] = 35\text{ MPa}$，许用压应力 $[\sigma_y] = 120\text{ MPa}$，试校核梁的强度。

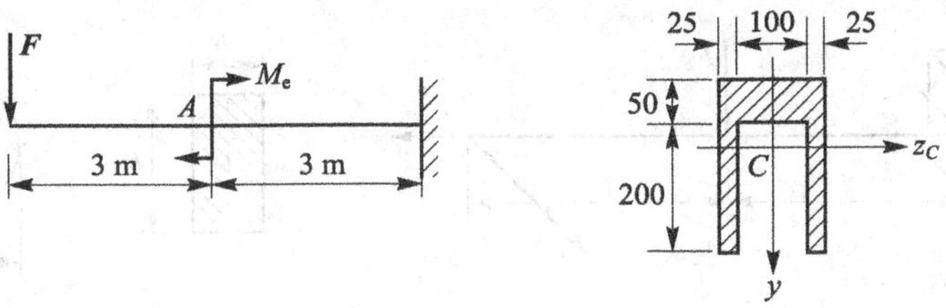

图 8-42

8-15 如图 8-43 所示矩形截面钢梁，承受集中载荷 $\boldsymbol{F}$ 与集度为 q 的均布载荷作用，试确定截面尺寸 b。已知载荷 $F = 10\text{ kN}$，$q = 5\text{ N/mm}$，许用应力 $[\sigma] = 160\text{ MPa}$。

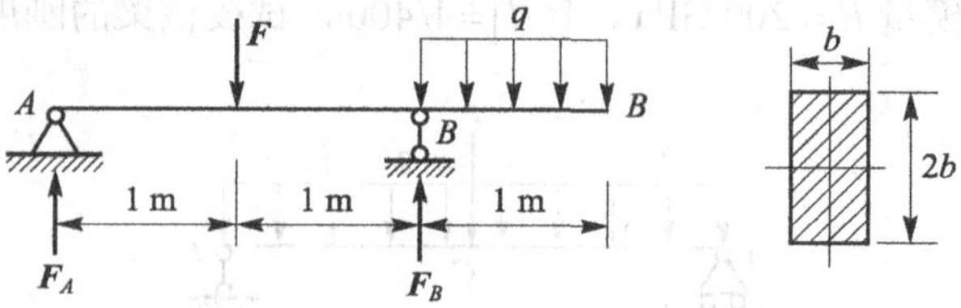

图 8-43

8-16 如图 8-44 所示外伸梁，承受载荷 F 作用。已知载荷 $F=20$ kN，许用应力 $[\sigma]=160$ MPa，试选择工字钢型号。

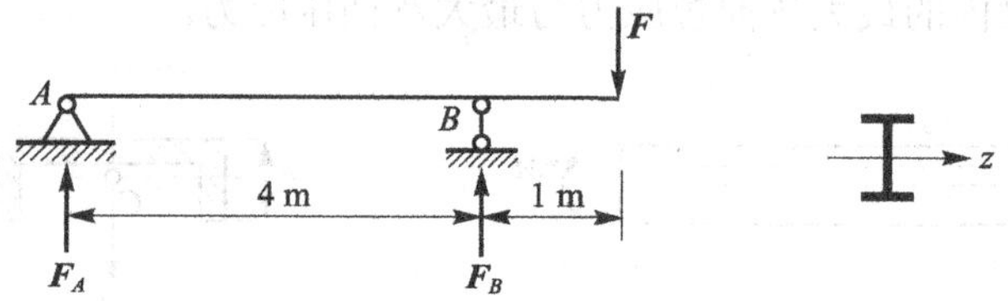

图 8-44

8-17 如图 8-45 所示，当载荷 F 直接作用在简支梁 AB 的跨度中点时，梁内最大弯曲正应力超过许用应力 30%。为了消除此种过载，配置一辅助梁 CD，试求辅助梁的最小长度 a。

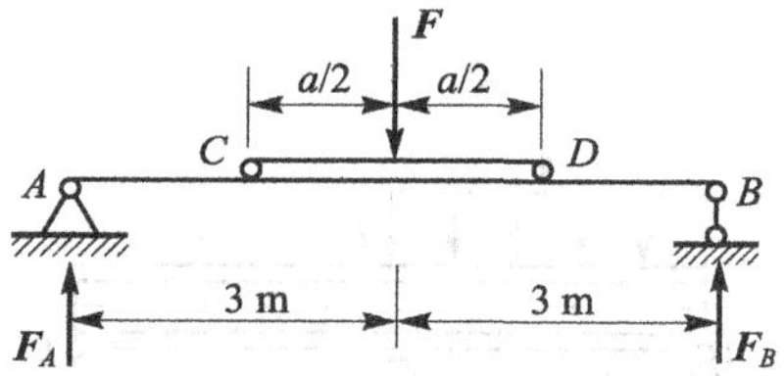

图 8-45

8-18 如图 8-46 所示悬臂梁，承受载荷 F_1 与 F_2 作用，已知 $F_1=800$ N，$F_2=1.6$ kN，$l=1$ m，许用应力 $[\sigma]=160$ MPa，试分别在下列两种情况下确定截面尺寸。

（1）截面为矩形，$h=2b$；

（2）截面为圆形。

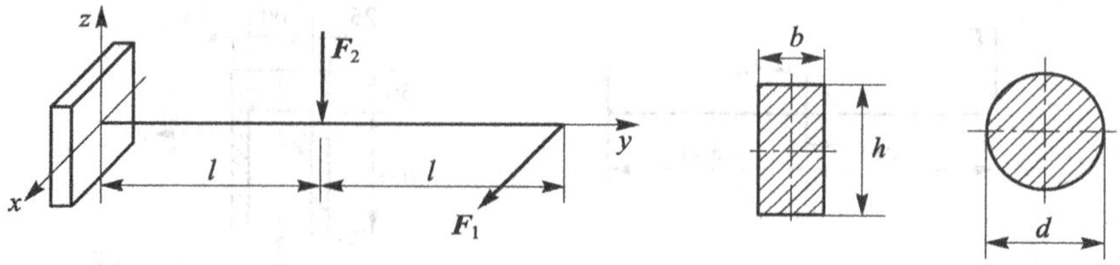

图 8-46

8-19 如图 8-47 所示板件，载荷 $F=12$ kN，许用应力 $[\sigma]=100$ MPa，试求板边切口的允许深度 x。（$\delta=5$ mm）

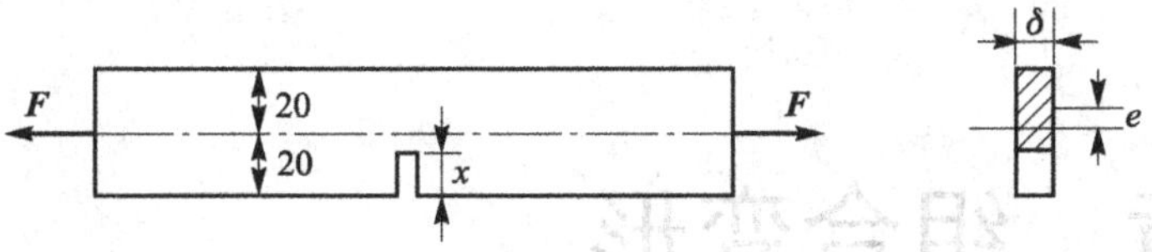

图 8-47

第 9 章　组合变形

【学习目标与要求】

◈ 了解组合变形的概念。
◈ 理解组合变形的基本研究方法。
◈ 掌握常见两种组合变形的强度条件和计算方法。

9.1　组合变形的概念

前面研究了杆件在拉伸（压缩）、剪切、扭转和弯曲四种基本变形时的强度和刚度问题。但在工程实际中，许多构件受到外力作用时，将同时产生两种或两种以上的基本变形。例如建筑物的边柱，机械工程中的夹紧装置，各类传动轴等。

我们把杆件在外力作用下同时产生两种或两种以上基本变形的变形形式称为**组合变形**。常见的组合变形有：弯曲与拉伸（压缩）的组合变形；弯曲与扭转的组合变形；两个互相垂直平面弯曲的组合变形（斜弯曲）；拉伸（压缩）与扭转的组合变形等。本章只讨论弯曲与拉伸（压缩）的组合变形、弯曲与扭转的组合变形。

在小变形条件下，构件组合变形的应力可根据叠加原理求解。构件上每一种载荷对应着一种基本变形，先计算构件在基本变形下的应力，再将基本变形的应力叠加，即得构件在组合变形下的应力。组合变形强度计算的步骤一般如下：

（1）外力分析　将外力分解或简化为几种基本变形的受力情况。

（2）内力分析　分别计算每种基本变形的内力，画出内力图，并确定危险截面的位置。

（3）应力分析　在危险截面上根据各种基本变形的应力分布规律，确定出危险点的位置及其应力状态。

（4）建立强度条件　将各基本变形情况下的应力叠加，然后建立强度条件进行计算。

9.2　弯曲与拉伸（压缩）组合变形的强度计算

弯曲与拉伸（压缩）组合变形是工程中常见的变形情况，就是构件在外力作用下发生弯曲变形的同时，还发生了轴向拉伸或轴向压缩变形。所以构件的受力特点为：外力既有轴向拉（压）力（使杆拉伸或压缩变形），又有横向力（使杆产生弯曲变形）。

现以图 9-1a 所示的矩形截面梁为例，来分析拉弯组合变形的应力分布和强度条件。

假设有一外力 $\boldsymbol{F}$ 作用于梁的纵向对称平面内，并与梁的轴线成 α 角，画受力图如图 9-1b 所示。将外力 $\boldsymbol{F}$ 分解为轴向力 $\boldsymbol{F}_x$ 和横向力 $\boldsymbol{F}_y$（图 9-1b），可得

$$F_x = F\cos\alpha\,,\qquad F_y = F\sin\alpha$$

轴向力 F_x 使梁产生轴向拉伸变形，横向力 F_y 使梁产生平面弯曲，所以该梁产生拉弯组合变形。画其轴力图和弯矩图如图 9-1c、d 所示。

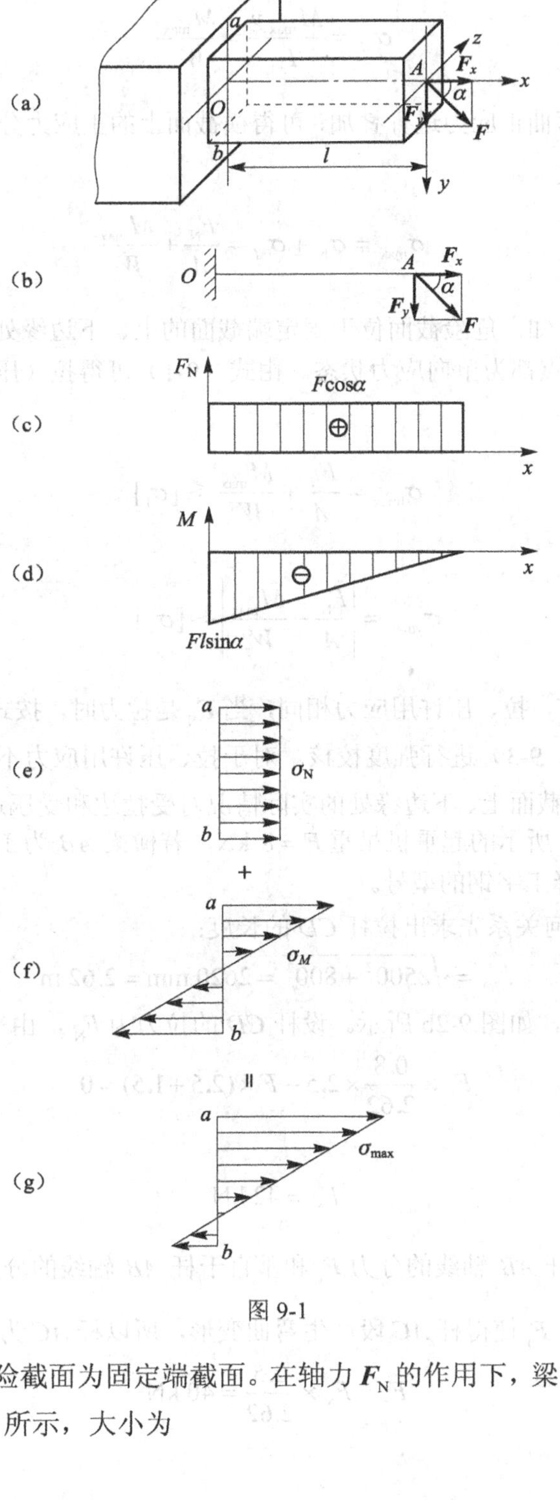

图 9-1

由内力图可知，危险截面为固定端截面。在轴力 F_N 的作用下，梁的横截面上产生均匀分布的拉应力，如图 9-1e 所示，大小为

$$\sigma_N = \frac{F_N}{A}$$

弯矩在固定端截面上产生弯曲正应力，应力沿截面呈线性分布（图 9-1f），其最大值为

$$\sigma_M = \frac{M_{max} y}{I_z} = \frac{M_{max}}{W_z}$$

将拉伸正应力和弯曲正应力进行叠加，可得横截面上的正应力分布如图 9-1g 所示，横截面上的正应力总和为

$$\sigma_{max} = \sigma_N + \sigma_M = \frac{F_N}{A} + \frac{M_{max}}{W_z} \tag{9-1}$$

由正应力分布图可知，危险截面位于固定端截面的上、下边缘处，从固定端截面上、下边缘取 a、b 两点，两点都为单向应力状态。由式（9-1）可得拉（压）弯组合变形时的强度条件：

$$\sigma_{lmax} = \frac{F_N}{A} + \frac{M_{max}}{W_z} \leqslant [\sigma_l] \tag{9-2}$$

$$\sigma_{ymax} = \left| \frac{F_N}{A} - \frac{M_{max}}{W_z} \right| \leqslant [\sigma_y] \tag{9-3}$$

对于塑性材料而言，拉、压许用应力相同，当 $\boldsymbol{F}_N$ 是拉力时，按式（9-2）进行强度校核；当 $\boldsymbol{F}_N$ 是压力时，按式（9-3）进行强度校核。对于拉、压许用应力不同或者对于中性轴不对称的截面，要根据危险截面上、下边缘处的实际情况对受拉边和受压边的强度分别进行校核。

例 9-1 如图 9-2a 所示的起重机吊重 $F = 8$ kN，若横梁 AB 为工字钢，材料的许用应力 $[\sigma] = 100$ MPa，试选择工字钢的型号。

解 （1）根据几何关系先求出拉杆 CD 的长度：

$$l_{CD} = \sqrt{2500^2 + 800^2} = 2620\ \text{mm} = 2.62\ \text{m}$$

画杆 AB 的受力图，如图 9-2b 所示。设杆 CD 的拉力为 F_N，由平衡条件 $\Sigma M_A = 0$ 得

$$F_N \times \frac{0.8}{2.62} \times 2.5 - F \times (2.5 + 1.5) = 0$$

解得

$$F_N = 42\ \text{kN}$$

把力 $\boldsymbol{F}_N$ 分解为沿杆 AB 轴线的分力 $\boldsymbol{F}_x$ 和垂直于杆 AB 轴线的分力 $\boldsymbol{F}_y$。分力 $\boldsymbol{F}_x$ 对杆 AC 段产生压缩作用，分力 $\boldsymbol{F}_y$ 使得杆 AC 段产生弯曲变形，所以杆 AC 为压弯组合变形。

$$F_x = F_N \times \frac{2.5}{2.62} = 40\ \text{kN}$$

$$F_y = F_N \times \frac{0.8}{2.62} = 12.8\ \text{kN}$$

作横梁 AB 的轴力图和弯矩图，如图 9-2c、d 所示。从图上可以看出，截面 C 为危险截面，截面 C 的弯矩为 $M_{\max} = 12\ \text{kN} \cdot \text{m}$。

（2）先根据弯曲强度条件选取工字钢：

$$W_z \geqslant \frac{M_{\max}}{[\sigma]} = \frac{12 \times 10^3}{100 \times 10^6} = 12 \times 10^{-5}\ \text{m}^3 = 120\ \text{cm}^3$$

查型钢规格表，选取 16 号工字梁，查得：$W_z = 141\ \text{cm}^3$，$A = 26.1\ \text{cm}^2$。

（3）再考虑轴力 $\boldsymbol{F}_N$ 和弯矩 M 的共同作用，进行强度校核，在截面 C 的下边缘各点产生最大压应力，数值为

$$\sigma_{y\max} = \left| \frac{F_N}{A} - \frac{M_{\max}}{W_z} \right| = \left| \frac{42 \times 10^3}{26.1 \times 10^{-4}} - \frac{12 \times 10^3}{141 \times 10^{-6}} \right| = 69\ \text{MPa}$$

远小于 $[\sigma] = 100\ \text{MPa}$，故选 16 号工字钢合适。

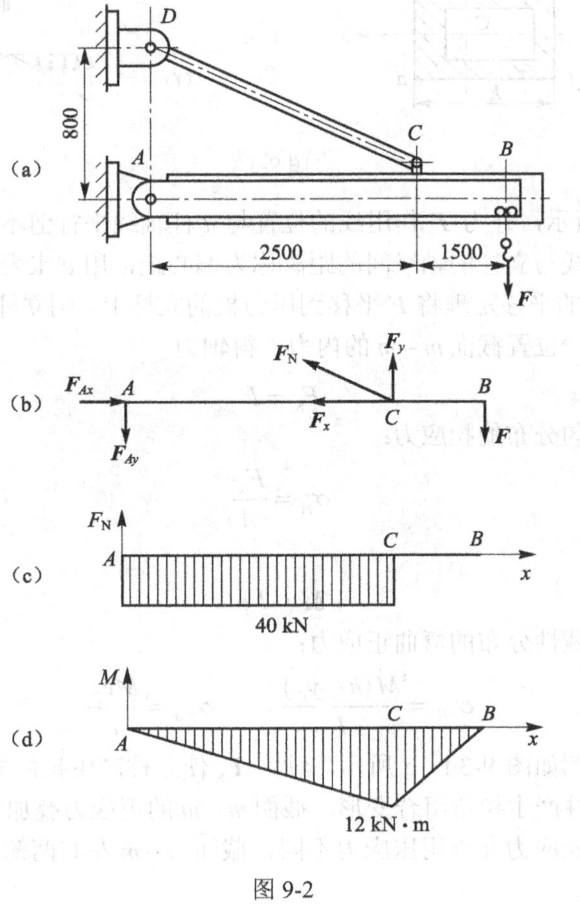

图 9-2

例 9-2 压力机架如图 9-3a 所示，材料为铸铁，$[\sigma_y]=120\ \text{MPa}$，$[\sigma_l]=40\ \text{MPa}$，工作压力 $F=1500\ \text{kN}$。立柱截面的几何性质：$A=1.8\times10^5\ \text{mm}^2$，$I=8\times10^9\ \text{mm}^4$，$h=700\ \text{mm}$，$C$ 为截面形心，$y_C=200\ \text{mm}$，$e=800\ \text{mm}$。试校核压力机立柱的强度。

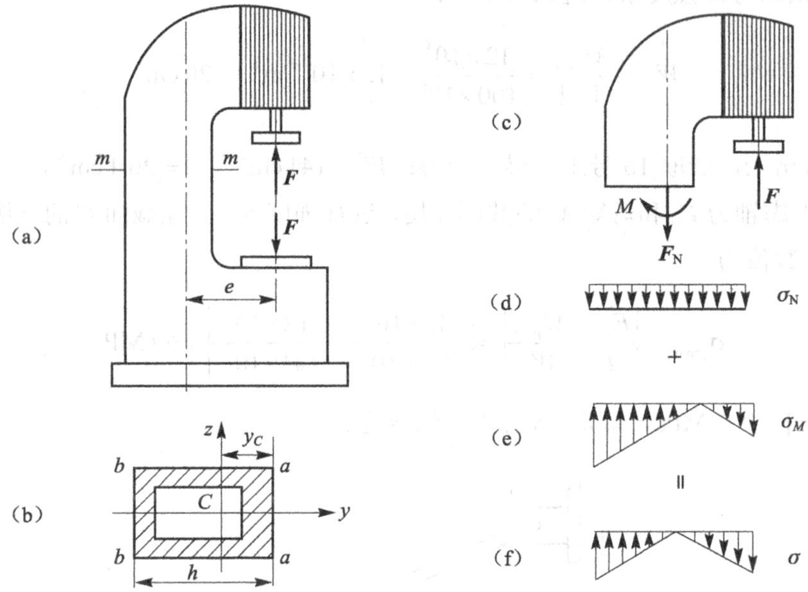

图 9-3

解 如图 9-3a 所示，外力 $\boldsymbol{F}$ 作用线的位置与立柱轴线平行但不重合，这种情形称为偏心拉伸。外力的作用线与立柱的轴线间的距离称为偏心距，用 e 来表示。截面的形状和尺寸如图 9-3b 所示。由力的平移定理将 $\boldsymbol{F}$ 平移到压力机的立柱上，则立柱的受力如图 9-3c 所示。用截面法求得立柱任一位置截面 $m-m$ 的内力，得轴力

$$F_N=F$$

在截面上产生均匀分布的拉应力：

$$\sigma_N=\frac{F_N}{A}$$

弯矩：

$$M=Fe$$

在截面上产生呈线性分布的弯曲正应力：

$$\sigma_{Mb}=\frac{M(h-y_C)}{I},\qquad \sigma_{Ma}=\frac{My_C}{I}$$

作轴力图和弯矩图如图 9-3d、e 所示。轴力 $\boldsymbol{F}_N$ 使立柱产生拉伸变形，弯矩 M 使立柱产生弯曲变形，所以立柱产生拉弯组合变形。截面 $m-m$ 的正应力叠加后如图 9-3f 所示。因机架材料为铸铁，许用拉应力和许用压应力不同，截面 $m-m$ 左右两侧边缘处各点的强度需分别进行校核。

校核左侧边缘上各点强度：

$$\sigma_b = |\sigma_{\mathrm{N}} - \sigma_{Mb}| = \left|\frac{F_{\mathrm{N}}}{A} - \frac{M(h - y_C)}{I}\right| = \left|\frac{F}{A} - \frac{Fe(h - y_C)}{I}\right|$$

$$= \left|\frac{1500\times10^3}{1.8\times10^5} - \frac{1500\times10^3\times800\times(700-200)}{8\times10^9}\right|$$

$$= |8.3 - 75| = 66.7\ \text{MPa} < [\sigma_{\mathrm{y}}] = 120\ \text{MPa}$$

校核右侧边缘上各点强度：

$$\sigma_a = \sigma_{\mathrm{N}} + \sigma_{Ma} = \frac{F_{\mathrm{N}}}{A} + \frac{My_C}{I} = \frac{F}{A} + \frac{Fey_C}{I}$$

$$= \frac{1500\times10^3}{1.8\times10^5} + \frac{1500\times10^3\times800\times200}{8\times10^9}$$

$$= 8.3 + 30 = 38.3\ \text{MPa} < [\sigma_1] = 40\ \text{MPa}$$

结果表明，压力机立柱的强度足够。

9.3 弯曲与扭转组合变形的强度计算

机械中的转轴通常在弯曲与扭转组合变形下工作。现以电机驱动传动轴为例，说明此种组合变形的强度计算方法。

如图 9-4a 所示电机轴，在轴上两轴承中端装有带轮，工作时，电机给轴输入一定转矩，通过带轮的皮带传递给其他设备。带紧边拉力为 $\boldsymbol{F}_{\mathrm{T1}}$，松边拉力为 $\boldsymbol{F}_{\mathrm{T2}}$，不计带轮自重。

（1）外力分析：将作用于带上的拉力向杆的轴线简化，得到一个力 $\boldsymbol{F}$ 和一个力偶 M_1，如图 9-4b 所示，其值分别为

$$F = F_{\mathrm{T1}} + F_{\mathrm{T2}}, \qquad M_1 = (F_{\mathrm{T1}} - F_{\mathrm{T2}})\frac{D}{2}$$

力 $\boldsymbol{F}$ 使轴在垂直平面内发生弯曲，力偶 M_1 和电机轴端产生的 M_2 使轴扭转，故轴上产生弯曲和扭转组合变形。

（2）内力分析：画出轴的弯矩图和扭矩图，如图 9-4c、d 所示。由图知危险截面为轴上装带轮的位置 E，其弯矩和扭矩分别为

$$M = \frac{Fl}{4}, \qquad T = M_1$$

（3）应力分析：由于在危险截面上同时作用有弯矩和扭矩，故该截面上必然同时存在弯曲正应力和扭转切应力，如图 9-4e 所示，a、b 两点正应力和切应力均分别达到最大值，为危险点，该两点正应力和切应力分别为

$$\sigma = \frac{M}{W_z}, \qquad \tau = \frac{T}{W_{\mathrm{P}}}$$

该两点的单元体均属于平面应力状态（图 9-4f），故需按强度理论建立强度条件。

（4）建立强度条件：对于塑性材料制成的转轴，因其抗拉、压强度相同，故只需取一点研究。采用第三或第四强度理论进行计算，相当应力分别为

$$\sigma_{r3}=\sqrt{\sigma^2+4\tau^2}\,,\qquad \sigma_{r4}=\sqrt{\sigma^2+3\tau^2}$$

对于圆轴，由于$W_P=2W_z$，可得到按第三和第四强度理论建立的强度条件为

$$\sigma_{r3}=\frac{\sqrt{M^2+T^2}}{W_z}\leqslant[\sigma]\,,\qquad \sigma_{r4}=\frac{\sqrt{M^2+0.75T^2}}{W_z}\leqslant[\sigma]$$

以上两式只适用于由塑性材料制成的弯扭组合变形的实心圆截面和空心圆截面杆。

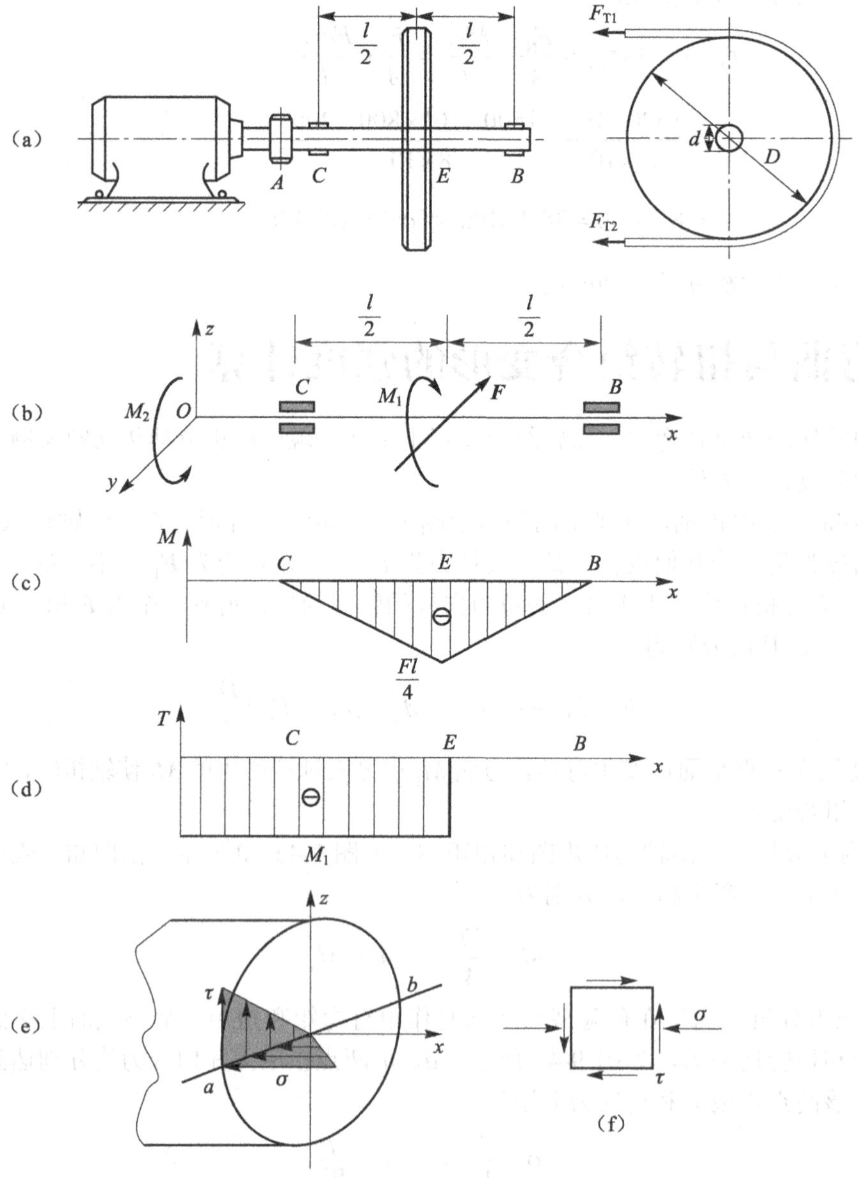

图 9-4

例 9-3　如图 9-5a 所示传动轴，已知带轮的紧边拉力 $F_1 = 5\,\text{kN}$，松边拉力 $F_2 = 2\,\text{kN}$，$a = 200\,\text{mm}$，$b = 60\,\text{mm}$，空心轴 AE 的内径 $d_0 = 100\,\text{mm}$，外径 $D = 160\,\text{mm}$，材料的许用应力 $[\sigma] = 80\,\text{MPa}$，试按第三强度理论设计轴的直径。

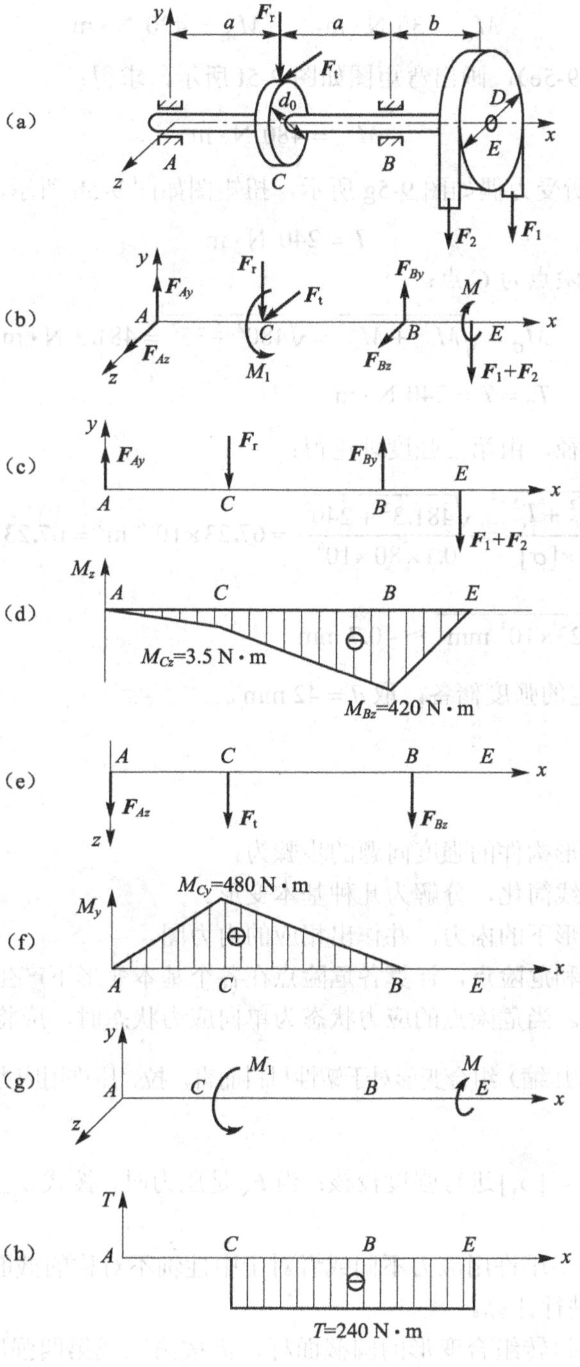

图 9-5

解 （1）画出受力简图，如图 9-5b 所示。可见，轴发生铅垂和水平面内的弯曲与扭转组合变形。

（2）利用空间力系的平面解法求解外力。

在 xy 平面内（图 9-5c），画出弯矩图如图 9-5d 所示，求得：

$$M_{Cz}=35\ \text{N}\cdot\text{m},\qquad M_{Bz}=420\ \text{N}\cdot\text{m}$$

在 xz 平面内（图 9-5e），画出弯矩图如图 9-5f 所示，求得：

$$M_{Cy}=480\ \text{N}\cdot\text{m}$$

（3）空心轴 AE 所受力偶如图 9-5g 所示，扭矩图如图 9-5h 所示，由图知：

$$T=240\ \text{N}\cdot\text{m}$$

（4）由图知，危险点为 C 点：

$$M_C=\sqrt{M_{Cy}^2+M_{Cz}^2}=\sqrt{480^2+35^2}=481.3\ \text{N}\cdot\text{m}$$

$$T_C=T=240\ \text{N}\cdot\text{m}$$

（5）设计轴的直径，由第三强度理论得：

$$d^3\geqslant\frac{\sqrt{M_C^2+T_C^2}}{0.1\times[\sigma]}=\frac{\sqrt{481.3^2+240^2}}{0.1\times80\times10^6}=67.23\times10^{-6}\ \text{m}^3=67.23\times10^3\ \text{mm}^3$$

$$d\geqslant\sqrt[3]{67.23\times10^3\ \text{mm}^3}\approx40.7\ \text{mm}$$

为了使轴具有一定的强度储备，取 $d=42\ \text{mm}$。

本章小结

（1）处理组合变形构件的强度问题的步骤为：

① 将外力向杆轴线简化，分解为几种基本变形。

② 计算各基本变形下的内力，并作出相应的内力图。

③ 确定危险截面和危险点，计算各危险点在各个基本变形下产生的内力。

④ 建立强度条件。当危险点的应力状态为单向应力状态时，应将同名应力代数相加。

（2）弯曲与拉伸（压缩）组合变形对于塑性材料而言，拉、压许用应力相同，当 $\boldsymbol{F}_{\text{N}}$ 是拉力时，按式 $\sigma_{\text{lmax}}=\dfrac{F_{\text{N}}}{A}+\dfrac{M_{\max}}{W_z}\leqslant[\sigma_{\text{l}}]$ 进行强度校核；当 $\boldsymbol{F}_{\text{N}}$ 是压力时，按式 $\sigma_{\text{ymax}}=\left|\dfrac{F_{\text{N}}}{A}-\dfrac{M_{\max}}{W_z}\right|\leqslant[\sigma_{\text{y}}]$ 进行强度校核。对于拉、压许用应力不同或者对于中性轴不对称的截面，要根据危险截面上、下边缘处的实际情况进行计算。

（3）对于弯曲与扭转组合变形的圆截面杆，需按第三或第四强度理论建立强度条件，分别为

$$\sigma_{r3}=\frac{\sqrt{M^2+T^2}}{W_z}\leqslant[\sigma],\qquad \sigma_{r4}=\frac{\sqrt{M^2+0.75T^2}}{W_z}\leqslant[\sigma]$$

思考题

9-1　何谓组合变形？如何计算组合变形杆件横截面上任一点的应力？

9-2　何谓平面弯曲？何谓斜弯曲？两者有何区别？为什么弯曲与扭转组合变形的强度条件要用强度理论而弯曲与拉伸组合变形不需要利用强度理论？

9-3　在应用叠加原理解决组合变形问题时，对外力进行分组时应注意哪些事项？

习　题

9-1　矩形截面杆受力如图 9-6 所示，$\boldsymbol{F}_1$ 和 $\boldsymbol{F}_2$ 的作用线均与杆的轴线重合，$\boldsymbol{F}_3$ 作用在杆的对称平面内，已知 $F_1=5\text{ kN}$，$F_2=10\text{ kN}$，$F_3=1.2\text{ kN}$，$l=2\text{ m}$，$b=12\text{ cm}$，$h=18\text{ cm}$，试求杆中的最大压应力。

9-2　如图 9-7 所示为起重用悬臂式吊车，梁 AC 由 No.18 工字钢制成，材料的许用正应力 $[\sigma]=100\text{ MPa}$，当吊起物重（包括小车）$G=25\text{ kN}$，并作用于梁的中点 D 时，试校核梁 AC 的强度。

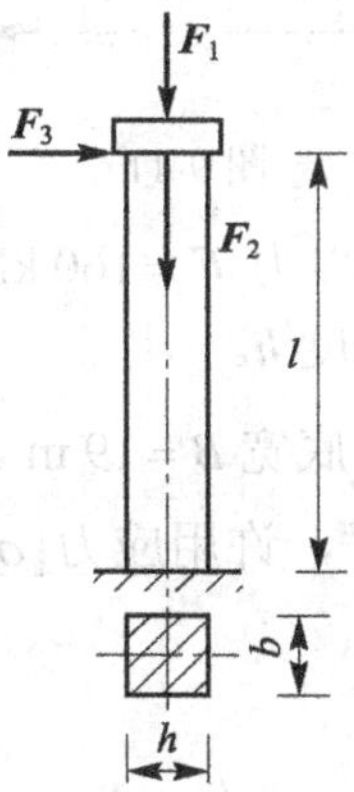

图 9-6

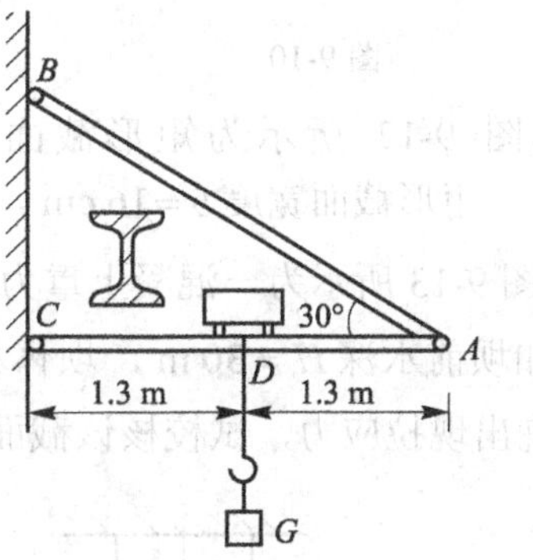

图 9-7

9-3　如图 9-8 所示，桥式吊车梁由 No.32a 工字钢制成，当小车走到梁跨度中点时，吊车梁处于最不利的受力状态。吊车工作时，由于惯性和其他原因，载荷 $\boldsymbol{F}$ 偏离铅垂线与 y 轴成 $\varphi=15°$ 的夹角。已知 $l=4\text{ m}$，$[\sigma]=160\text{ MPa}$，$F=30\text{ kN}$，试校核吊车梁的强度。

9-4　如图 9-9 所示，木制悬臂梁在水平对称平面内受力 $F_1=1.6\text{ kN}$，竖直对称平面内受力 $F_2=0.8\text{ kN}$ 的作用，梁的矩形截面尺寸为 $9\text{ cm}\times 8\text{ cm}$，试求梁的最大拉压应力数值及其位置（$E=10\times10^3\text{ MPa}$）。

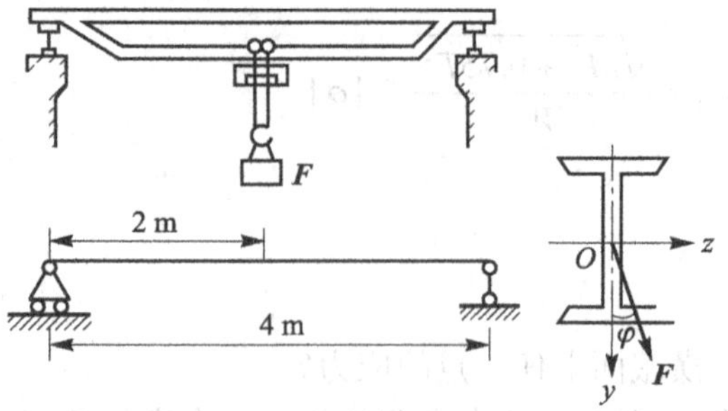

图 9-8

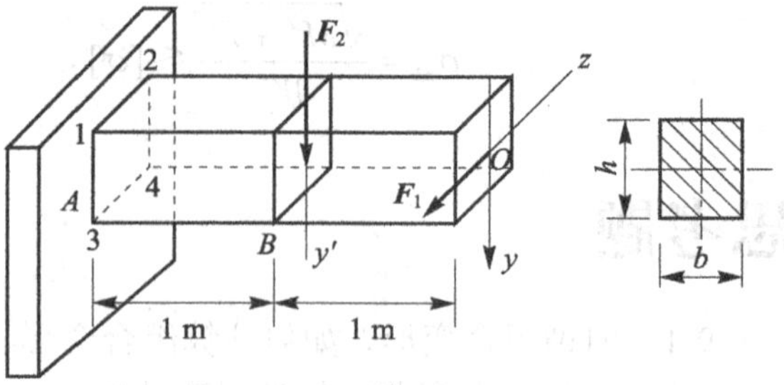

图 9-9

9-5　矩形截面悬臂梁受力如图 9-10 所示，$\boldsymbol{F}$ 通过截面形心且与 y 轴成 φ 角，已知 $F = 1.2\ \text{kN}$，$l = 2\ \text{m}$，$\varphi = 12°$，$b/h = 1.5$，材料的许用正应力 $[\sigma] = 10\ \text{MPa}$，试确定 b 和 h 的尺寸。

9-6　承受均布载荷作用的矩形截面简支梁如图 9-11 所示，q 与 y 轴成 $15°$ 角，且通过形心，已知 $l = 4\ \text{m}$，$b = 10\ \text{cm}$，$h = 15\ \text{cm}$，材料的许用应力 $[\sigma] = 10\ \text{MPa}$，试求梁能承受的最大分布载荷 $q_{\max}$。

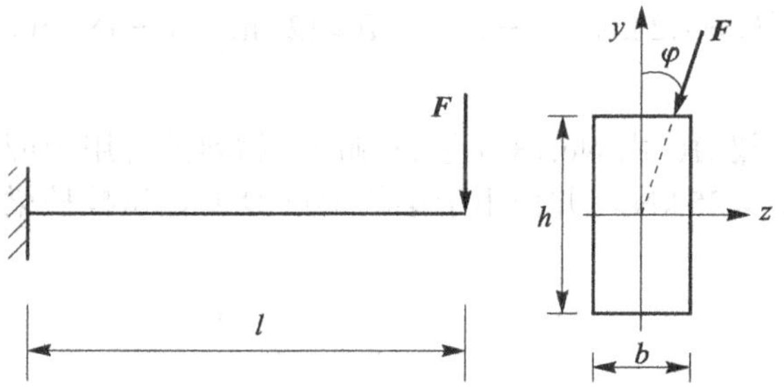

图 9-10

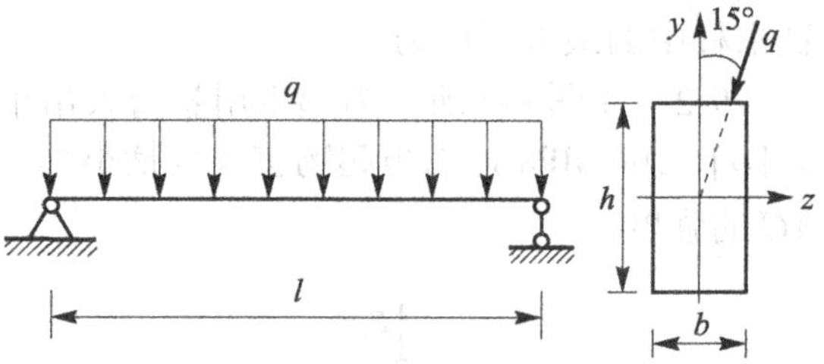

图 9-11

9-7　如图 9-12 所示为矩形截面偏心受拉木杆，偏心力 $F = 160\ \text{kN}$，$e = 5\ \text{cm}$，$[\sigma] = 10\ \text{MPa}$，矩形截面宽度 $b = 16\ \text{cm}$，试确定木杆的截面高度 h。

9-8　如图 9-13 所示为一混凝土重力坝，坝高 $H = 30\ \text{m}$，底宽 $B = 19\ \text{m}$，受水压力和自重作用。已知坝前水深 $H = 30\ \text{m}$，坝体材料容重 $\gamma = 24\ \text{kN/m}^3$，许用应力 $[\sigma] = 10\ \text{MPa}$，坝体底面不允许出现拉应力，试校核该截面正应力强度。

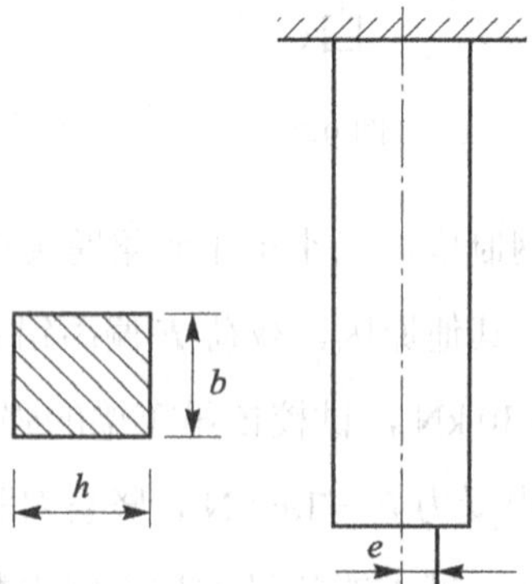

图 9-12

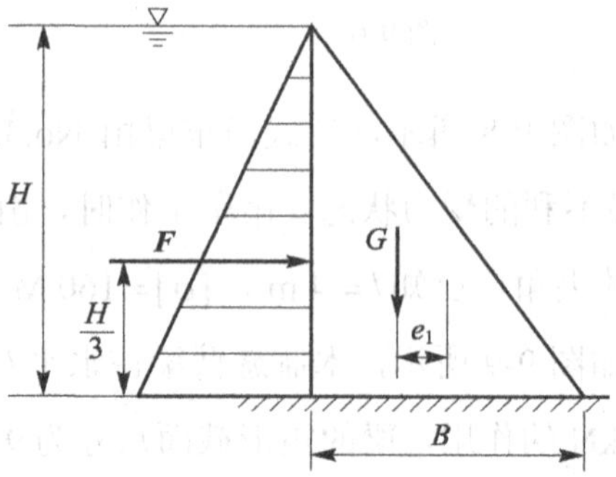

图 9-13

第 10 章 压杆稳定

【学习目标与要求】

◈ 了解稳定性、失稳、临界压力、临界应力的概念。
◈ 掌握欧拉公式及其适用范围。
◈ 掌握压杆的稳定性计算。
◈ 理解提高压杆稳定性的措施。

10.1 压杆稳定的概念

在前述的轴向拉伸与压缩变形中，认为受轴向力的杆件若满足拉压强度条件，就能保证其安全工作。这对粗短杆而言是正确的，但对受压的细长杆就不一定正确了。

如图 10-1a 所示的等直细长杆，在其两端施加轴向压力 $\boldsymbol{F}$，使杆在直线形状下处于平衡。此时，如果给杆以微小的侧向干扰力，使杆发生微小的弯曲（图 10-1b），然后撤去干扰力，则当杆承受的轴向压力数值不同时，其结果也截然不同。

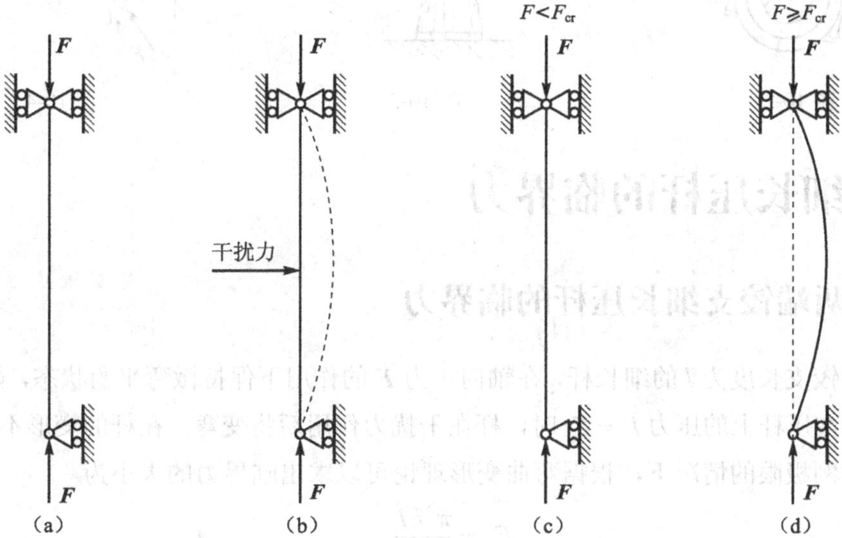

图 10-1

当杆承受的轴向压力数值 F 小于某一数值 F_{cr}，即 $F<F_{cr}$ 时，在撤去干扰力以后，杆经过若干次振动后，自动恢复到原有的直线平衡状态（图 10-1c）而保持平衡，则原有的直线平衡状态称为**稳定平衡**；当杆承受的轴向压力数值 F 逐渐增大到超过某一数值 F_{cr}，即 $F \geqslant F_{cr}$ 时，即使撤去干扰力，杆仍然处于弯曲平衡状态（图 10-1d），不能自动恢复到原有的直线

平衡，则原有的直线平衡状态为**不稳定的平衡**。

上述现象表明，在轴向压力 $\boldsymbol{F}$ 由小逐渐增大的过程中，压杆由稳定的平衡逐渐转变为不稳定的平衡，这种现象称为**压杆丧失稳定性**或者**压杆失稳**。显然压杆是否失稳取决于轴向压力的大小。压杆由直线形状的稳定平衡过渡到不稳定平衡，其间必要经过 $F = F_{cr}$ 这一临界状态，临界状态所对应的轴向压力称为压杆的**临界压力**或**临界力**，用 $\boldsymbol{F}_{cr}$ 表示。当压杆所受的轴向压力 $F < F_{cr}$ 时，杆件就能够保持稳定的平衡，这种性能称为**压杆的稳定性**；而当压杆所受的轴向压力 $F \geqslant F_{cr}$ 时，杆件就不能保持稳定的平衡而失稳。

细长压杆在工程实际中经常用到，例如内燃机的连杆（图 10-2）、液压千斤顶（图 10-3）、悬臂梁吊车的斜承杆（图 10-4）等，当处于如图所示的位置时，均承受压力，此时必须考虑其稳定性。为了保证压杆安全可靠的工作，必须使压杆处于直线平衡形态。

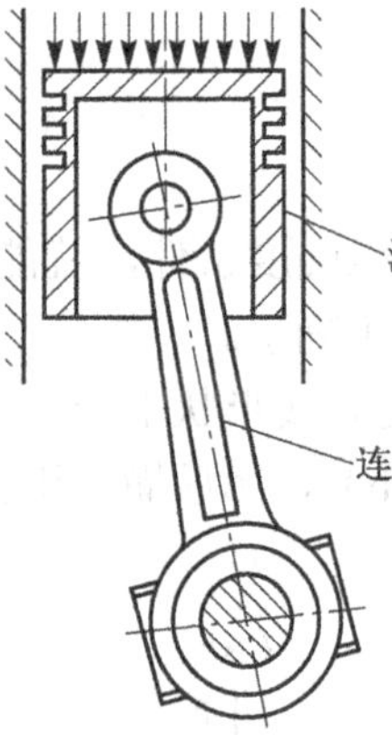

图 10-2

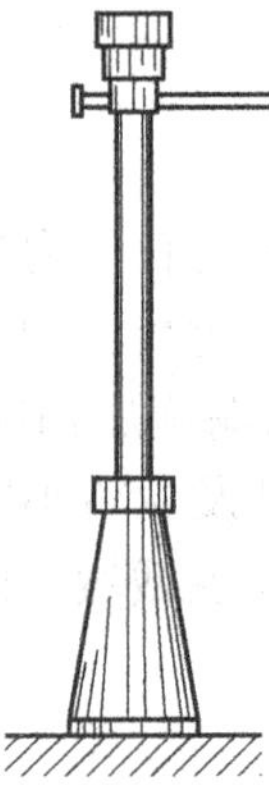

图 10-3

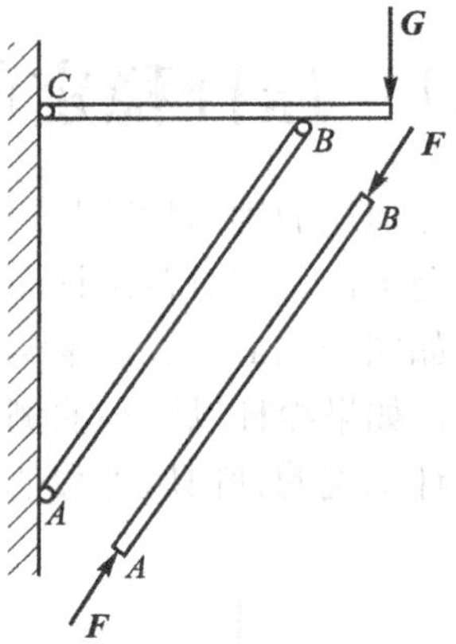

图 10-4

10.2 细长压杆的临界力

10.2.1 两端铰支细长压杆的临界力

设两端铰支长度为 l 的细长杆，在轴向压力 $\boldsymbol{F}$ 的作用下保持微弯平衡状态，如图 10-5 所示。当作用在压杆上的压力 $F = F_{cr}$ 时，杆在干扰力作用后将变弯。在杆的变形不大，杆内应力不超过比例极限的情况下，根据弯曲变形理论可以求出临界力的大小为

$$F_{cr} = \frac{\pi^2 EI}{l^2} \tag{10-1}$$

式（10-1）即为两端铰支细长杆的临界压力计算公式，称为**欧拉公式**。式中 E 是压杆材料的弹性模量，I 是压杆横截面的惯性矩，EI 表示抗弯刚度，l 表示细长压杆的长度。

注意

惯性矩 I 应取压杆横截面的最小惯性矩。

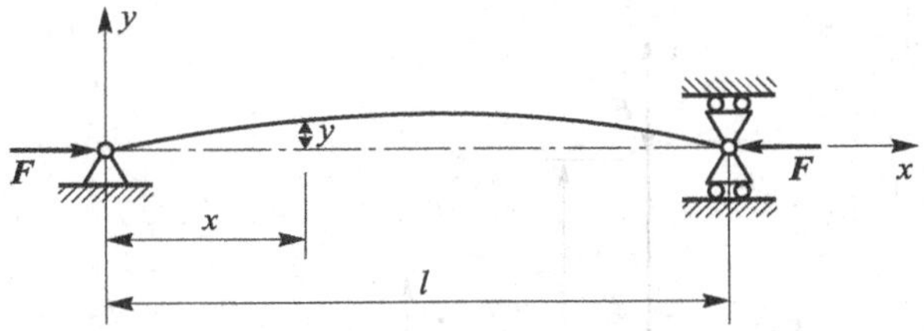

图 10-5

10.2.2　其他约束情况下细长压杆的临界力

在工程实际中，压杆的杆端约束除了两端铰支外，还有一端固定而另一端自由、两端固定等约束形式。这些约束形式的压杆同样可以根据弯曲变形理论求出它们的临界力的大小为

$$F_{cr} = \frac{\pi^2 EI}{(\mu l)^2} \tag{10-2}$$

式（10-2）是欧拉公式的一般形式。式中，μ 是与压杆两端的支承情况有关的系数，称为**长度因数**；μl 称为**折算长度或相当长度**，表示将杆端约束条件不同的压杆计算长度 l 折算成两端铰支压杆的长度。

常见细长压杆的长度因数和临界载荷见表 10-1。

表 10-1　常见细长压杆的长度因数和临界载荷

支承方式	两端铰支	一端自由另一端固定	两端固定	一端铰支另一端固定
挠曲线形状	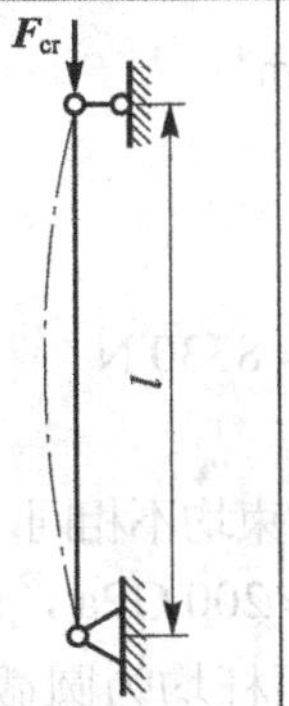	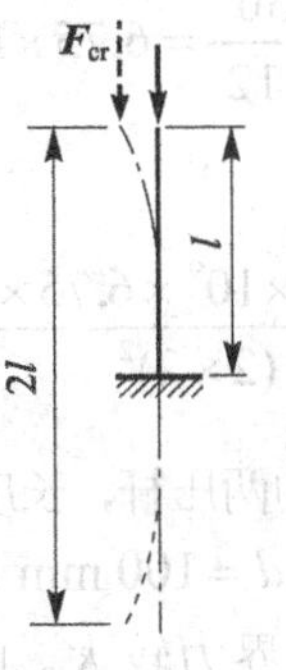	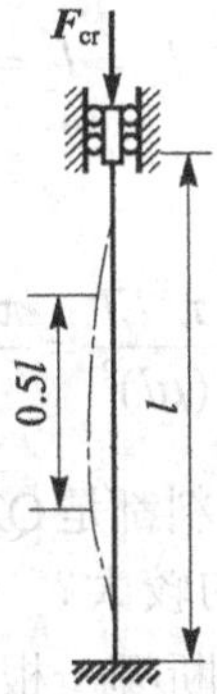	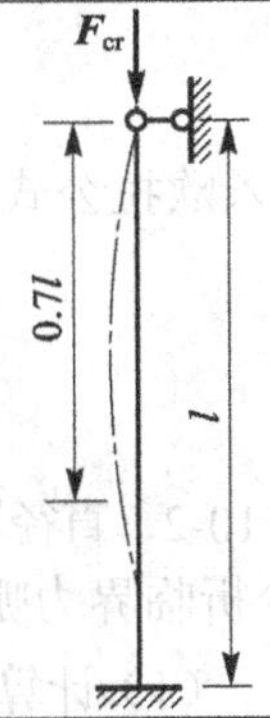
临界载荷 F_{cr}	$\frac{\pi^2 EI}{l^2}$	$\frac{\pi^2 EI}{(2l)^2}$	$\frac{\pi^2 EI}{(0.5l)^2}$	$\frac{\pi^2 EI}{(0.7l)^2}$
长度因数 μ	1.0	2.0	0.5	0.7

工程实际中的杆端约束形式较复杂，计算时，要具体分析实际约束与上述哪种理想约束类型相接近，或介于哪两种理想约束类型之间，从而再确定长度因数的取值。

例 10-1　一端固定另一端自由的细长压杆，其杆长 $l = 2\ \text{m}$，截面形状为矩形，$b = 20\ \text{mm}$，$h = 45\ \text{mm}$，如图 10-6 所示，材料的弹性模量 $E = 200\ \text{GPa}$。试计算该压杆的临界力。若把截面改为 $b = h = 30\ \text{mm}$，而保持长度不变，则该压杆的临界力又为多大？

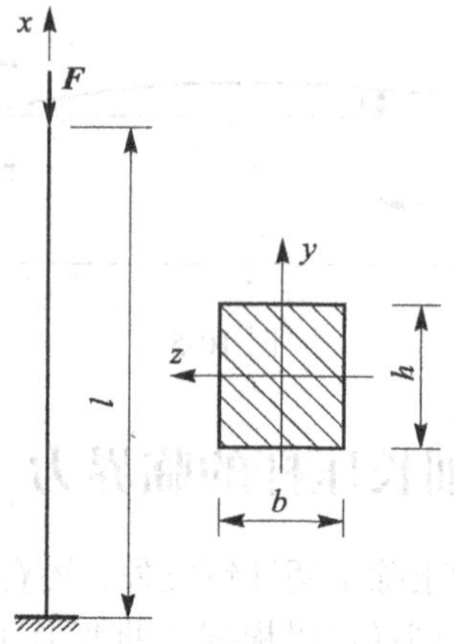

图 10-6

解 （1）计算截面的惯性矩：由前述可知，该压杆必在 xy 平面内失稳，故计算惯性矩

$$I_y=\frac{hb^3}{12}=\frac{45\times 20^3}{12}=3.0\times 10^4\ \text{mm}^4$$

（2）计算临界力：查表 10-1 得 $\mu=2$，因此临界力为

$$F_{cr}=\frac{\pi^2 EI}{(\mu l)^2}=\frac{\pi^2\times 200\times 10^9\times 3\times 10^{-8}}{(2\times 2)^2}=3701\ \text{N}=3.7\ \text{kN}$$

（3）当截面改为 $b=h=30$ mm 时，压杆的惯性矩为

$$I_y=I_z=\frac{hb^3}{12}=\frac{30^4}{12}=6.75\times 10^4\ \text{mm}^4$$

代入欧拉公式，可得

$$F_{cr}=\frac{\pi^2 EI}{(\mu l)^2}=\frac{\pi^2\times 200\times 10^9\times 6.75\times 10^{-8}}{(2\times 2)^2}=8330\ \text{N}$$

例 10-2 直径均为 d，材料都是 Q235 钢的两压杆，长度和约束均不相同，如图 10-7a、b 所示。（1）分析临界力哪一根杆的较大？（2）若 $d=100$ mm，$E=200$ GPa，计算两杆的临界力。

解 （1）计算柔度，判断哪一根杆的临界力较大。由于两杆均为圆截面，且直径均为 d，故有

$$i=\sqrt{\frac{\pi d^4/64}{\pi d^2/4}}=\frac{d}{4}$$

但由于两杆长度和约束不相同，故柔度也就不一定相等。对于图 10-7a 中的压杆，因为两端铰支约束，故取 $\mu=1$。则有

$$\lambda=\frac{\mu l}{i}=\frac{1\times 5}{d/4}=\frac{20}{d}$$

对于图 10-7b 中的压杆，因为两端为固定端约束，故 $\mu=0.5$。于是有

$$\lambda = \frac{\mu l}{i} = \frac{0.5\times 7}{d/4} = \frac{14}{d}$$

两者的柔度比较可知，两端均为固定端约束的压杆具有较高的临界压力。

（2）计算两杆的临界力。对于两端铰支的压杆，因为

$$\lambda = \frac{20}{d} = \frac{20}{100\times 10^{-3}} = 200 > \lambda_{\mathrm{p}} = 100$$

所以该杆属大柔度杆，可用欧拉公式计算临界力如下

$$F_{\mathrm{cr}} = \frac{\pi^2 EI}{(\mu l)^2} = \frac{\pi^2 EA}{\lambda^2} = \frac{3.14^2\times 200\times 10^9}{200^2}\times\frac{\pi}{4}\times 0.1^2 \approx 3.8\times 10^5\ \mathrm{N}$$

对于两端固支的压杆，则有

$$\lambda = \frac{14}{d} = \frac{14}{100\times 10^{-3}} = 140 > \lambda_{\mathrm{p}} = 100$$

该杆也属于大柔度杆，可用欧拉公式计算临界力如下

$$F_{\mathrm{cr}} = \frac{\pi^2 EI}{(\mu l)^2} = \frac{\pi^2 EA}{\lambda^2} = \frac{3.14^2\times 200\times 10^9}{140^2}\times\frac{\pi}{4}\times 0.1^2 \approx 7.9\times 10^5\ \mathrm{N}$$

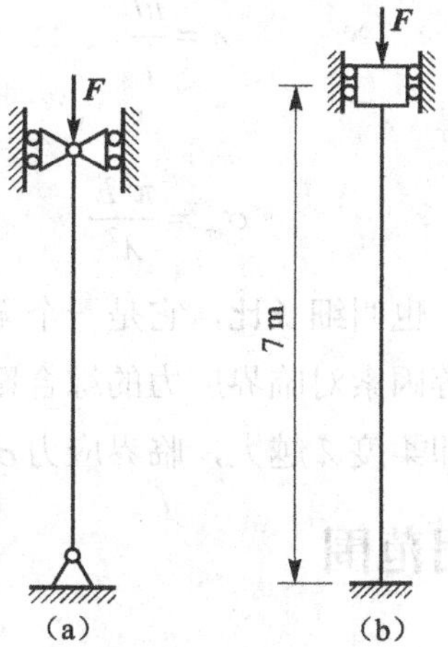

图 10-7

10.3 欧拉公式的适用范围和经验公式

10.3.1 临界应力

在临界力作用下，压杆在直线平衡位置时横截面上的应力称为**临界应力**，用σ_{cr}表示。

前面给出了计算压杆临界力的欧拉公式，当压杆在临界力F_{cr}作用下处于直线状态的平衡时，其横截面上的压应力（即临界应力σ_{cr}）等于临界力F_{cr}与横截面面积A的比值，即

$$\sigma_{cr} = \frac{F_{cr}}{A}$$

将 $F_{cr} = \frac{\pi^2 EI}{(\mu l)^2}$ 代入上式，得

$$\sigma_{cr} = \frac{\pi^2 EI}{(\mu l)^2 A}$$

上式中令 $I/A = i^2$，可见 i 是仅与截面的形状及尺寸有关的量，称为**惯性半径**，则有

$$i = \sqrt{\frac{I}{A}} \tag{10-3}$$

于是临界应力可表示为

$$\sigma_{cr} = \frac{\pi^2 E i^2}{(\mu l)^2} = \frac{\pi^2 E}{(\frac{\mu l}{i})^2}$$

再令

$$\lambda = \frac{ul}{i} \tag{10-4}$$

将式（10-4）代入其上式得

$$\sigma_{cr} = \frac{\pi^2 E}{\lambda^2} \tag{10-5}$$

上式中 λ 称为压杆的**柔度**，也叫**细长比**，它是一个无量纲的量，反映了压杆的杆端支承情况、杆长、截面形状和尺寸等因素对临界应力的综合影响。从上式可以看出，压杆的临界应力与其柔度的平方成反比，即柔度 λ 越大，临界应力 σ_{cr} 越小，压杆也就越易于失稳。

10.3.2 欧拉公式的适用范围

挠曲线近似微分方程仅适用于杆内应力不超过比例极限 σ_p 的情况，而欧拉公式是根据其建立的，因此，欧拉公式的适用范围为

$$\sigma_{cr} = \frac{\pi^2 E}{\lambda^2} \leqslant \sigma_p \tag{10-6}$$

由上式可得
$$\lambda \geqslant \pi \sqrt{\frac{E}{\sigma_p}}$$

若令 $\lambda_p = \pi \sqrt{\frac{E}{\sigma_p}}$，则欧拉公式的适用范围为

$$\lambda \geqslant \lambda_p \tag{10-7}$$

满足以上条件的压杆才可用欧拉公式计算压杆的临界应力。例如 Q235A 钢，它的弹性模量 $E = 206\ \text{GPa}$，比例极限 $\sigma_p = 200\ \text{MPa}$，代入上式可得 $\lambda_p \approx 100$。所以对 Q235A 钢，只有当 $\lambda \geqslant 100$ 时才能用欧拉公式计算压杆的临界应力。$\lambda \geqslant \lambda_p$ 的压杆通常称为**大柔度杆或细长杆**，它的破坏常是因为弹性范围内的失稳所致。

10.3.3 经验公式

实验表明，当压杆的柔度小于某一数值 λ_s（相当于屈服点的柔度）时，其破坏与否主要取决于该压杆的强度，即压杆的承载能力取决于其强度指标。把 $\lambda < \lambda_s$ 的压杆称为**小柔度杆或粗短杆**，把柔度 λ 满足 $\lambda_s \leqslant \lambda < \lambda_p$ 的压杆称为**中柔度杆或中长杆**。中长杆的破坏主要是由于超过弹性范围的失稳所致，所以通常采用建立在实验基础上的经验公式计算它的临界应力。这里只介绍常用的经验直线公式

$$\sigma_{cr} = a - b\lambda \tag{10-8}$$

上式中，a、b 是与材料性质有关的常数，λ 是压杆的柔度。常用材料的直线公式常数 a、b 和柔度 λ_p、λ_s 之值见表 10-2。

表 10-2 常用材料的直线公式常数 a、b 和柔度 λ_p、λ_s 之值

材料	a /MPa	b /MPa	λ_p	λ_s
Q235 钢	304	1.12	100	62
硅钢	577	3.74	100	60
铬钼钢	980	5.29	55	0
硬铝	372	2.14	50	0
铸铁	331.9	1.453	—	—
松木	39.2	0.199	59	0

上述经验公式也有一定的适用范围，要求其临界应力不超过屈服极限，即

$$\sigma_{cr} = a - b\lambda \leqslant \sigma_s$$

对于 $\lambda < \lambda_s$ 的小柔度杆（或粗短杆），压杆将发生强度失效，而不是失稳。若要形式上用稳定问题来研究，可令临界应力

$$\sigma_{cr} = \sigma_s \tag{10-9}$$

将以上三种柔度范围内压杆的临界应力σ_{cr}随柔度λ变化的关系在直角坐标系内绘出，所得的图线称为压杆的**临界应力总图**，如图 10-8 所示。

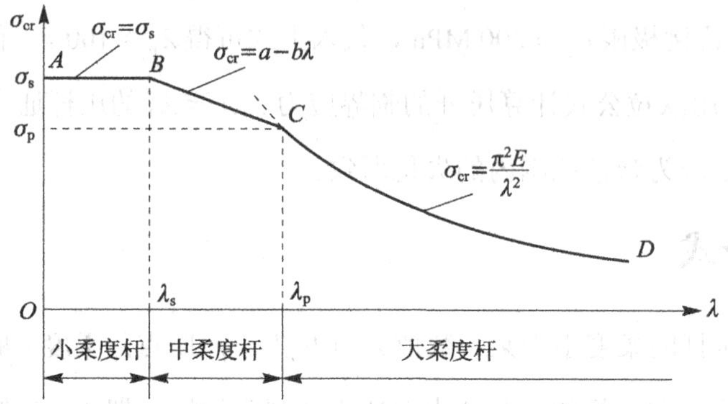

图 10-8

例 10-3 如图 10-9 所示为一矩形截面木柱，截面宽$b=20\text{ cm}$，高$h=12\text{ cm}$，杆长$l=7\text{ m}$，杆材料的弹性模量$E=12\text{ GPa}$，试求此木柱的临界力和临界应力。

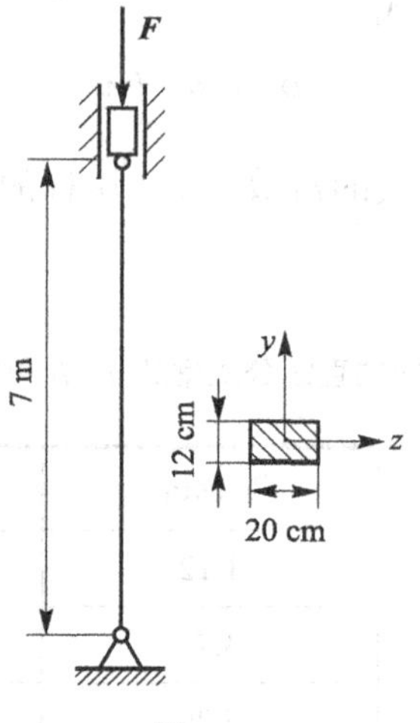

图 10-9

解 （1）计算最大刚度平面的临界力和临界应力。如图 10-9 所示，截面的惯性矩应为

$$I_y=\frac{hb^3}{12}=\frac{12\times 20^3}{12}=8000\text{ cm}^4$$

相应的惯性半径为

$$i_y=\sqrt{\frac{I_y}{A}}=\sqrt{\frac{8000}{12\times 20}}=5.77\text{ cm}$$

两端铰支时，长度因数$\mu=1$。其柔度为

$$\lambda=\frac{\mu l}{i_y}=\frac{1\times 700}{5.77}=121>\lambda_p=59$$

因 $\lambda > \lambda_p$，故可用欧拉公式计算。临界力和临界应力分别为

$$F_{cr} = \frac{\pi^2 EI_y}{(\mu l)^2} = \frac{3.14^2 \times 12 \times 10^9 \times 8 \times 10^{-5}}{(1 \times 7)^2} = 193\ \text{kN}$$

$$\sigma_{cr} = \frac{\pi^2 E}{\lambda^2} = \frac{3.14^2 \times 12 \times 10^9}{121^2} = 8.076\ \text{MPa}$$

10.4　压杆稳定性的校核

临界压力是压杆丧失工作能力的危险载荷，所以临界应力即为压杆的危险应力。要保证压杆处于稳定的直线平衡，还要具有一定的稳定性储备，就必须进行稳定性计算，使压杆所承受的轴向压力 $F \leqslant F_{cr}$，还要有一定的安全因数，使压杆具有足够的稳定性。所以压杆的稳定条件为

$$F \leqslant \frac{F_{cr}}{[n]_{st}} \quad 或 \quad \sigma \leqslant \frac{\sigma_{cr}}{[n]_{st}} \tag{10-10}$$

式中：F ——压杆的工作压力；

σ ——压杆横截面上的应力；

n_{st} ——稳定安全因数，一般随柔度的增大而增大，且比安全因数要大些；

$[n]_{st}$ ——规定的稳定安全因数。

几种常见压杆规定的稳定安全因数如表 10-3 所示。

表 10-3　几种常见压杆规定的稳定安全因数

实际压杆	金属结构中的压杆	矿山、冶金设备中的压杆	机床丝杠	密丝杠	水平长丝杆	磨床油缸活塞杆	低速发动机挺杆	高速发动机挺杆
$[n]_{st}$	1.8～3.0	4～8	2.5～4	>4	>4	2～5	4～6	2～5

压杆的稳定性计算是指利用压杆的稳定性条件进行的相关计算问题，包括按稳定性要求确定许用载荷、选择合理的杆截面形状和校核压杆的稳定性三个方面。

例 10-4　试校核如图 10-10 所示空心圆截面连杆的稳定性。已知连杆用硅钢制成，其外径 $D = 40$ mm，内径 $d = 36$ mm，杆长 $l = 800$ mm，承受轴向压力 $F = 25$ kN，规定稳定安全因数 $[n]_{st} = 1.5$。

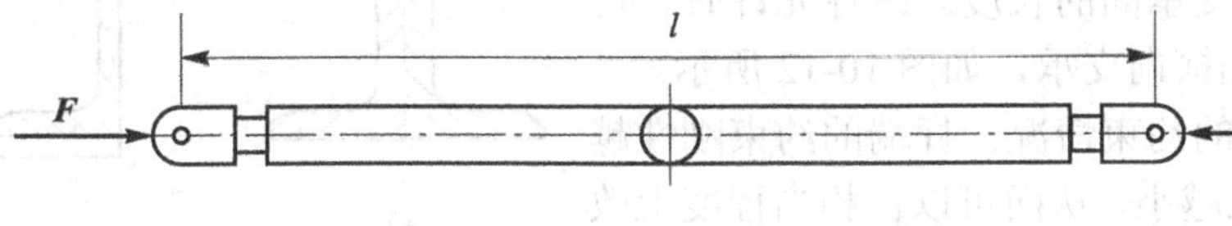

图 10-10

解 $i=\sqrt{\dfrac{\pi(D^4-d^4)}{64}\times\dfrac{4}{\pi(D^2-d^2)}}=\dfrac{\sqrt{(D^2+d^2)}}{4}=\dfrac{\sqrt{0.04^2+0.036^2}}{4}=0.01325\ \text{m}$

$$\lambda=\frac{\mu l}{i}=\frac{1\times0.8}{0.01325}=60.38$$

由表 10-2 查得 $\lambda_p=100$，则 $\lambda<\lambda_p$，同时查得 $a=577\ \text{MPa}$，$b=3.74\ \text{MPa}$。由经验公式求解临界应力：

$$\sigma_{cr}=a-b\lambda=577-3.74\times60.38=351\ \text{MPa}$$

$$F_{cr}=\sigma_{cr}A=351\times10^6\times\frac{\pi(0.04^2-0.036^2)}{4}=83.8\ \text{kN}$$

工作安全因数：

$$n_w=\frac{F_{cr}}{F}=\frac{83.8}{25}=3.35$$

所以 $n_w>[n]_{st}=1.5$，故此连杆的稳定性符合要求。

10.5 提高压杆稳定性的措施

压杆的稳定性取决于临界载荷的大小。由临界应力图可知，当柔度 λ 减小时，则临界应力提高，所以提高压杆承载能力的措施主要是尽量减小压杆的长度，选用合理的截面形状，增加支承的刚性以及合理选用材料。现分述如下：

（1）合理选择材料

由式（10-5）可知，细长杆的临界应力与材料的弹性模量 E 有关。因此，选择弹性模量较高的材料，可以提高细长杆的稳定性。但对于钢而言，由于各种钢的弹性模量值相差不大，若仅从稳定性考虑，选用高强度钢作细长杆是不经济的。

中柔度杆的临界应力与材料的比例极限、压缩极限应力等有关，因而强度高的材料，临界应力相应也高。所以，选用高强度材料作中柔度杆有利于稳定性的提高。

（2）降低压杆的柔度

降低压杆的柔度是提高压杆临界应力的主要措施。它包括以下几个方面：

① 选择合理的截面形状。在条件许可的情况下，应增大截面的惯性矩。例如截面面积相同时，空心圆截面比实心圆截面更为合理。但薄壁空心圆截面杆受压时，如果壁厚过小，会产生局部失稳。若构件在支承条件相同的情况下，则应尽量使材料远离截面形心或弯曲中性轴的截面，如图 10-11 所示。

② 减小压杆支承间的长度。条件允许时，可在压杆的中部增加横向支承，如图 10-12 所示。

③ 改善杆端的约束情况。杆端的约束刚性越强，压杆的 λ 值就越小，从而可以在相当程度上改善整个杆件的抗失稳能力。

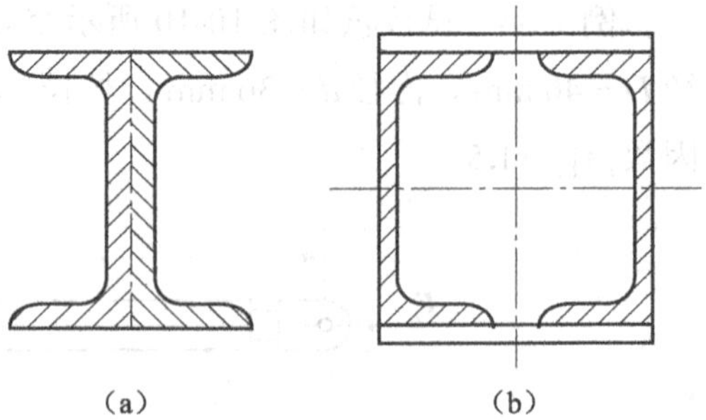

图 10-11

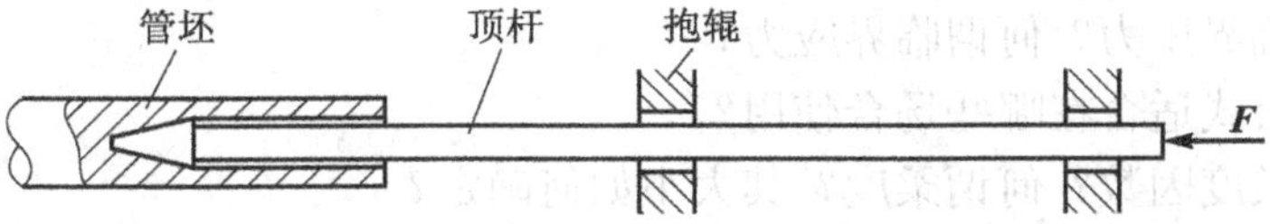

图 10-12

本章小结

（1）压杆由直线形状的稳定平衡过渡到不稳定平衡，其间必要经过临界状态，临界状态所对应的轴向压力称为压杆的临界压力或临界力，用 F_{cr} 表示。

（2）当压杆所受的轴向压力 F 小于 F_{cr} 时，杆件就能够保持稳定的平衡，这种性能称为压杆具有稳定性；而当压杆所受的轴向压力 F 等于或者大于 F_{cr} 时，杆件就不能保持稳定的平衡而失稳。

（3）两端铰支细长杆的临界压力计算公式为

$$F_{cr}=\frac{\pi^2 EI}{l^2}$$

上式称为欧拉公式。

（4）其他约束情况下细长压杆的临界力为：

$$F_{cr}=\frac{\pi^2 EI}{(\mu l)^2}$$

上式是欧拉公式的一般形式。

（5）在临界力作用下，压杆在直线平衡位置时横截面上的应力称为临界应力，用 σ_{cr} 表示。

- **大柔度杆**：$\lambda \geqslant \lambda_p$，$\sigma_{cr}=\frac{\pi^2 E}{\lambda^2}$
- **中柔度杆**：$\lambda_s \leqslant \lambda < \lambda_p$，$\sigma_{cr}=a-b\lambda$

（6）压杆的稳定条件为

$$F \leqslant \frac{F_{cr}}{[n]_{st}} \quad 或 \quad \sigma \leqslant \frac{\sigma_{cr}}{[n]_{st}}$$

（7）提高压杆稳定性的措施

① 合理选择材料。

② 降低压杆的柔度。a）选择合理的截面形状；b）减小压杆支承间的长度；c）改善杆端的约束情况。

思考题

10-1　何谓失稳？稳定平衡与不稳定平衡的区别在哪里？

10-2　何谓临界压力？何谓临界应力？

10-3　欧拉公式适合在哪些场合使用？

10-4　何谓长度因数？何谓柔度？其大小如何确定？

10-5　压杆失稳的方向如何判断？不同柔度的压杆，其临界应力如何计算？

习　题

10-1　如图 10-13 所示为两端球形铰支的细长压杆，弹性模量 $E=200\text{ GPa}$，试用欧拉公式计算其临界载荷。

（1）圆形截面，$d=25\text{ mm}$，$l=1.0\text{ m}$；

（2）矩形截面，$h=2b=40\text{ mm}$，$l=1.0\text{ m}$；

（3）No.16 工字钢，$l=2.0\text{ m}$。

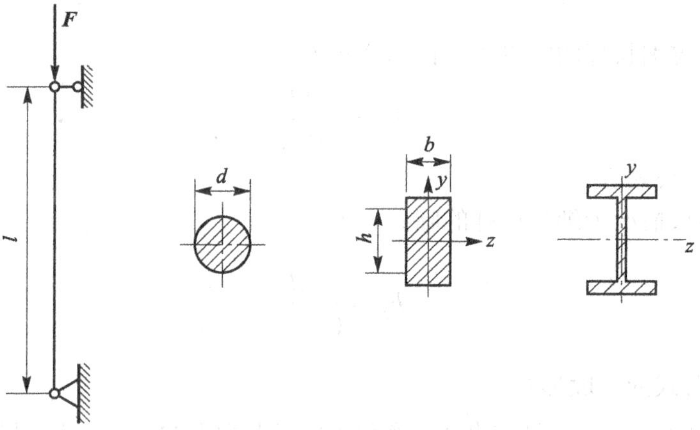

图 10-13

10-2　如图 10-14 所示桁架，由两根弯曲刚度 EI 相同的等截面细长压杆组成。设载荷 $\boldsymbol{F}$ 与杆 AB 的轴线的夹角为 θ，且 $0<\theta<\dfrac{\pi}{2}$，试求载荷 F 的极限值。

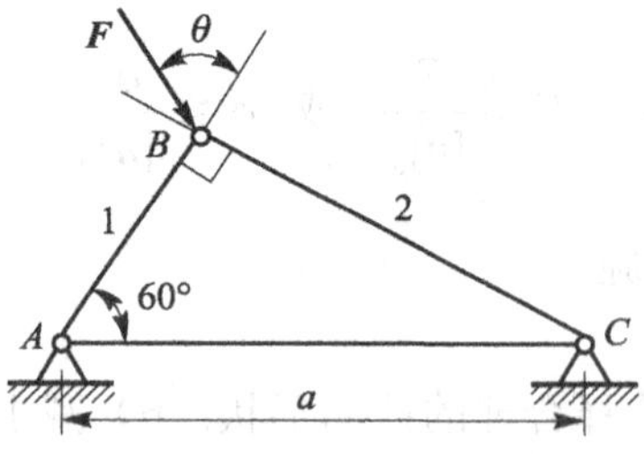

图 10-14

10-3　如图 10-15 所示矩形截面压杆，有三种支持方式。杆长 $l=300\text{ mm}$，截面宽度 $b=20\text{ mm}$，高度 $h=12\text{ mm}$，弹性模量 $E=70\text{ GPa}$，$\lambda_p=50$，$\lambda_0=30$，试计算它们的临界载荷，并进行比较。中柔度杆的临界应力公式为 $\sigma_{cr}=382\text{ MPa}-(2.18\text{ MPa})\lambda$。

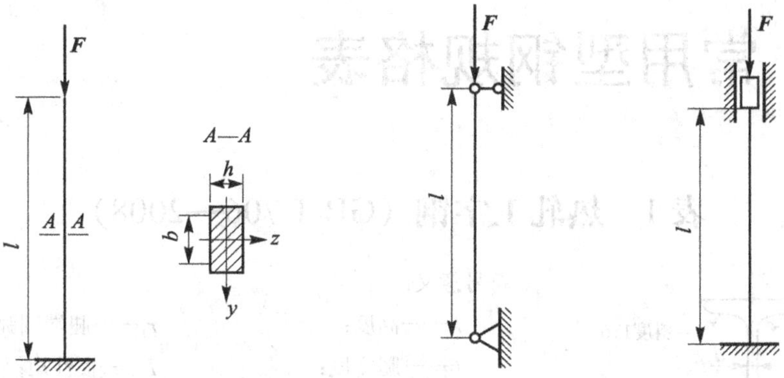

图 10-15

10-4　如图 10-16 所示压杆，横截面有四种形式，但其面积均为 $A = 3.2 \times 10\ \text{mm}^2$，试计算它们的临界载荷，并进行比较（材料的力学性能见上题）。

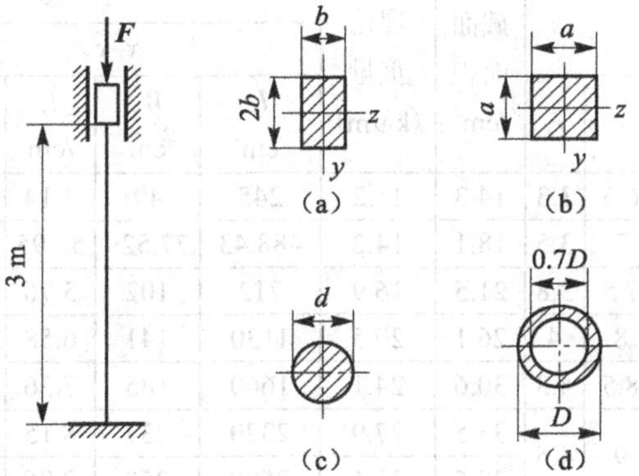

图 10-16

10-5　如图 10-17 所示压杆，横截面为 $b \times h$ 的矩形，试从稳定性方面考虑，确定 h/b 的最佳值。当压杆在 xz 平面内失稳时，可取 $\mu_y = 0.7$。

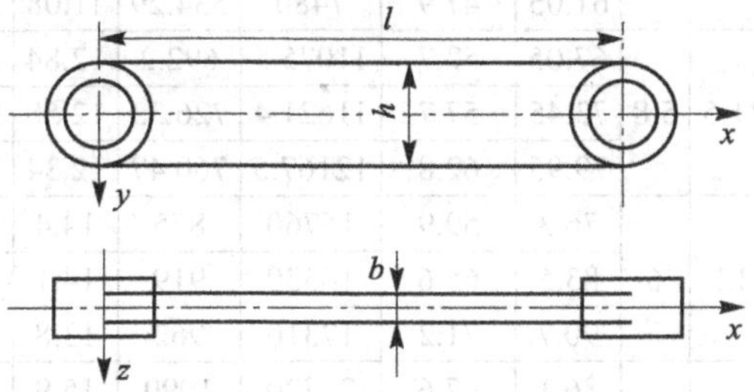

图 10-17

附录 常用型钢规格表

表 1 热轧工字钢（GB/T 706—2008）

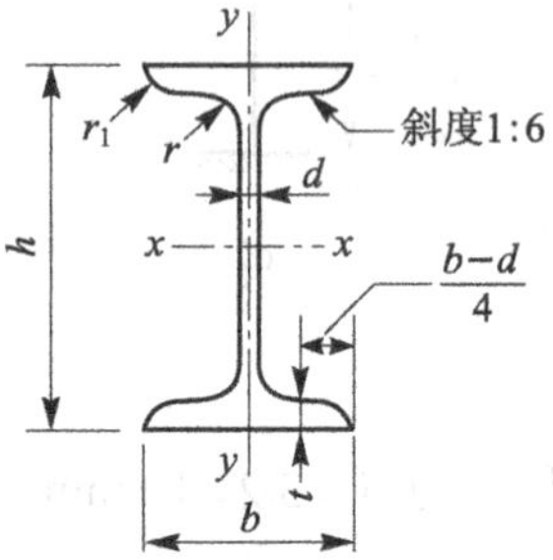

符号意义：

h——高度；

b——腿宽度；

d——腰厚度；

t——平均腿厚度；

r——内圆弧半径；

r_1——腿端圆弧半径；

I——惯性矩；

W——截面系数；

i——惯性半径；

S——半截面的静矩。

型号		尺寸/mm						截面面积/cm²	理论重量(kg/m)	参考数值						
										x-x				y-y		
		h	b	d	t	r	r_1			I_x/cm⁴	W_x/cm³	i_x/cm	$I_x:S_x$/cm	I_y/cm⁴	W_y/cm³	i_y/cm
10		100	68	4.5	7.6	6.5	3.3	14.3	11.2	245	49	4.14	8.59	33	9.72	1.52
12.6		126	74	5	8.4	7	3.5	18.1	14.2	488.43	77.529	5.195	10.85	46.906	12.677	1.609
14		140	80	5.5	9.1	7.5	3.8	21.5	16.9	712	102	5.76	12	64.4	16.1	1.73
16		160	88	6	9.9	8	4	26.1	20.5	1130	141	6.58	13.8	93.1	21.2	1.89
18		180	94	6.5	10.7	8.5	4.3	30.6	24.1	1660	185	7.36	15.4	122	26	2
20	a	200	100	7	11.4	9	4.5	35.5	27.9	2370	237	8.15	17.2	158	31.5	2.12
	b		102	9				39.5	31.1	2500	250	7.96	16.9	169	33.1	2.06
22	a	220	110	7.5	12.3	9.5	4.8	42	33	3400	309	8.99	18.9	225	40.9	2.31
	b		112	9.5				46.4	36.4	3570	325	8.78	18.7	239	42.7	2.27
25	a	250	116	8	13	10	5	48.5	38.1	5023.54	401.88	10.18	21.58	280.046	48.283	2.403
	b		118	10				53.5	42	5283.96	422.72	9.938	21.27	309.297	52.423	2.404
28	a	280	122	8.5	13.7	10.5	5.3	55.45	43.4	7114.14	508.15	11.32	24.62	345.051	56.565	2.495
	b		124	10.5				61.05	47.9	7480	534.29	11.08	24.24	379.496	61.209	2.493
32	a	320	130	9.5	15	11.5	5.8	67.05	52.7	11075.5	692.2	12.84	27.46	459.93	70.758	2.619
	b		132	11.5				73.45	57.7	11621.4	726.33	12.58	27.09	501.53	75.989	2.614
	c		134	13.5				79.95	62.8	12167.5	760.47	12.34	26.77	543.81	81.166	2.608
36	a	360	136	10	15.8	12	6	76.3	59.9	15760	875	14.4	30.7	552	81.2	2.69
	b		138	12				83.5	65.6	16530	919	14.1	30.3	582	84.3	2.64
	c		140	14				90.7	71.2	17310	962	13.8	29.9	612	87.4	2.6
40	a	400	142	10.5	16.5	12.5	6.3	86.1	67.6	21720	1090	15.9	34.1	660	93.2	2.77
	b		144	12.5				94.1	73.8	22780	1140	15.6	33.6	692	96.2	2.71
	c		146	14.5				102	80.1	23850	1190	15.2	33.2	727	99.6	2.65
45	a	450	150	11.5	18	13.5	6.8	102	80.4	32240	1430	17.7	38.6	855	114	2.89

续表

型号		尺寸 /mm						截面面积 /cm²	理论重量 (kg/m)	参考数值						
										x-x				y-y		
		h	b	d	t	r	r_1			I_x /cm⁴	W_x /cm³	i_x /cm	$I_x:S_x$ /cm	I_y /cm⁴	W_y /cm³	i_y /cm
45	b	450	152	13.5	18	13.5	6.8	111	87.4	33760	1500	17.4	38	894	118	2.84
	c		154	15.5				120	94.5	35280	1570	17.1	37.6	938	122	2.79
50	a	500	158	12	20	14	7	119	93.6	46470	1860	19.7	42.8	1120	142	3.07
	b		160	14				129	101	48560	1940	19.4	42.4	1170	146	3.01
	c		162	16				139	109	50640	2080	19	41.8	1220	151	2.96
56	a	560	166	12.5	21	14.5	7.3	135.25	106.2	65585.6	2342.3	22.02	47.73	1370.16	165.08	3.182
	b		168	14.5				146.45	115	68512.5	2446.7	21.63	47.17	1486.75	174.25	3.162
	c		170	16.5				157.85	123.9	71439.4	2551.4	21.27	46.66	1558.39	183.34	3.158
63	a	630	176	13	22	15	7.5	154.9	121.6	93916.2	2981.5	24.62	54.17	1700.55	193.24	3.314
	b		178	15				167.5	131.5	98083.6	3163.4	24.2	53.51	1812.07	203.6	3.289
	c		780	17				180.1	141	102251	3298.4	23.82	52.92	1924.91	213.88	3.268

注：截面图和表中标注的圆弧半径 r、r_1 的数据用于孔型设计，不作交货条件。

表 2 热轧槽钢（GB/T 706—2008）

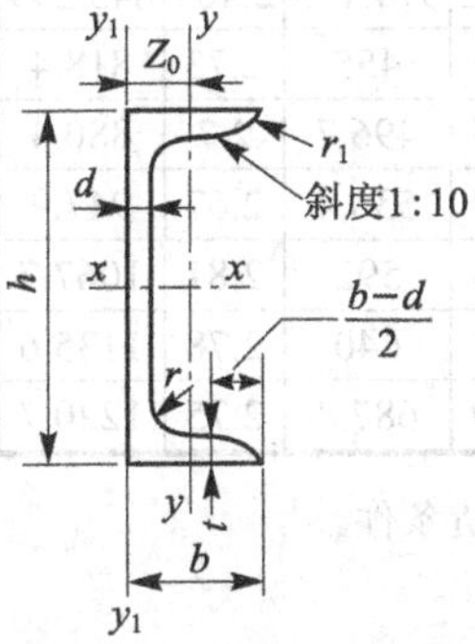

符号意义：

h——高度； r_1——腿端圆弧半径；

b——腿宽度； I——惯性矩；

d——腰厚度； W——截面系数；

t——平均腿厚度； i——惯性半径；

r——内圆弧半径； Z_0——y-y 轴与 y_1-y_1 轴的间距。

型号		尺寸 /mm						截面面积 /cm²	理论重量 (kg/m)	参考数值							
										x-x			y-y			y_1-y_1	Z_0 /cm
		h	b	d	t	r	r_1			W_x /cm³	I_x /cm⁴	i_x /cm	W_y /cm³	I_y /cm⁴	i_y /cm	I_{y1} /cm⁴	
5		50	37	4.5	7	7	3.5	6.93	5.44	10.4	26	1.94	3.55	8.3	1.1	20.9	1.35
6.3		63	40	4.8	7.5	7.5	3.75	8.444	6.63	16.123	50.786	2.453	4.50	11.872	1.185	28.38	1.36
8		80	43	5	8	8	4	10.24	8.04	25.3	101.3	3.15	5.79	16.6	1.27	37.4	1.43
10		100	48	5.3	8.5	8.5	4.25	12.74	10	39.7	198.3	3.95	7.8	25.6	1.41	54.9	1.52
12.6		126	53	5.5	9	9	4.5	15.69	12.37	62.137	391.466	4.953	10.242	37.99	1.567	77.09	1.59
14	a	140	58	6	9.5	9.5	4.75	18.51	14.53	80.5	563.7	5.52	13.01	53.2	1.7	107.1	1.71
	b		60	8				21.31	16.73	87.1	609.4	5.35	14.12	61.1	1.69	120.6	1.67
16	a	160	63	6.5	10	10	5	21.95	17.23	108.3	866.2	6.28	16.3	73.3	1.83	144.1	1.8

续表

型号		尺寸 /mm						截面面积 /cm^2	理论重量 (kg/m)	参考数值							
										x–x			y–y			y_1–y_1	Z_0 /cm
		h	b	d	t	r	r_1			W_x /cm^3	I_x /cm^4	i_x /cm	W_y /cm^3	I_y /cm^4	i_y /cm	I_{y1} /cm^4	
16	b	160	65	8.5	10	10	5	25.15	19.74	116.8	934.5	6.1	17.55	83.4	1.82	160.8	1.75
18	a	180	68	7	10.5	10.5	5.25	25.69	20.17	141.4	1272.7	7.04	20.03	98.6	1.96	189.7	1.88
	b		70	9				29.29	22.99	152.2	1369.9	6.84	21.52	111	1.95	210.1	1.84
20	a	200	73	7	11	11	5.5	28.83	22.63	178	1780.4	7.86	24.2	128	2.11	244	2.01
	b		75	9				32.83	25.77	191.4	1913.7	7.64	25.88	143.6	2.09	268.4	1.95
22	a	220	77	7	11.5	11.5	5.75	31.84	24.99	217.6	2393.9	8.67	28.17	157.8	2.23	298.2	2.1
	b		79	9				36.24	28.45	233.8	2571.4	8.42	30.05	176.4	2.21	326.3	2.03
25	a	250	78	7	12	12	6	34.91	27.47	269.579	3369.62	9.823	30.607	175.529	2.243	322.256	2.065
	b		80	9				39.91	31.39	282.402	3530.04	9.405	32.657	196.421	2.218	353.187	1.982
	c		82	11				44.91	35.32	295.236	3690.45	9.065	35.926	218.415	2.206	384.133	1.921
28	a	280	82	7.5	12.5	12.5	6.25	40.02	31.42	340.328	4764.59	10.91	35.718	217.989	2.333	387.566	2.097
	b		84	9.5				45.62	35.81	366.46	5130.45	10.6	37.929	242.144	2.304	427.589	2.016
	c		86	11.5				51.22	40.21	392.594	5496.32	10.35	40.301	267.602	2.286	426.597	1.951
32	a	320	88	8	14	14	7	48.7	38.22	474.879	7598.06	12.49	46.473	304.787	2.502	552.31	2.242
	b		90	10				55.1	43.25	509.012	8144.2	12.15	49.157	336.332	2.471	592.933	2.158
	c		92	12				61.5	48.28	543.145	8690.33	11.88	52.642	374.175	2.467	643.299	2.092
36	a	360	96	9	16	16	8	60.89	47.8	659.7	11874.2	13.97	63.54	455	2.73	818.4	2.44
	b		98	11				68.09	53.45	702.9	12651.8	13.63	66.85	496.7	2.7	880.4	2.37
	c		100	13				75.29	50.1	746.1	13429.4	13.36	70.02	536.4	2.67	947.9	2.34
40	a	400	100	10.5	18	18	9	75.05	58.91	878.9	17577.9	15.30	78.83	592	2.81	1067.7	2.49
	b		102	12.5				83.05	65.19	932.2	18644.5	14.98	82.52	640	2.78	1135.6	2.44
	c		104	14.5				91.05	71.47	985.6	19711.2	14.71	86.19	687.8	2.75	1220.7	2.42

注：截面图和表中标注的圆弧半径 r、r_1 的数据用于孔型设计，不作交货条件。

表3 热轧等边角钢（GB/T 706—2008）

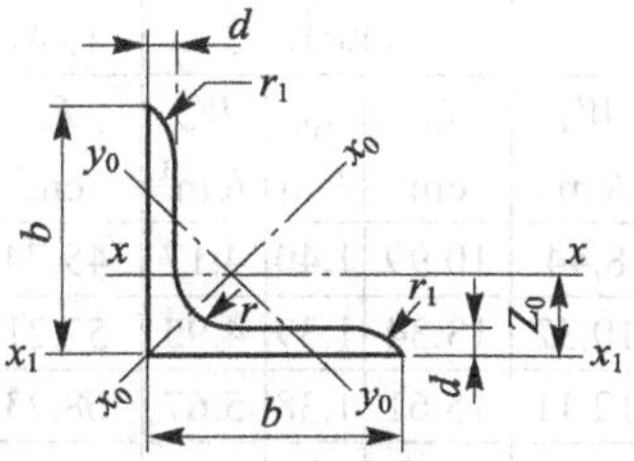

符号意义：

b——边宽度； I——惯性矩；

d——边厚度； i——惯性半径；

r——内圆弧半径； W——截面系数；

r_1——边端内圆弧半径； Z_0——重心距离。

角钢号数	尺寸/mm			截面面积/cm²	理论重量(kg/m)	外表面积(m²/m)	参考数值										Z₀/cm
							x–x			x_0–x_0			y_0–y_0			x_1–x_1	
	b	d	r				I_x/cm⁴	i_x/cm	W_x/cm³	I_{x0}/cm⁴	i_{x0}/cm	W_{x0}/cm³	I_{y0}/cm⁴	i_{y0}/cm	W_{y0}/cm³	I_{x1}/cm⁴	
2	20	3	3.5	1.132	0.889	0.078	0.40	0.59	0.29	0.63	0.75	0.45	0.17	0.39	0.20	0.81	0.60
		4		1.459	1.145	0.077	0.50	0.58	0.36	0.78	0.73	0.55	0.22	0.38	0.24	1.09	0.64
2.5	25	3	3.5	1.432	1.124	0.098	0.82	0.76	0.46	1.29	0.95	0.73	0.34	0.49	0.33	1.57	0.73
		4		1.859	1.459	0.097	1.03	0.74	0.59	1.62	0.93	0.92	0.43	0.48	0.40	2.11	0.76
3.0	30	3	4.5	1.749	1.373	0.117	1.46	0.91	0.68	2.31	1.15	1.09	0.61	0.59	0.51	2.71	0.85
		4		2.276	1.786		1.84	0.90	0.87	2.92	1.13	1.37	0.77	0.58	0.62	3.63	0.89
3.6	36	3	4.5	2.109	1.656	0.141	2.58	1.11	0.99	4.09	1.39	1.61	1.07	0.71	0.76	4.68	1.00
		4		2.756	2.163		3.29	1.09	1.28	5.22	1.38	2.05	1.37	0.70	0.93	6.25	1.04
		5		3.382	2.654		3.95	1.08	1.56	6.24	1.36	2.45	1.65	0.70	1.09	7.84	1.07
4.0	40	3	5	2.359	1.852	0.157	3.59	1.23	1.23	5.69	1.55	2.01	1.49	0.79	0.96	6.41	1.09
		4		3.086	2.422	0.157	4.60	1.22	1.60	7.29	1.54	2.58	1.91	0.79	1.19	8.56	1.13
		5		3.791	2.976	0.156	5.53	1.21	1.96	8.76	1.52	3.01	2.30	0.78	1.39	10.74	1.17
4.5	45	3	5	2.659	2.088	0.177	5.17	1.40	1.58	8.20	1.76	2.58	2.14	0.90	1.24	9.12	1.22
		4		3.486	2.736	0.177	6.65	1.38	2.05	10.56	1.74	3.32	2.75	0.89	1.54	12.18	1.26
		5		4.292	3.369	0.176	8.04	1.37	2.51	12.74	1.72	4.00	3.33	0.88	1.81	15.25	1.30
		6		5.076	3.985	0.176	9.33	1.36	2.95	14.76	1.70	4.64	3.89	0.88	2.06	18.36	1.33
5	50	3	5.5	2.971	2.332	0.197	7.18	1.55	1.96	11.37	1.96	3.22	2.98	1.00	1.57	12.50	1.34
		4		3.897	3.059	0.197	9.26	1.54	2.56	14.70	1.94	4.16	3.82	0.99	1.96	16.69	1.38
		5		4.803	3.770	0.196	11.21	1.53	3.13	17.79	1.92	5.03	4.64	0.98	2.31	20.90	1.42
		6		5.688	4.465	0.196	13.05	1.52	3.68	20.68	1.91	5.85	5.42	0.98	2.63	25.14	1.46
5.6	56	3	6	3.343	2.624	0.221	10.19	1.75	2.48	16.14	2.20	4.08	4.24	1.13	2.02	17.56	1.48
		4		4.390	3.446	0.220	13.18	1.73	3.24	20.92	2.18	5.28	5.46	1.11	2.52	23.43	1.53
		5		5.415	4.251	0.220	16.02	1.72	3.97	25.42	2.17	6.42	6.61	1.10	2.98	29.33	1.57
		8	7	8.367	6.568	0.219	23.63	1.68	6.03	37.37	2.11	9.44	9.89	1.09	4.16	47.24	1.68
6.3	63	4	7	4.978	3.907	0.248	19.03	1.96	4.13	30.17	2.46	6.78	7.89	1.26	3.29	33.35	1.70
		5		6.143	4.822	0.248	23.17	1.94	5.08	36.77	2.45	8.25	9.57	1.25	3.90	41.73	1.74
		6		7.288	5.721	0.247	27.12	1.93	6.00	43.03	2.43	9.66	11.20	1.24	4.46	50.14	1.78
		8		9.515	7.469	0.247	34.46	1.90	7.75	54.56	2.40	12.25	14.33	1.23	5.47	67.11	1.85
		10		11.657	9.151	0.246	41.09	1.88	9.39	64.85	2.36	14.56	17.33	1.22	6.36	84.31	1.93

续表

角钢号数	尺寸/mm			截面面积/cm^2	理论重量(kg/m)	外表面积(m^2/m)	参考数值										Z₀/cm
							x-x			x_0-x_0			y_0-y_0			x_1-x_1	
	b	d	r				I_x/cm^4	i_x/cm	W_x/cm^3	I_{x0}/cm^4	i_{x0}/cm	W_{x0}/cm^3	I_{y0}/cm^4	i_{y0}/cm	W_{y0}/cm^3	I_{x1}/cm^4	
7	70	4	8	5.570	4.372	0.275	26.39	2.18	5.14	41.80	2.74	8.44	10.99	1.40	4.17	45.74	1.86
		5		6.875	5.397	0.275	32.21	2.16	6.32	51.08	2.73	10.32	13.34	1.39	4.95	57.21	1.91
		6		8.160	6.406	0.275	37.77	2.15	7.48	59.93	2.71	12.11	15.61	1.38	5.67	68.73	1.95
		7		9.424	7.398	0.275	43.09	2.14	8.59	68.35	2.69	13.81	17.82	1.38	6.34	90.29	1.99
		8		10.667	8.373	0.274	48.17	2.12	9.68	76.37	2.68	15.43	19.98	1.37	6.98	91.92	2.03
7.5	75	5	9	7.367	5.818	0.295	39.97	2.33	7.32	63.30	2.92	11.94	16.63	1.50	5.77	70.56	2.04
		6		8.797	6.905	0.294	46.95	2.31	8.64	74.38	2.90	14.02	19.51	1.49	6.67	84.55	2.07
		7		10.160	7.976	0.294	53.57	2.30	9.93	84.96	2.89	16.02	22.18	1.48	7.44	98.71	2.11
		8		11.503	9.030	0.294	59.96	2.28	11.20	95.07	2.88	17.93	24.86	1.47	8.19	112.97	2.15
		10		14.126	11.089	0.293	71.98	2.26	13.64	113.92	2.84	21.48	30.05	1.46	9.56	141.71	2.22
8	80	5	9	7.912	6.211	0.315	48.79	2.48	8.34	77.33	3.13	13.67	20.25	1.60	6.66	85.36	2.15
		6		9.397	7.376	0.314	57.35	2.47	9.87	90.98	3.11	16.08	23.72	1.59	7.65	102.50	2.19
		7		10.860	8.525	0.314	65.58	2.46	11.37	104.07	3.10	18.40	27.09	1.58	8.58	119.70	2.23
		8		12.303	9.658	0.314	73.49	2.44	12.83	116.60	3.08	20.61	30.39	1.57	9.46	136.97	2.27
		10		15.126	11.874	0.313	88.43	2.42	15.64	140.09	3.04	24.76	36.77	1.56	11.08	171.74	2.35
9	90	6	10	10.637	8.350	0.354	82.77	2.79	12.61	131.26	3.51	20.63	34.28	1.80	9.95	145.87	2.44
		7		12.301	9.656	0.354	94.83	2.78	14.54	150.47	3.50	23.64	39.18	1.78	11.19	170.30	2.48
		8		13.944	10.946	0.353	106.47	2.76	16.42	168.97	3.48	26.55	43.97	1.78	12.35	194.80	2.52
		10		17.167	13.476	0.353	128.58	2.74	20.07	203.90	3.45	32.04	53.26	1.76	14.52	244.07	2.59
		12		20.306	15.940	0.352	149.22	2.71	23.57	236.21	3.41	37.12	62.22	1.75	16.49	293.76	2.67
10	100	6	12	11.932	9.366	0.393	114.95	3.01	15.68	181.98	3.90	25.74	47.92	2.00	12.69	200.07	2.67
		7		13.796	10.830	0.393	131.86	3.09	18.10	208.97	3.89	29.55	54.74	1.99	12.26	233.54	2.71
		8		15.638	12.276	0.393	148.24	3.08	20.47	235.07	3.88	33.24	61.41	1.98	15.75	267.09	2.76
		10		19.261	15.120	0.392	179.51	3.05	25.06	284.68	3.84	40.26	74.35	1.96	18.54	334.48	2.84
		12		22.800	17.898	0.391	208.90	3.03	29.48	330.95	3.81	46.80	86.84	1.95	21.08	402.34	2.91
		14		26.256	20.611	0.391	236.53	3.00	33.73	374.06	3.77	52.90	99.00	1.94	23.44	470.75	2.99
		16		29.627	23.257	0.390	262.53	2.98	37.82	414.16	3.74	58.57	110.89	1.94	25.63	539.80	3.06
11	110	7	12	15.196	11.928	0.433	177.16	3.41	22.05	280.94	4.30	36.12	73.38	2.20	17.51	310.64	2.96
		8		17.238	13.532	0.433	199.46	3.40	24.95	316.49	4.28	40.69	82.42	2.19	19.39	355.20	3.01
		10		21.261	16.690	0.432	242.19	3.38	30.60	384.39	4.25	49.42	99.98	2.17	22.91	444.65	3.09
		12		25.200	19.782	0.431	282.55	3.35	36.05	448.17	4.22	57.62	116.93	2.15	26.15	534.60	3.16
		14		29.056	22.809	0.431	320.71	3.32	41.31	508.01	4.18	65.31	133.40	2.14	29.14	625.16	3.24
12.5	125	8	14	19.750	15.504	0.492	297.03	3.88	32.52	470.89	4.88	53.28	123.16	2.50	25.86	521.01	3.37
		10		24.373	19.133	0.491	361.67	3.85	39.97	573.89	4.85	64.93	149.46	2.48	30.62	651.93	3.45
		12		28.912	22.696	0.491	423.16	3.83	41.17	671.44	4.82	75.96	174.88	2.46	35.03	783.42	3.53
		14		33.367	26.193	0.490	481.65	3.80	54.16	763.73	4.78	86.41	199.57	2.45	39.13	915.61	3.61
14	140	10	14	27.373	21.488	0.551	514.65	4.34	50.58	817.27	5.46	82.56	212.07	2.78	39.20	915.11	3.82
		12		32.512	25.522	0.551	603.68	4.31	59.80	958.79	5.43	96.85	248.57	2.76	45.02	1099.28	3.90

续表

角钢号数	尺寸/mm			截面面积/cm²	理论重量(kg/m)	外表面积(m²/m)	参考数值										
							x–x			x_0–x_0			y_0–y_0			x_1–x_1	Z_0/cm
	b	d	r				I_x/cm⁴	i_x/cm	W_x/cm³	I_{x0}/cm⁴	i_{x0}/cm	W_{x0}/cm³	I_{y0}/cm⁴	i_{y0}/cm	W_{y0}/cm³	I_{x1}/cm⁴	
14	140	14	14	37.567	29.490	0.550	688.81	4.28	68.75	1093.56	5.40	110.47	284.06	2.75	50.45	1284.22	3.98
		16		42.539	33.393	0.549	770.24	4.26	77.46	1221.81	5.36	123.42	318.67	2.74	55.55	1470.07	4.06
16	160	10	16	31.502	24.729	0.630	779.53	4.98	66.70	1237.30	6.27	109.36	321.76	3.20	52.76	1365.33	4.31
		12		37.441	29.391	0.630	916.58	4.95	78.98	1455.68	6.24	128.67	377.49	3.18	60.74	1639.57	4.39
		14		43.296	33.987	0.629	1048.4	4.92	90.95	1665.02	6.20	147.17	431.70	3.16	68.24	1914.68	4.47
16	160	16	16	49.067	38.518	0.629	1175.1	4.89	102.6	1865.57	6.17	164.89	484.59	3.14	75.31	2190.8	4.55
18	180	12	16	42.241	33.159	0.710	1321.4	5.59	100.8	2100.10	7.05	165.00	542.61	3.58	78.41	2332.8	4.89
		14		48.896	38.388	0.709	1514.5	5.56	116.3	2407.42	7.02	189.14	625.53	3.56	88.38	2723.5	4.97
		16		55.467	43.542	0.709	1701.0	5.54	131.1	2703.37	6.98	212.40	698.60	3.55	97.83	3115.3	5.05
		18		61.955	48.634	0.708	1875.1	5.50	145.6	2988.24	6.94	234.78	762.01	3.51	105.1	3502.4	5.13
20	200	14	18	54.642	42.894	0.788	2103.6	6.20	144.7	3343.26	7.82	236.40	863.83	3.98	111.8	3734.1	5.46
		16		62.013	48.680	0.788	2366.2	6.18	163.7	3760.89	7.79	265.93	971.41	3.96	124.0	4270.4	5.54
		18		69.301	54.401	0.787	2620.6	6.15	182.2	4164.54	7.75	294.48	1076.7	3.94	135.5	4808.1	5.62
		20		76.505	60.056	0.787	2867.3	6.12	200.4	4554.55	7.72	322.06	1180.0	3.93	146.6	5347.5	5.69
		24		90.661	71.168	0.785	2338.3	6.07	236.2	5294.97	7.64	374.41	1381.5	3.90	166.6	6457.2	5.87

注：截面图中的 $r_1=\frac{1}{3}d$ 及表中 r 值的数据用于孔型设计，不作交货条件。

表4 热轧不等边角钢（GB/T 706—2008）

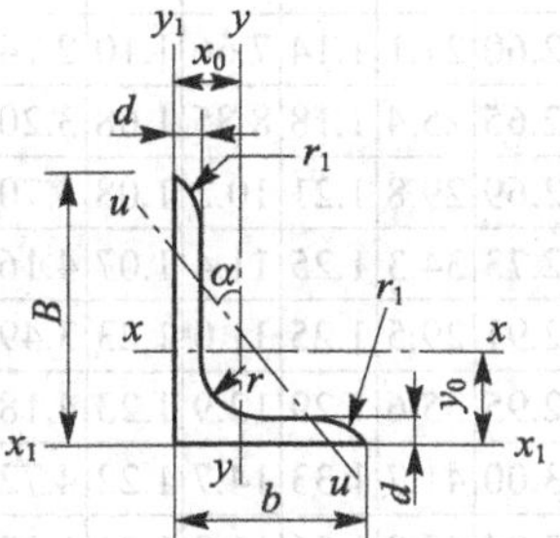

符号意义：

B——长边宽度； b——短边宽度；

d——边厚度； r——内圆弧半径；

r_1——边端内圆弧半径； I——惯性矩；

i——惯性半径； W——截面系数；

x_0——重心距离； y_0——重心距离。

角钢号数	尺寸/mm				截面面积/cm²	理论重量(kg/m)	外表面积(m²/m)	参考数值													
								x–x			y–y			x_1–x_1		y_1–y_1		u–u			
	B	b	d	r				I_x/cm⁴	i_x/cm	W_x/cm³	I_y/cm⁴	i_y/cm	W_y/cm³	I_{x1}/cm⁴	y_0/cm	I_{y1}/cm⁴	x_0/cm	I_u/cm⁴	i_u/cm	W_u/cm³	$\tan\alpha$
2.5/1.6	25	16	3	3.5	1.162	0.912	0.080	0.70	0.78	0.43	0.22	0.44	0.19	1.56	0.86	0.43	0.42	0.14	0.34	0.16	0.392
			4		1.499	1.176	0.079	0.88	0.77	0.55	0.27	0.43	0.24	2.09	0.90	0.59	0.46	0.17	0.34	0.20	0.381
3.2/2	32	20	3	3.5	1.492	1.171	0.102	1.53	1.01	0.72	0.46	0.55	0.30	3.27	1.08	0.82	0.49	0.28	0.43	0.25	0.382
			4		1.939	1.522	0.101	1.93	1.00	0.93	0.57	0.54	0.39	4.37	1.12	1.12	0.53	0.35	0.42	0.32	0.374

续表

角钢号数	尺寸/mm				截面面积/cm^2	理论重量(kg/m)	外表面积(m^2/m)	参考数值													
								x-x			y-y			x_1-x_1		y_1-y_1		u-u			
	B	b	d	r				I_x/cm^4	i_x/cm	W_x/cm^3	I_y/cm^4	i_y/cm	W_y/cm^3	I_{x1}/cm^4	y_0/cm	I_{y1}/cm^4	x_0/cm	I_u/cm^4	i_u/cm	W_u/cm^3	$\tan\alpha$
4/2.5	40	25	3	4	1.890	1.484	0.127	3.08	1.28	1.15	0.93	0.70	0.49	6.39	1.32	1.59	0.59	0.56	0.54	0.40	0.386
			4		2.467	1.936	0.127	3.93	1.26	1.49	1.18	0.69	0.63	8.53	1.37	2.14	0.63	0.71	0.54	0.52	0.381
4.5/2.8	45	28	3	5	2.149	1.687	0.143	4.45	1.44	1.47	1.34	0.79	0.62	9.10	1.47	2.23	0.64	0.80	0.61	0.51	0.383
			4		2.806	2.203	0.143	5.69	1.42	1.91	1.70	0.78	0.80	12.1	1.51	3.00	0.68	1.02	0.60	0.66	0.380
5/3.2	50	32	3	5.5	2.431	1.908	0.161	6.24	1.60	1.84	2.02	0.91	0.82	12.5	1.60	3.31	0.73	1.20	0.70	0.68	0.404
			4		3.177	2.494	0.160	8.02	1.59	2.39	2.58	0.90	1.06	16.7	1.65	4.45	0.77	1.53	0.69	0.87	0.402
5.6/3.6	56	36	3	6	2.743	2.153	0.181	8.88	1.80	2.32	2.92	1.03	1.05	17.5	1.78	4.70	0.80	1.73	0.79	0.87	0.408
			4		3.590	2.818	0.180	11.5	1.79	3.03	3.76	1.02	1.37	23.4	1.82	6.33	0.85	2.23	0.79	1.13	0.408
			5		4.415	3.466	0.180	13.9	1.77	3.71	4.49	1.01	1.65	29.3	1.87	7.94	0.88	2.67	0.78	1.36	0.404
6.3/4	63	40	4	7	4.058	3.185	0.202	16.5	2.02	3.87	5.23	1.14	1.70	33.3	2.04	8.63	0.92	3.12	0.88	1.40	0.398
			5		4.993	3.920	0.202	20.0	2.00	4.74	6.31	1.12	2.71	41.6	2.08	10.9	0.95	3.76	0.87	1.71	0.396
			6		5.908	4.638	0.201	23.4	1.96	5.59	7.29	1.11	2.43	50.0	2.12	13.1	0.99	4.34	0.86	1.99	0.393
			7		6.802	5.339	0.201	26.5	1.98	6.40	8.24	1.10	2.78	58.1	2.15	15.5	1.03	4.97	0.86	2.29	0.389
7/4.5	70	45	4	7.5	4.547	3.570	0.226	23.2	2.26	4.86	7.55	1.29	2.17	45.9	2.24	12.3	1.02	4.40	0.98	1.77	0.410
			5		5.609	4.403	0.225	28.0	2.23	5.92	9.13	1.28	2.65	57.1	2.28	15.4	1.06	5.40	0.98	2.19	0.407
			6		6.647	5.218	0.225	32.5	2.21	6.95	10.6	1.26	3.12	68.4	2.32	18.6	1.09	6.35	0.98	2.59	0.404
			7		7.657	6.011	0.225	37.2	2.20	8.03	12.0	1.25	3.57	80.0	2.36	21.8	1.13	7.16	0.97	2.94	0.402
(7.5/5)	75	50	5	8	6.125	4.808	0.245	34.9	2.39	6.83	12.6	1.44	3.30	70.0	2.40	21.0	1.17	7.41	1.10	2.74	0.435
			6		7.260	5.699	0.245	41.1	2.38	8.12	14.7	1.42	3.88	84.3	2.44	25.4	1.21	8.54	1.08	3.19	0.435
			8		9.467	7.431	0.244	52.4	2.35	10.5	18.5	1.40	4.99	112.5	2.52	34.2	1.29	10.9	1.07	4.10	0.429
			10		11.59	9.098	0.244	62.7	2.33	12.8	22.0	1.38	6.04	140.8	2.60	43.4	1.36	13.1	1.06	4.99	0.423
8/5	80	50	5	8	6.375	5.005	0.255	42.0	2.56	7.78	12.8	1.42	3.32	85.21	2.60	21.1	1.14	7.66	1.10	2.74	0.388
			6		7.560	5.935	0.255	49.5	2.56	9.25	15.0	1.41	3.91	102.5	2.65	25.4	1.18	8.85	1.08	3.20	0.387
			7		8.724	6.848	0.255	56.2	2.54	10.6	17.0	1.39	4.48	119.3	2.69	29.8	1.21	10.2	1.08	3.70	0.384
			8		9.867	7.745	0.254	62.8	2.52	11.9	18.9	1.38	5.03	136.4	2.73	34.3	1.25	11.4	1.07	4.16	0.381
9/5.6	90	56	5	9	7.212	5.661	0.287	60.5	2.90	9.92	18.3	1.59	4.21	121.3	2.91	29.5	1.25	11.0	1.23	3.49	0.385
			6		8.557	6.717	0.286	71.0	2.88	11.7	21.4	1.58	4.96	145.6	2.95	35.6	1.29	12.9	1.23	4.18	0.384
			7		9.880	7.756	0.286	81.0	2.86	13.5	24.4	1.57	5.70	169.7	3.00	41.7	1.33	14.7	1.22	4.72	0.382
			8		11.18	8.779	0.286	91.0	2.85	15.3	27.2	1.56	6.41	194.2	3.04	47.9	1.36	16.3	1.21	5.29	0.380
10/6.3	100	63	6	10	9.617	7.550	0.320	99.1	3.21	14.6	30.9	1.79	6.35	199.7	3.24	50.5	1.43	18.4	1.38	5.25	0.394
			7		11.11	8.722	0.320	113.5	3.29	16.9	35.3	1.78	7.29	233.0	3.28	59.1	1.47	21.0	1.38	6.02	0.393
			8		12.58	9.878	0.319	127.4	3.18	19.1	39.4	1.77	8.21	266.3	3.32	67.9	1.50	23.5	1.37	6.78	0.391
			10		15.47	12.14	0.319	153.8	3.15	23.3	47.1	1.74	9.98	333.1	3.40	85.7	1.58	28.3	1.35	8.24	0.387
10/8	100	80	6	10	10.64	8.350	0.354	107.0	3.17	15.2	61.2	2.40	10.2	199.8	2.95	102.7	1.97	31.7	1.72	8.37	0.627
			7		12.30	9.656	0.354	122.7	3.16	17.5	70.1	2.39	11.7	233.2	3.00	120.0	2.01	36.2	1.72	9.60	0.626
			8		13.94	10.95	0.353	137.9	3.14	19.8	78.6	2.37	13.2	266.6	3.04	137.4	2.05	40.6	1.71	10.8	0.625
			10		17.17	12.48	0.353	166.9	3.12	24.2	94.7	2.35	16.1	333.6	3.12	172.5	2.13	49.1	1.69	13.1	0.622

续表

角钢号数	尺寸/mm				截面面积/cm²	理论重量(kg/m)	外表面积(m²/m)	参考数值													
								x-x			y-y			x_1-x_1		y_1-y_1		u-u			
	B	b	d	r				I_x/cm⁴	i_x/cm	W_x/cm³	I_y/cm⁴	i_y/cm	W_y/cm³	I_{x1}/cm⁴	y_0/cm	I_{y1}/cm⁴	x_0/cm	I_u/cm⁴	i_u/cm	W_u/cm³	tan α
11/7	110	70	6	10	10.64	8.350	0.354	133.4	3.54	17.9	42.9	2.01	7.90	265.8	3.53	69.08	1.57	25.4	1.54	6.53	0.403
			7		12.30	9.656	0.354	153.0	3.53	20.6	49.0	2.00	9.09	310.1	3.57	80.82	1.61	29.0	1.53	7.50	0.402
			8		13.94	10.95	0.353	172.0	3.51	23.3	54.9	1.98	10.3	354.4	3.62	92.70	1.65	32.5	1.53	8.45	0.401
			10		17.17	13.48	0.353	208.4	3.48	28.5	65.9	1.96	12.5	443.1	3.70	116.8	1.72	39.2	1.51	10.3	0.397
12.5/8	125	80	7	11	14.10	11.07	0.403	278.0	4.02	26.9	74.4	2.30	12.0	455.0	4.01	120.3	1.80	43.8	1.76	9.92	0.408
			8		15.99	12.55	0.403	256.8	4.01	30.4	83.5	2.28	13.6	520.0	4.06	137.9	1.84	49.2	1.75	11.2	0.407
			10		19.71	15.47	0.402	312.0	3.98	37.3	100.7	2.26	16.6	650.1	4.14	173.4	1.92	59.5	1.74	13.6	0.404
			12		23.35	18.33	0.402	364.4	3.95	44.0	116.7	2.24	19.4	780.4	4.22	209.7	2.00	69.4	1.72	16.0	0.400
14/9	140	90	8	12	18.04	14.16	0.453	365.6	4.50	38.5	120.7	2.59	17.3	730.5	4.50	195.8	2.04	70.8	1.98	14.3	0.411
			10		22.26	17.48	0.452	445.5	4.47	47.3	146.0	2.56	21.2	913.2	4.58	245.9	2.12	85.8	1.96	17.5	0.409
			12		26.40	20.72	0.451	521.6	4.44	55.9	169.8	2.54	25.0	1096	4.66	296.9	2.19	100.2	1.95	20.5	0.406
			14		30.46	23.91	0.451	594.1	4.42	64.2	192.1	2.51	28.5	1279	4.74	348.8	2.27	114.1	1.94	23.5	0.403
16/10	160	100	10	13	25.32	19.87	0.512	668.7	5.14	62.1	205.0	2.85	26.6	1363	5.24	336.6	2.28	121.7	2.19	21.9	0.390
			12		30.05	23.59	0.511	784.9	5.11	73.5	239.0	2.82	31.3	1636	5.32	405.9	2.36	142.3	2.17	25.8	0.388
			14		34.71	27.25	0.510	896.3	5.08	84.6	271.2	2.80	35.8	1909	5.40	476.4	2.43	162.2	2.16	29.6	0.385
			16		39.28	30.84	0.510	1003	5.05	95.3	301.6	2.77	40.2	2182	5.48	548.2	2.51	182.6	2.16	33.4	0.382
18/11	180	110	10	14	28.37	22.27	0.571	956.3	5.80	79.0	278.1	3.13	32.5	1940	5.89	447.2	2.44	166.5	2.42	26.9	0.376
			12		33.71	26.46	0.571	1125	5.78	93.5	325.0	3.10	38.3	2328	5.98	538.9	2.52	194.9	2.40	31.7	0.374
			14		38.97	30.59	0.570	1287	5.75	107.8	369.6	3.08	44.0	2717	6.06	631.9	2.59	222.3	2.39	36.3	0.372
			16		44.14	34.65	0.569	1443	5.72	121.6	411.9	3.06	49.4	3105	6.14	726.5	2.67	248.9	2.38	40.9	0.369
20/12.5	200	125	12	14	37.91	29.76	0.641	1571	6.44	116.7	483.2	3.57	50.0	3193	6.54	787.7	2.83	285.8	2.74	41.2	0.392
			14		43.87	34.44	0.640	1801	6.41	134.7	550.8	3.54	57.4	3726	6.02	922.5	2.91	326.6	2.73	47.3	0.390
			16		49.74	39.05	0.639	2023	6.38	152.2	615.4	3.52	64.7	4259	6.70	1059	2.99	366.2	2.71	53.3	0.388
			18		55.53	43.59	0.639	2238	6.35	169.3	677.2	3.49	71.7	4792	6.78	1197	3.06	404.8	2.70	59.2	0.385

注：（1）括号内型号不推荐使用；（2）截面图中的 $r_1=\frac{1}{3}d$ 及表中 r 值的数据用于孔型设计，不作交货条件。

部分习题答案

第1章

1-1：略

1-2：略

1-3：略

1-4：略

1-5：略

1-6：（a）$M_O(\boldsymbol{F})=Fl$；　（b）$M_O(\boldsymbol{F})=Fl\sin\beta$；　（c）$M_O(\boldsymbol{F})=-Fa$；

（d）$M_O(\boldsymbol{F})=Fl\sin(\beta-\alpha)$；　（e）$M_O(\boldsymbol{F})=F(l+r)$；　（f）$M_O(\boldsymbol{F})=F\sqrt{l^2+b^2}\sin\alpha$

第2章

2-1：$F_{1x}=250\ \text{N}$，$F_{1y}=433\ \text{N}$；$F_{2x}=0$，$F_{2y}=-300\ \text{N}$；

$F_{3x}=-200\ \text{N}$，$F_{3y}=0$；$F_{4x}=-125\ \text{N}$，$F_{4y}=217\ \text{N}$

2-2：$F_{AC}=207\ \text{N}$，$F_{BC}=164\ \text{N}$

2-3：（a）$F_A=F_B=\dfrac{M}{l}$；（b）$F_A=F_B=\dfrac{M}{l}$；（c）$F_A=F_B=\dfrac{M}{l\cos\theta}$

2-4：（a）$F_A=5.8\ \text{kN}$，$F_B=89.2\ \text{kN}$；（b）$F_A=9.5\ \text{kN}$，$F_B=3.5\ \text{kN}$

2-5：（a）$F_{Ax}=-3\ \text{kN}$，$F_{Ay}=-0.25\ \text{kN}$，$F_B=4.25\ \text{kN}$；（b）$F_{Ax}=0$，$F_{Ay}=4\ \text{kN}$，$M_A=0$

2-6：$F_{DE}=124.3\ \text{kN}$，$F_{Ax}=124.3\ \text{kN}$，$F_{Ay}=200\ \text{kN}$

2-7：$F_A=\dfrac{\sqrt{5}}{2}F=1.12F$，$F_D=\dfrac{1}{2}F$

2-8：$F_{Ax}=20\ \text{kN}$，$F_{Ay}=1.25\ \text{kN}$，$F_{Bx}=20\ \text{kN}$，$F_{By}=11.25\ \text{kN}$

2-9：$F_{Ax}=G\sin\alpha$，$F_{Ay}=G(1+\cos\alpha)$，$M_A=G(1+\cos\alpha)b$

2-10：$G_{\max}=7.41\ \text{kN}$

2-11：$F_A=81803.6\ \text{N}$

2-12：$F_A=28\ \text{kN}$，$F_B=12\ \text{kN}$

2-13：$F_A=22.36\ \text{kN}$，$F_B=10\ \text{kN}$

2-14：$F_A=F_E=166.7\ \text{N}$

2-15：$F_A=F_C=0.354\dfrac{M}{a}$

2-16：$F_A = F_B = 750\ \text{N}$

2-17：$M_1 = 3\ \text{N·m}$，$F_{AB} = 5\ \text{N}$

2-18：$F_1 = 0.61F_2$ 或 $F_2 = 1.63F_1$

2-19：$F = 373.6\ \text{N}$

2-20：$F_{Ax} = F$，$F_{Ay} = F$，$F_B = F$

第3章

3-1：$F_{1x} = -2\sqrt{2}\ \text{kN}$，$F_{1y} = 2\sqrt{2}\ \text{kN}$，$F_{1z} = 0$；

$F_{2x} = -3\sqrt{2}\ \text{kN}$，$F_{2y} = 0$，$F_{2z} = 3\sqrt{2}\ \text{kN}$；

$F_{3x} = \dfrac{2}{\sqrt{3}}\ \text{kN}$，$F_{3y} = -\dfrac{2}{\sqrt{3}}\ \text{kN}$，$F_{3z} = \dfrac{2}{\sqrt{3}}\ \text{kN}$

3-2：$M_x(\boldsymbol{F}_1) = -1.44\ \text{kN·m}$，$M_y(\boldsymbol{F}_1) = 0$，$M_z(\boldsymbol{F}_1) = 0.96\ \text{kN·m}$

$M_x(\boldsymbol{F}_2) = 2.16\ \text{kN·m}$，$M_y(\boldsymbol{F}_2) = 2.7\ \text{kN·m}$，$M_z(\boldsymbol{F}_2) = -3.6\ \text{kN·m}$

$M_x(\boldsymbol{F}_3) = -5.07\ \text{kN·m}$，$M_y(\boldsymbol{F}_3) = 0.54\ \text{kN·m}$，$M_z(\boldsymbol{F}_3) = -1.79\ \text{kN·m}$

3-3：$F_x = 0.61\ \text{kN}$，$F_y = -0.61\ \text{kN}$，$F_z = -0.5\ \text{kN}$，$M_z(\boldsymbol{F}) = -0.87\ \text{kN·m}$

3-4：$F_{AD} = \dfrac{2}{\sqrt{3}}\ \text{kN}$，$F_{AB} = F_{AC} = \dfrac{1}{3}\ \text{kN}$

3-5：（a）$x_C = 0$，$y_C = 153.6\ \text{mm}$；（b）$x_C = 19.74\ \text{mm}$，$y_C = 39.74\ \text{mm}$

3-6：$F_{Ax} = F_{Bx} = 1.5\ \text{N}$，$F_{Az} = F_{Bz} = 2.5\ \text{N}$

3-7：$F_{AB} = F_{AC} = 0.735\ \text{kN}$，$F_{AD} = 1.2\ \text{kN}$

3-8：$F = 70.9\ \text{N}$，$F_{Ax} = 47.6\ \text{N}$，$F_{Ay} = 68.4\ \text{N}$，$F_{Bx} = 19\ \text{N}$，$F_{By} = 207\ \text{N}$

3-9：$F = 12.7\ \text{kN}$，$F_{Ax} = 4.13\ \text{kN}$，$F_{Az} = 1.46\ \text{kN}$，$F_{Bx} = 7.80\ \text{kN}$，$F_{Bz} = 2.88\ \text{kN}$

第4章

4-1：$F_f' = 32\ \text{N}$，物体下滑，$F \geqslant 82.9\ \text{N}$

4-2：物体 A 先滑动；物体 A、B 一起滑动。

4-3：$b \leqslant 10.5\ \text{cm}$

4-4：$\arctan\dfrac{1}{2f_s} \leqslant \theta \leqslant 90°$

4-5：$f_s = 0.223$

第5章

5-1：略

5-2：（1）相等；（2）不等；（3）不等

5-3：1；2；3

5-4：（1）$F_{\mathrm{N1}}=30\ \mathrm{kN}$，$F_{\mathrm{N2}}=-20\ \mathrm{kN}$，$F_{\mathrm{N3}}=60\ \mathrm{kN}$；（2）$\Delta l=0.5\ \mathrm{mm}$

5-5：略

5-6：（a）$F_{\mathrm{N1}}=F$，$F_{\mathrm{N2}}=0$，轴力图（略）；

（b）$F_{\mathrm{N1}}=F$，$F_{\mathrm{N2}}=-F$，轴力图（略）；

（c）$F_{\mathrm{N1}}=1\ \mathrm{kN}$，$F_{\mathrm{N2}}=-1\ \mathrm{kN}$，轴力图（略）

5-7：$E=150\ \mathrm{GPa}$

5-8：（1）$\sigma_{AC}=-20\ \mathrm{MPa}$，$\Delta l_{AC}=-1\ \mathrm{mm}$，$\sigma_{CD}=0$，$\Delta l_{CD}=0$，$\sigma_{DB}=-20\ \mathrm{MPa}$，$\Delta l_{DB}=-1\ \mathrm{mm}$；

（2）$\Delta l_{AB}=-2\ \mathrm{mm}$

5-9：$\sigma_{BC}=127.3\ \mathrm{MPa}$，$\sigma_{CA}=31.8\ \mathrm{MPa}$，$\varepsilon_{BC}=0.637\times10^{-3}$，$\varepsilon_{CA}=0.159\times10^{-3}$

5-10：（a）$F_{\mathrm{N1}}=F$，$F_{\mathrm{N2}}=-F$；

（b）$F_{\mathrm{N1}}=F$，$F_{\mathrm{N2}}=0$，$F_{\mathrm{N3}}=2F$；

（c）$F_{\mathrm{N1}}=-2\ \mathrm{kN}$，$F_{\mathrm{N2}}=2\ \mathrm{kN}$，$F_{\mathrm{N3}}=-4\ \mathrm{kN}$；

（d）$F_{\mathrm{N1}}=-5\ \mathrm{kN}$，$F_{\mathrm{N2}}=10\ \mathrm{kN}$，$F_{\mathrm{N3}}=-10\ \mathrm{kN}$

5-11：$F_2=62.5\ \mathrm{kN}$

5-12：$\sigma_{AB}=-100\ \mathrm{MPa}$，$\sigma_{BC}=-33.33\ \mathrm{MPa}$，$\sigma_{CD}=25\ \mathrm{MPa}$

5-13：$\Delta l_{CD}=2\ \mathrm{mm}$，$\Delta l_{By}=5.6\ \mathrm{mm}$

5-14：$\sigma=5.63\ \mathrm{MPa}<[\sigma]=10\ \mathrm{MPa}$

5-15：$\sigma_{AB}=82.9\ \mathrm{MPa}<[\sigma]=160\ \mathrm{MPa}$，$\sigma_{AC}=131.8\ \mathrm{MPa}<[\sigma]=160\ \mathrm{MPa}$，桁架强度足够。

5-16：$d\geqslant 20.0\ \mathrm{mm}$，$b\geqslant 84.1\ \mathrm{mm}$

5-17：$[F]=97.1\ \mathrm{kN}$

5-18：$d=25.97\ \mathrm{mm}$，$a=94.94\ \mathrm{mm}$

5-19：$\Delta l=-0.2\ \mathrm{mm}$

5-20：$F=21.2\ \mathrm{kN}$，$\theta=10.9^\circ$

5-21：$\sigma_{\mathrm{lmax}}=\dfrac{2F}{3A}$，$\sigma_{\mathrm{ymax}}=-\dfrac{F}{3A}$

5-22：$\sigma_1=66.7\ \mathrm{MPa}<[\sigma]=160\ \mathrm{MPa}$，$\sigma_2=133.3\ \mathrm{MPa}<[\sigma]=160\ \mathrm{MPa}$，杆的强度足够。

5-23：$\sigma_{AB}=31.06\ \mathrm{MPa}$，$\sigma_{AC}=37.66\ \mathrm{MPa}$

5-24：$\sigma_{1-1}=122.22\ \mathrm{MPa}$，$\sigma_{2-2}=47.77\ \mathrm{MPa}$

5-25：$A_1=A_2=2A_3\geqslant 2450\ \mathrm{mm}^2$

第 6 章

6-1：连接螺栓的剪切强度和挤压强度均足够。

6-2：$F \geqslant 54\ \text{kN}$

6-3：$a = 333\ \text{mm}$，$l = 41.7\ \text{mm}$

6-4：$d = 34\ \text{mm}$，$t = 10.4\ \text{mm}$

6-5：$d \geqslant 15\ \text{mm}$

6-6：接头的强度足够

6-7：$\tau = 5\ \text{MPa}$，$\sigma_{jy} = 12.5\ \text{MPa}$

6-8：$n = 7$

6-9：$\tau_u = 89.13\ \text{MPa}$，$n = 1.11$

6-10：$\tau = 84.88\ \text{MPa}$，强度不足；$d = 33\ \text{mm}$

6-11：$h = 14\ \text{mm}$

6-12：$\tau = 132.2\ \text{MPa} < [\tau] = 140\ \text{MPa}$；

$\sigma_{jy} = 176.4\ \text{MPa} < [\sigma_{jy}] = 280\ \text{MPa}$；

$\sigma = 139.5\ \text{MPa} < [\sigma] = 160\ \text{MPa}$

6-13：$d = 50\ \text{mm}$，$b = 100\ \text{mm}$

第 7 章

7-1：略

7-2：（a）$T_1 = M$，$T_2 = 0$；

（b）$T_1 = M$，$T_2 = -M$；

（c）$T_1 = 2\ \text{kN}\cdot\text{m}$，$T_2 = 1\ \text{kN}\cdot\text{m}$，$T_3 = 2\ \text{kN}\cdot\text{m}$；

（d）$T_1 = -1\ \text{kN}\cdot\text{m}$，$T_2 = -3\ \text{kN}\cdot\text{m}$，$T_3 = 0$

7-3：$\tau_1 = 31.4\ \text{MPa}$，$\tau_2 = 0$，$\tau_3 = 47.2\ \text{MPa}$，$\nu = 0.59 \times 10^3\ \text{MPa}$

7-4：$\tau_{max} = 15.6\ \text{MPa}$，$\tau_{min} = 12.1\ \text{MPa}$

7-5：$d = 131.9\ \text{mm}$

7-6：$\tau_{max} = 56.9\ \text{MPa}$

7-7：（1）$T_{max} = 1273.4\ \text{N}\cdot\text{m}$；（2）$T_{max} = 955\ \text{N}\cdot\text{m}$，对轴的受力有利。

7-8：$\tau_A = 63.7\ \text{MPa}$，$\tau_{max} = 84.9\ \text{MPa}$，$\tau_{min} = 42.4\ \text{MPa}$

7-9：$l = 1088\ \text{mm}$

7-10：（1）$d_1 = 85\ \text{mm}$，$d_2 = 75\ \text{mm}$；（2）$d = 85\ \text{mm}$

7-11：$a = 402\ \text{mm}$

7-12：$\tau_{max} = \dfrac{16M}{\pi d_2^3}$，$\varphi_C = \dfrac{16.6Ml}{Gd_2^4}$

7-13：$M = \dfrac{3G\pi d^4 \varphi_B}{64a}$

第 8 章

8-1：（a）$F_{QA^+}=F$，$M_{A^+}=0$；$F_{QC}=F$，$M_C=\frac{Fl}{2}$；$F_{QB^-}=F$，$M_{B^-}=Fl$

（b）$F_{QA^+}=-\frac{M_e}{l}$，$M_{A^+}=M_e$；$F_{QC}=-\frac{M_e}{l}$，$M_C=\frac{M_e}{2}$；$F_{QB^-}=-\frac{M_e}{l}$，$M_{B^-}=0$

（c）$F_{QA^+}=\frac{bF}{a+b}$，$M_{A^+}=0$；$F_{QC^-}=\frac{bF}{a+b}$，$M_{C^-}=\frac{abF}{a+b}$；$F_{QC^+}=\frac{bF}{a+b}$，$M_{C^+}=\frac{abF}{a+b}$；

$F_{QB^-}=-\frac{aF}{a+b}$，$M_{B^-}=0$

（d）$F_{QA^+}=\frac{ql}{2}$，$M_{A^+}=-\frac{3ql^2}{8}$；$F_{QC^-}=\frac{ql}{2}$，$M_{C^-}=-\frac{ql^2}{8}$；$F_{QC^+}=\frac{ql}{2}$，$M_{C^+}=-\frac{ql^2}{8}$；

$F_{QB^-}=0$，$M_{B^-}=0$

8-2：（a）$F_{Q1}(x_1)=-F\ \ (0<x_1<l/2)$，$M_1(x_1)=-Fx_1\ \ (0\leqslant x_1\leqslant l/2)$；

$F_{Q2}(x_2)=F\ \ (l/2<x_2<l)$，$M_2(x_2)=-F(l-x_2)\ \ (l/2\leqslant x_2\leqslant l)$

（b）$F_Q(x)=q(\frac{l}{4}-x)\ \ (0<x<l)$，$M(x)=\frac{ql}{4}x-\frac{q}{2}x^2\ \ (0\leqslant x\leqslant l)$

8-3：（d）种加载方式最好

8-4：略

8-5：$\sigma_a=-6.56$ MPa，$\sigma_b=-4.69$ MPa，$\sigma_c=0$，$\sigma_d=4.69$ MPa

8-6：$\sigma_{max}=176$ MPa，$\sigma_K=132$ MPa

8-7：（a）最大压应力在 CD 段上边缘处，$\sigma_{max}=-8.75$ MPa；

（b）最大压应力在 CD 段下边缘处，$\sigma_{max}=8.75$ MPa

8-8：（1）$A_1=42050\ mm^2$；（2）$A_2=52900\ mm^2$；（3）$A_3=59365\ mm^2$

8-9：$a=2.12$ m，$q=24.6$ kN/m

8-10：$\sigma_{max}=9.26$ MPa，$\tau_{max}=0.52$ MPa

8-11：$\frac{f}{l}=\frac{1}{266.9}$

8-12：$\sigma_{lmax}=2.67$ MPa，$\sigma_{ymax}=0.92$ MPa

8-13：$\sigma_{max}=67.5$ MPa

8-14：梁内最大拉应力超过许用拉应力，梁的强度不够

8-15：$b\geqslant 32.7$ mm

8-16：选取 No.16 工字钢

8-17：$a=1.385$ m

8-18：（1）$b=35.6$ mm，$h=71.2$ mm；（2）$d=52.4$ mm

8-19： $x = 5.2\text{ mm}$

第 9 章

9-1： $\sigma_{max} = 4.39\text{ MPa}$

9-2： $\sigma_{max} = 94.7\text{ MPa} < [\sigma]$，强度足够

9-3： $\sigma_{max} = 152.4\text{ MPa} < [\sigma]$，强度足够

9-4：2 点处产生最大拉应力，$\sigma_{max} = 14.8\text{ MPa}$

9-5： $b = 100\text{ mm}$， $h = 150\text{ mm}$

9-6： $q_{max} = 1.38\text{ kN/m}$

9-7： $h = 230\text{ mm}$

9-8： $\sigma_{max}^{+} = 0.35\text{ MPa}$， $\sigma_{max}^{-} = 1.1\text{ MPa}$

第 10 章

10-1：（1） $F_{cr} = 37.8\text{ kN}$；（2） $F_{cr} = 52.6\text{ kN}$；（3） $F_{cr} = 459\text{ kN}$

10-2： $F = \dfrac{4\sqrt{10}\pi^2 EI}{3a^2}$

10-3：（a） $F_{cr} = 5.53\text{ kN}$；（b） $F_{cr} = 22.1\text{ kN}$；（c） $F_{cr} = 69.0\text{ kN}$。（c）的临界载荷最大，（b）的次之，（a）的最小

10-4：（a） $F_{cr} = 13.1\text{ N}$；（b） $F_{cr} = 26.2\text{ N}$；（c） $F_{cr} = 25\text{ N}$；（d） $F_{cr} = 73.1\text{ N}$。四种形式的临界载荷从大到小排序为（d）、（b）、（c）、（a）

10-5： $h/b = 1.429$

参考文献

[1] 张勤．工程力学[M]．北京：高等教育出版社，2007.

[2] 蔡广新．汽车机械基础[M]．北京：高等教育出版社，2005.

[3] 毕勤胜，李纪刚．工程力学[M]．北京：北京大学出版社，2007.

[4] 刘延柱，杨海兴，朱本华．理论力学[M]．北京：高等教育出版社，2001.

[5] 刘鸿文．材料力学[M]．北京：高等教育出版社，1997.

[6] 范钦珊．工程力学教程[M]．北京：高等教育出版社，1998.

[7] 张秉荣，章剑青．工程力学[M]．北京：机械工业出版社，2001.

[8] 郝桐生．理论力学[M]．北京：高等教育出版社，2003.

[9] 余学进，姚桂玲．工程力学[M]．北京：北京大学出版社，2006.

[10] 张本升．汽车机械基础[M]．北京：北京大学出版社，2011.

[11] 吴建生．工程力学[M]．北京：机械工业出版社，2004.

[12] 边秀娟．工程力学[M]．北京：化学工业出版社，2001.

[13] 全沅生．工程力学[M]．武汉：华中科技大学出版社，2004.

[14] 吴玉亮．工程力学[M]．北京：化学工业出版社，2004.

[15] 沈养中．工程力学[M]．北京：机械工业出版社，2003.